高等职业院校前沿技术专业特色教材

单片机原理与应用项目教程

——基于STC8H8K64U系列单片机

丁向荣 编著

U0362282

清华大学出版社

北京

内容简介

STC系列单片机8位MCU国产替代的领航者,本书是校企深度合作的结晶。本书共14个项目54个任务,分别介绍了单片机应用系统的开发工具;STC8H8K64U系列单片机增强型8051内核;STC8H8K64U单片机的并行I/O口与应用编程、存储器与应用编程、定时器/计数器、中断系统、串行通信、低功耗设计与可靠性设计;电子时钟的设计与实践;STC 32位单片机;STC32G12K128单片机应用系统的开发工具;STC32G12K128单片机的基础应用实例;STC8H8K64U单片机高级功能模块与STC32G12K128单片机高级功能模块。

本书可作为应用型本科、职业本科、高职(含中高衔接、高本衔接)等高校电子信息类、电子通信类、自动化类、计算机应用类以及物联网技术与工业互联网技术等专业"单片机原理与应用"或"微机原理"课程教材;还可作为电子设计竞赛、单片机应用工程师考证的培训教材;本书也是传统8051单片机应用工程师升级转型的参考书籍,以及STC 32位单片机的入门教材。

图书在版编目(CIP)数据

单片机原理与应用项目教程:基于STC8H8K64U系列单片机/丁向荣编著.—北京:清华大学出版社,2022.10

高等职业院校前沿技术专业特色教材

ISBN 978-7-302-61531-6

Ⅰ.①单… Ⅱ.①丁… Ⅲ.①单片微型计算机-高等职业教育-教材 Ⅳ.①TP368.1

中国版本图书馆CIP数据核字(2022)第144404号

责任编辑:王剑乔
封面设计:刘 键
责任校对:袁 芳
责任印制:曹婉颖

出版发行:清华大学出版社
　　　网　　　址:http://www.tup.com.cn,http://www.wqbook.com
　　　地　　　址:北京清华大学学研大厦A座　　　邮　　编:100084
　　　社 总 机:010-83470000　　　邮　　购:010-62786544
　　　投稿与读者服务:010-62776969,c-service@tup.tsinghua.edu.cn
　　　质量反馈:010-62772015,zhiliang@tup.tsinghua.edu.cn
　　　课件下载:http://www.tup.com.cn,010-83470410

印 装 者:大厂回族自治县彩虹印刷有限公司
经　　销:全国新华书店
开　　本:185mm×260mm　　　印　　张:18　　　字　　数:432千字
版　　次:2022年12月第1版　　　印　　次:2022年12月第1次印刷
定　　价:59.00元

产品编号:092009-01

21 世纪全球全面进入了计算机智能控制和计算时代,而其中的一个重要方向就是以单片机为代表的嵌入式计算机控制和计算。适合中国工程师和学生入门的 8051 单片机已有40 余年的应用历史,绝大部分工科院校均有此必修课,有几十万名对该单片机十分熟悉的工程师可以相互交流开发和学习心得,有大量的经典程序和电路可以直接套用,这大幅降低了开发风险,极大地提高了开发效率,也是 STC 基于 8051 系列单片机产品的巨大优势。

Intel 8051 技术诞生于 20 世纪 70 年代,不可避免地面临着落伍的局面,如果不对其进行大规模创新,我国的单片机教学与应用就会陷入被动局面。为此,STC 对 8051 单片机进行了全面的技术升级与创新,经历了 STC89/90、STC10/11、STC12、STC15、STC8A、STC8G/STC8H 系列,累计上百种产品。它们有以下特点。

全部采用 Flash(可反复编程 10 万次以上)和 ISP/IAP(在系统可编程/在应用可编程)技术;针对抗干扰进行了专门设计,可超强抗干扰;进行了特别加密设计,如 STC8H 系列现无法解密;对传统 8051 进行了全面提速,指令速度最快提高了 24 倍;大幅提高了集成度,如集成了 USB、12 位 A/D(15 通道)、16 位高级 PWM(PWM 还可作 D/A 使用)、高速同步串行通信端口 SPI、I^2C、高速异步串行通信端口 UART(4 组)、16 位重装载定时器、看门狗、内部高精准时钟(±1% 温漂,−40～+85℃,可彻底省掉外部昂贵的晶振)、内部高可靠复位电路(可彻底省掉外部复位电路)、大容量 SRAM、大容量 Data Flash/EEPROM、大容量 Flash 程序存储器等。针对大学教学,现 STC15/STC8H 系列一个单芯片就是一个仿真器,定时器改造为支持 16 位自动重载(学生只需学一种模式),串行口通信波特率计算改造为定时器溢出率/4,极大地简化了教学,针对实时操作系统 RTOS 推出了不可屏蔽的16 位自动重载定时器作为系统节拍定时器,并且在最新的 STC-ISP 烧录软件中提供了大量的贴心工具,如范例程序、定时器/计数器、软件延时计算器、波特率计算器、头文件、指令表、Keil 仿真设置等。

封装从传统的 PDIP40/LQFP44 发展到 STC8G/STC8H 的新主流封装形式 SOP8/DFN8、SOP16、TSSOP20/QFN20、LQFP32/QFN32、LQFP48/QFN48、LQFP64/QFN64,每个芯片的 I/O 口从 6 个到 60 个不等,芯片价格从 0.65 元到带 USB/12bit ADC 的 2.4 元

不等,极大地方便了客户选型和设计。

2014年4月,STC重磅推出了STC15W4K32S4系列单片机,它具有宽电压工作范围,集成了更多的SRAM(4KB)、定时器7个(5个普通定时器＋CCP定时器2个)、串口(4组)、比较器、6路15位增强型PWM等;开发了功能强大的STC-ISP在线编程软件,包含了项目发布、脱机下载、RS-485下载、程序加密后传输下载、下载需口令等功能,并已申请专利。IAP15W4K58S4一个芯片就是一个仿真器(OCD、ICE),是全球第一个只需一个芯片就可以实现仿真这一功能。

2020年3月,STC新推出了含USB功能的12bit ADC单片机STC8H8K64U-48I-LQFP64系列,具有1.9～5.5V宽电压工作范围,不需任何转换芯片,STC8H8K64U系列单片机就可直接通过计算机USB接口进行ISP下载编程和仿真,集成了更多的扩展SRAM(8KB＋1KB)、定时器13个(5个普通定时器＋8路PWM定时器)、串口(4组)、I^2C、SPI、带死区控制的8路16位高级电机控制用PWM、比较器等。增加的16位乘除运算单元,使其成为准16位单片机,后续新版本还会增加DMA、实时时钟RTC等功能。

2021年,STC推出了STC32G12K128系列单片机,它是准32位单片机,支持16MB寻址。第一片STC32G12K128系列单片机集成了40KB SRAM、128KB Flash、USB串行总线、CAN总线以及LIN总线,增加了单精度浮点运算器和32位乘除单元,浮点运算能力超过M0/M3,用Keil的80251编译器编译即可。

STC8H8K64U系列单片机与STC32G12K128系列单片机引脚兼容,同一个实验箱,大一实验焊STC8H8K64U单片机,大二实验焊STC32G12K128单片机,这将成为中国高校嵌入式系统教学改革的主流。

对大学计划与单片机教学的看法

STC大学计划正在如火如荼地进行,从"第十五届全国大学生智能车竞赛"开始已将STC8H8K64U/STC8G2K64S4系列单片机指定为大赛用控制器,全国数百所高校,上千支队伍参赛;国内多所大学建立了STC高性能单片机联合实验室,已建和在建的如上海交通大学、复旦大学、同济大学、浙江大学、南京大学、东南大学、吉林大学、哈尔滨工业大学、哈尔滨工业大学(威海)、东北大学、兰州大学、西安交通大学、西北工业大学、西北农林科技大学、南开大学、天津大学、中山大学、厦门大学、山东大学、四川大学、成都电子科技大学、中南大学、湖南大学、中国农业大学、中国海洋大学、中央民族大学、北京师范大学、北京航空航天大学、南京航空航天大学、沈阳航空航天大学、南昌航空大学、北京理工大学、大连理工大学、华南理工大学、南京理工大学、武汉理工大学、华东理工大学、太原理工大学、上海理工大学、浙江理工大学、河南理工大学、东华理工大学、兰州理工大学、天津理工大学、天津工业大学、哈尔滨理工大学、哈尔滨工程大学、合肥工业大学、北京工业大学、南京工业大学、浙江工业大学、广东工业大学、沈阳工业大学、河南工业大学、北京化工大学、北京工商大学、华北电力大学(北京)、华北电力大学(保定)、长安大学、西南大学、西南交通大学、福州大学、南昌大学、东华大学、上海大学、苏州大学、江南大学、河海大学、江苏大学、安徽大学、新疆大学、石河子大学、齐齐哈尔大学、中北大学、河北大学、河南大学、黑龙江大学、扬州大学、南通大学、宁波大学、深圳大学、北京林业大学、南京林业大学、东北林业大学、南京农业大学、大连海事大学、西安电子科技大学、杭州电子科技大学、桂林电子科技大学、南京邮电大学、西安邮电大学、西安科技大学、河南科技大学、天津财经大学、南京财经大学、首都师范大学、华南师范大学、上海师范大学、沈阳师范大学、河南师范大学、中国计量学院、中国石油大学、中国矿业大学等本科高校,以及广东轻工职业技术学院、深圳信息职业技术学院、深圳职业技术学院等职业高校。

　　上海交通大学、西安交通大学、浙江大学、山东大学、成都电子科技大学等高校的多位知名教授编写的以 STC 1T 8051 内容为核心的全新教材也在陆续出版。多所高校每年都有用 STC 单片机进行的全校创新竞赛,如杭州电子科技大学、南通大学、湖南大学、哈尔滨工业大学(威海)、山东大学等。

　　有人问:现在学校的学生单片机入门到底应该先学 32 位 8051 好还是先学 8 位 8051 好,我认为还是先学习 8 位 8051 单片机好。因为现在大学嵌入式课程的教学只有 64 学时,甚至有的学校只有 48 学时,学生能把 8 位的 8051 单片机学懂做出产品,今后只要假以时日就能触类旁通了。要升级到 16 位机 STC16 只需要 30 分钟就能搞懂。但如果初学时只给 48 学时去学 32 位 ARM,如 STC32M4,学生很难学懂,最多只能搞些函数调用,搞不懂微机/单片机原理,没有意义,培养不出真正的人才。所以,大家反思说,还是应该先以 8 位单片机入门。C 语言要与 8051 单片机融合教学,大学一年级第一学期就要开始学,现在有些中学的课外兴趣小组也在学 STC 的 8051 及 C 语言。大学三年级学有余力的学生再选修 32 位嵌入式单片机课程,如我们推出的 STC32 系列。

　　感谢 Intel 公司发明了经久不衰的 8051 体系结构,感谢丁向荣老师基于 STC8H8K64U/STC32G12K128 单片机编写的新书,保证了中国 40 年来的单片机教学与世界同步,本书是 STC 大学计划实验箱(9.3/9.4)的配套教材,是 STC 大学推广计划的指定教材、STC 杯单片机系统设计大赛参考教材、全国智能车大赛和全国大学生电子设计竞赛 STC 单片机的参考教材,采用本书作为教材的院校将优先免费获得可仿真的 STC 高性能单片机实验箱的支持(STC 大学计划实验箱(9.3/9.4),9.3 版本主控芯片为 STC8H8K64U 单片机,9.4 版本主控芯片为 STC32G12K128 单片机)。

姚永平

2022 年 5 月 15 日

单片机技术是现代电子系统设计、智能控制的核心技术,是应用电子、电子信息、电子通信、物联网技术、机电一体化、电气自动化、工业自动化、计算机应用等相关专业的必修课程。本书是集编著者 35 年单片机应用经历和教学经验,精心打造的 8051 单片机最新技术的单片机课程教材。

STC 基于传统 8051 单片机框架研发的 STC 8 位单片机取得了巨大的成功,推陈出新,涌现出一代又一代的经典芯片,是国产 8 位单片机的佼佼者,是 8 位 MCU 国产替代的领航者。在此基础上,STC 又向前迈出了重要的一步:STC 32 位单片机上市了。

本书融 STC 8 位单片机与 32 位单片机于一体,学生以 STC 高端 8 位单片机 STC8H8K64U 为核心和基础进行学习后,可轻松、快速入门 STC 32 位单片机 STC32G12K128。本书基于 STC 大学计划实验箱(9.3 版主控单片机:STC8H8K64U,9.4 版主控单片机:STC32G12K128)开发实验实训,以单片机资源为项目导向,基于任务驱动组织教学内容,结合 STC 大学计划实验箱(9.3/9.4 版本),教师可轻松实施"教、学、做"一体化教学。STC32G12K128 与 STC8H8K64U 单片机在引脚上、接口资源上兼容,9.3 版与 9.4 版大学计划实验箱除控制芯片不同外,其他完全一致,STC32G12K128 单片机应用程序与 STC8H8K64U 单片机应用程序可快速进行转换,因此,通过本书既学习了 STC 8 位单片机,又能快速入门 STC 32 位单片机。

单片机的学习实际上就是学习各功能模块、接口对应的特殊功能寄存器,单片机编程就是利用编程语言(汇编或 C)管理与控制各特殊功能寄存器,达到应用单片机完成各种具体任务的目的。所以,学习单片机的特殊功能寄存器是关键。为了更好地理解和应用特殊功能寄存器,本书根据特殊功能寄存器的特点,对其描述进行了改革,在此,事先做个说明。

(1) 因为 STC8H8K64U 单片机功能接口较多,基本 RAM 区的特殊功能寄存器区已容纳不下,很大一部分特殊功能寄存器布局在扩展 RAM 区域,为此,STC8H8K64U 单片机的特殊功能寄存器可分成两种类型:一种称为基本特殊功能寄存器(FSR),即为传统 8051 的特殊功能寄存器区;另一种可称为扩展特殊功能寄存器(XFSR),位于扩展 RAM 地址空间区域。访问扩展特殊功能寄存器要与访问扩展 RAM 区相区分,因此,要特别注意,访问扩

展特殊功能寄存器前要执行"P_SW1|＝0x80;"语句,访问结束后,执行"P_SW1&＝0x7f;"语句,切换为访问扩展 RAM 状态。

（2）基本特殊功能寄存器又分为两种类型,即可位寻址特殊功能寄存器和不可位寻址特殊功能寄存器。在单片机的应用中,很多时候,只需进行 1 位或少数几位的控制,在进行这 1 位或这少数几位的操作时,又不能影响该特殊功能寄存器其他位的信息。对于可位寻址的特殊功能寄存器,可直接对该特殊功能寄存器的位符号进行操作,如对 PSW 的 CY 置"1"直接执行"CY＝1;"即可；对 PSW 的 CY 清零直接执行"CY＝0;"即可。为此,在可位寻址特殊功能寄存器描述时,直接用该特殊功能寄存器的位符号来描述。比如,介绍 PSW 的 CY 时,直接对 CY 进行描述。对于不可位寻址特殊功能寄存器,不可直接对该特殊功能寄存器的位符号进行操作。例如,单片机要切换到停机模式,需要对 PCON 的 PD 置"1"操作,但我们不能对 PD 直接赋值,如"PD＝1;"是错误的,必须知道 PD 在 PCON 中的位置,利用"或"语句对指定的位置位与 1 相"或(加)"操作,其他位与 0 相"或(加)"实现对该位置"1",PD 在 PCON 中的位置是 B1 位,因此,对 PD 的置"1"操作的语句是"PCON|＝0x02;"；同样,需要对 PCON 的 PD 置"0"操作,但我们也不能对 PD 直接赋值,如"PD＝0;"是错误的,必须利用"与"语句对指定的位置位与 0 相"与(乘)"操作,其他位与 1 相"与(乘)"实现对该位置"0",因此,对 PD 的置"0"操作的语句是"PCON&＝0xfd;"。对于不可位寻址特殊功能寄存器而言,各控制位的位符号虽然重要,但它所在的位置更重要。为此,在不可位寻址特殊功能寄存器描述某个控制位时,主体是"特殊功能寄存器名称.位位置",后面括号中给出该位的位符号。如描述 PCON 的 PD 时,就写成"PCON.1(PD)",一目了然,知道该控制位在该特殊功能寄存器中的位置,利用"或"和"与"操作,就能实现该位的置"1"与置"0"操作,而其他位不受影响。

（3）扩展特殊功能寄存器(XFSR)是不可位寻址的,因此,对各控制位或状态位的置"1"和置"0"操作必须采用让扩展特殊功能寄存器(XFSR)的功能位(控制位或状态位)通过或"1"和与"0"的方法,对指定位实现置"1"和置"0"的操作。

教材力求实用性、应用性与易学性,以提高读者的工程设计能力与实践动手能力为目标。本书具有以下几方面的特点。

（1）单片机机型贴近生产实际:STC 单片机是我国 8 位单片机应用中市场占有率最高的,本书采用了 STC 高端 8 位单片机 (STC8H8K64U) 和新晋 STC 32 位单片机(STC32G12K128)。

（2）以单片机资源为项目导向,基于任务驱动组织教学内容,结合 STC 大学计划实验箱(9.3/9.4 版本),教师可轻松实施"教、学、做"一体化教学。

（3）融 STC 8 位单片机与 32 位单片机于一体,以 STC 高端 8 位单片机 STC8H8K64U 为核心和基础,进而可轻松、快速入门 STC 32 位单片机。

（4）为了便于读者更好地理解教学内容以及教学的需要,采用了多样化的习题类型,如填空题、选择题、判断题、问答题与程序设计题。

（5）在本书的编写中,直接与 STC 单片机的创始人姚永平先生、陈锋工程师进行密切沟通与交流,姚永平先生担任本书的主审,确保教材内容的系统性与正确性。

（6）本书任务实例基于 STC 大学计划实验箱(9.3/9.4)开发,是 STC 单片机大学推广计划的指定教材。

　　本书由丁向荣编著。STC 在技术上给予了大力支持和帮助,STC 单片机创始人姚永平先生对全书进行了认真审阅,并提出了宝贵意见。在此对所有提供帮助的人表示感谢!

　　由于编著者水平有限,书中定有疏漏和不妥之处,敬请读者不吝指正!

编著者

2022 年 5 月于广州

本书配套教学资源

CONTENTS

项目1 单片机应用系统的开发工具 ·· 1

任务 1.1 单片机与单片机应用系统 ·· 1

任务 1.2 单片机应用程序的输入、编辑、编译与调试 ······················ 5

任务 1.3 STC 单片机应用程序的在线编程与在线调试 ···················· 23

任务 1.4 STC 单片机应用程序的在线仿真 ······························ 30

习题 ·· 33

项目 2 STC8H8K64U 系列单片机增强型 8051 内核 ····················· 36

任务 2.1 STC8H8K64U 系列单片机概述 ································· 36

任务 2.2 STC8H8K64U 单片机结构与工作原理 ························ 41

任务 2.3 STC8H8K64U 单片机的时钟与复位 ·························· 50

习题 ·· 57

项目 3 STC8H8K64U 单片机的并行 I/O 口与应用编程 ················· 60

任务 3.1 STC8H8K64U 单片机并行 I/O 口的输入/输出 ··············· 60

任务 3.2 STC8H8K64U 单片机的逻辑运算 ···························· 73

任务 3.3 STC8H8K64U 单片机的逻辑控制 ···························· 76

任务 3.4 8 位 LED 数码管的驱动与显示 ································ 82

习题 ·· 88

项目 4 STC8H8K64U 单片机的存储器与应用编程 ······················ 90

任务 4.1 STC8H8K64U 单片机的基本 RAM ·························· 90

任务 4.2 STC8H8K64U 单片机扩展 RAM 的测试 ··················· 104

任务 4.3 STC8H8K64U 单片机 EEPROM 的测试 ··················· 109

习题 ·· 115

项目 5 STC8H8K64U 单片机的定时器/计数器 ························· 118

任务 5.1 STC8H8K64U 单片机的定时控制 ·························· 119

任务 5.2 STC8H8K64U 单片机的计数控制 ·························· 128

任务 5.3 简易频率计的设计与实践 ···································· 131

任务 5.4　STC8H8K64U 单片机的可编程时钟输出 ················ 135

习题 ·· 138

项目 6　STC8H8K64U 单片机的中断系统 ····························· 141

任务 6.1　定时器中断的应用编程 ·· 141

任务 6.2　外部中断的应用编程 ··· 158

习题 ·· 161

项目 7　STC8H8K64U 单片机的串行通信 ····························· 165

任务 7.1　STC8H8K64U 单片机的双机通信 ···························· 165

任务 7.2　STC8H8K64U 单片机与 PC 间的串行通信 ················ 184

习题 ·· 194

项目 8　STC8H8K64U 单片机的低功耗设计与可靠性设计 ········ 197

任务 8.1　STC8H8K64U 单片机的低功耗设计 ························· 197

任务 8.2　STC8H8K64U 单片机的可靠性设计 ························· 204

习题 ·· 209

项目 9　电子时钟的设计与实践 ······································· 212

任务 9.1　独立键盘与应用编程 ··· 212

任务 9.2　矩阵键盘与应用编程 ··· 217

任务 9.3　电子时钟的设计与实践 ·· 224

任务 9.4　多功能电子时钟的设计与实践 ·································· 231

习题 ·· 234

项目 10　STC 32 位单片机 ··· 237

任务 10.1　STC32G12K128 单片机概述 ································· 237

任务 10.2　STC32G12K128 单片机的存储系统 ······················ 240

任务 10.3　STC32G12K128 单片机的时钟与复位 ··················· 242

习题 ·· 243

项目 11　STC32G12K128 单片机应用系统的开发工具 ············ 245

任务 11.1　STC32G12K128 单片机程序的编译系统 ················· 245

任务 11.2　STC32G12K128 单片机应用程序的在线编程与在线调试 ··· 252

习题 ·· 253

项目 12　STC32G12K128 单片机的基础应用实例 ·················· 255

任务 12.1　STC32G12K128 单片机 edata 的使用 ··················· 255

任务 12.2　STC32G12K128 单片机 xdata 的测试 ··················· 256

任务 12.3　STC32G12K128 单片机 EEPROM 的测试 ……………………………… 257

任务 12.4　STC32G12K128 单片机定时器/计数器的应用…………………………… 258

任务 12.5　STC32G12K128 单片机中断的应用 …………………………………… 258

任务 12.6　STC32G12K128 单片机串口的双机通信 ……………………………… 259

任务 12.7　基于 STC32G12K128 单片机的电子时钟 ……………………………… 262

项目 13　STC8H8K64U 单片机高级功能模块介绍 …………………………… 263

任务 13.1　STC8H8K64U 单片机比较器 …………………………………………… 263

任务 13.2　STC8H8K64U 单片机 A/D 模块 ……………………………………… 264

任务 13.3　STC8H8K64U 单片机 SPI 接口模块 ………………………………… 265

任务 13.4　STC8H8K64U 单片机 I^2C 通信接口模块 …………………………… 266

任务 13.5　STC8H8K64U 单片机高级 PWM 定时器 …………………………… 267

任务 13.6　STC8H8K64U 单片机高级 USB 模块 ……………………………… 268

任务 13.7　STC8H8K64U 单片机硬件 16 位乘除法器 ………………………… 268

项目 14　STC32G12K128 单片机高级功能模块介绍 ……………………… 270

任务 14.1　STC32G12K128 单片机高速 SPI(HSSPI) …………………………… 270

任务 14.2　STC32G12K128 单片机高速 PWM(HSPWM) ……………………… 270

任务 14.3　STC32G12K128 单片机 DMA 通道 ………………………………… 270

任务 14.4　STC32G12K128 单片机 CAN 总线 ………………………………… 271

任务 14.5　STC32G12K128 单片机 LIN 总线 …………………………………… 271

任务 14.6　STC32G12K128 单片机 32 位硬件乘除单元(MDU32) …………… 271

任务 14.7　STC32G12K128 单片机 RTC 时钟 ………………………………… 272

参考文献 ……………………………………………………………………………… 273

附录 …………………………………………………………………………………… 274

附录 1　ASCII 码表 …………………………………………………………………… 274

附录 2　STC8H8K64U 系列单片机指令系统表 ……………………………………… 274

附录 3　STC8H8K64U 单片机特殊功能寄存器一览表 …………………………… 274

附录 4　STC 大学计划实验箱(9.3)电路图 …………………………………………… 274

附录 5　STC8H8K64U 单片机内部接口功能引脚切换 …………………………… 274

项目 1

单片机应用系统的开发工具

本项目要达到的目标包括 3 个方面：一是让读者理解单片机与单片机应用系统的基本概念；二是了解单片机应用系统的开发流程，学会用 Keil C 集成开发环境输入、编辑、编译与调试用户程序；三是学会用 STC-ISP 在线编程软件进行在线编程与在线仿真。此外，Proteus 仿真软件在单片机应用系统开发中很方便、很实用，但非必需，限于篇幅，在此不作介绍。

知识点
◇ 微型计算机的基本结构与工作过程。
◇ 单片机与单片机应用系统的基本概念。
◇ 单片机应用系统的开发流程。
◇ Keil C 集成开发环境的基本功能。
◇ STC-ISP 在线编程软件的基本功能。

技能点
◇ 应用 Keil C 集成开发环境输入、编辑、编译与调试单片机应用程序。
◇ 应用 STC-ISP 在线编程软件下载用户程序到单片机中。
◇ 应用 STC-ISP 在线编程软件进行在线仿真。

任务 1.1　单片机与单片机应用系统

任务说明

从微型计算机的基本组成、工作原理与工作过程等相关知识，引出单片机的基本定义，建立起单片机应用系统的概念。通过单片机应用系统的演示让同学们体会单片机在电子系统中的控制作用，理解单片机在自动化、智能化电子产品中的核心地位，理解单片机在现代电子产品设计中的重要性与必要性。

相关知识

1. 微型计算机的基本组成

图 1.1.1 所示为微型计算机的组成框图，由中央处理单元（CPU）、存储器（ROM、

RAM)和输入/输出接口(I/O 接口)和连接它们的总线组成。微型计算机配上相应的输入/输出设备(如 I/O 设备)就构成了微型计算机系统。

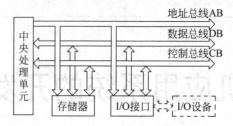

图 1.1.1　微型计算机组成框图

1) 中央处理单元

中央处理单元(CPU)由运算器和控制器两部分组成,是计算机的控制核心。

(1) 运算器。运算器由算术逻辑单元(ALU)、累加器和寄存器等几部分组成,主要负责数据的算术运算和逻辑运算。

(2) 控制器。控制器由程序计数器、指令寄存器、指令译码器、时序发生器和操作控制器等组成,是计算机发布命令的"决策机构",即协调和指挥整个计算机系统的操作。

2) 存储器

通俗地讲,存储器是微型计算机的仓库,包括程序存储器和数据存储器两部分。程序存储器用于存储程序和一些固定不变的常数和表格数据,一般由只读存储器(ROM)组成;数据存储器用于存储运算中的输入/输出数据或中间变量数据,一般由随机存取存储器(RAM)组成。

3) I/O 接口

微型计算机的 I/O 设备(简称外设,如键盘、显示器等)有高速的也有低速的,有机电结构的也有全电子式的,由于种类繁多且速度各异,因而它们不能直接同高速工作的 CPU 相连。I/O 接口是 CPU 与 I/O 设备连接的桥梁,I/O 接口的作用相当于一个转换器,保证 CPU 与外设间协调地工作。不同的外设需要不同的 I/O 接口。

4) 总线

CPU 与存储器、I/O 接口是通过总线相连的,包括地址总线、数据总线与控制总线。

(1) 地址总线。地址总线用作 CPU 寻址,地址总线的多少标志着 CPU 的最大寻址能力。若地址总线的根数为 16,即 CPU 的最大寻址能力为 $2^{16}B = 64KB$。

(2) 数据总线。数据总线用于 CPU 与外围器件(存储器、I/O 接口)交换数据,数据总线的多少标志着 CPU 一次交换数据的能力,决定 CPU 的运算速度。通常所说的 CPU 位数就是指数据总线的位数。如 8 位机,就是该计算机的数据总线为 8 位。

(3) 控制总线。控制总线用于确定 CPU 与外围器件交换数据的类型,从广义上讲就是"读"和"写"两种类型。

2. 微型计算机的工作过程

一个完整的计算机是由硬件和软件两部分组成的,缺一不可。上面所述为计算机的硬件部分,是看得到、摸得着的实体部分,但计算机硬件只有在软件的指挥下,才能发挥其效能。计算机采取"存储程序"的工作方式,即事先把程序加载到计算机的存储器中,当启动运行后,计算机便自动地进行工作。

计算机执行程序是一条指令一条指令执行的。执行一条指令的过程分为 3 个阶段,即取指、指令译码与执行指令。每执行完一条指令,自动转向下一条指令的执行。

（1）取指。根据程序计数器中的地址,到程序存储器中取出指令代码,并送到指令寄存器中。

（2）指令译码。指令译码器对指令寄存器中的指令代码进行译码,判断出当前指令代码的工作任务。

（3）执行指令。判断出当前指令代码任务后,控制器自动发出一系列微指令,指挥计算机协调地动作,完成当前指令指定的工作任务。

 任务实施

1. 单片机的概念

将微型计算机的基本组成部分（CPU、存储器、I/O 接口以及连接它们的总线）集成在一块芯片中而构成的计算机,称为单片机。

由于单片机是完全作嵌入式应用,故又称为嵌入式微控制器。根据单片机数据总线的宽度不同,单片机主要可分为 4 位机、8 位机、16 位机和 32 位机。在高端应用（图形图像处理与通信等）中,32 位机应用已越来越普及;但在中、低端控制应用中,在将来较长一段时间内,8 位单片机仍是单片机的主流机种,近期推出的增强型 8051 单片机产品内部集成有高速 I/O 接口、ADC、DAC、PWM、WDT 等接口部件,并在低电压、低功耗、串行扩展总线、程序存储器类型、存储器容量和开发方式（在线系统编程 ISP）等方面都有较大的发展。

单片机自身仅是一个只能处理数字信号的装置,必须配置好相应的外围接口器件或执行器件,才是一个能完成具体任务的工作系统,称为单片机应用系统。

2. 单片机应用系统的演示与体验

演示与体验：计算机时钟（在 STC 大学计划实验箱（9.3）上,采用项目 9 中的任务 9.3 程序进行演示与体验）。

3. 单片机的应用与发展趋势

1）单片机的应用领域

由于单片机具有较高的性能价格比、良好的控制性能和灵活的嵌入特性,单片机在各个领域里都获得了极为广泛的应用。

（1）智能仪器仪表。单片机用于各种仪器仪表,一方面提高了仪器仪表的使用功能和精度,使仪器仪表智能化,同时简化了仪器仪表的硬件结构,从而可以方便地完成仪器仪表产品的升级换代,如各种智能电气测量仪表、智能传感器等。

（2）机电一体化产品。机电一体化产品是集机械技术、微电子技术、自动化技术和计算机技术于一体,具有智能化特征的各种机电产品。单片机在机电一体化产品的开发中可以发挥巨大的作用,典型产品有机器人、数控机床、自动包装机、点钞机、医疗设备、打印机、传真机、复印机等。

（3）实时工业控制。单片机还可用于各种物理量的现场采集与控制。电流、电压、温

度、液位、流量等物理参数的采集和控制均可以用单片机方便地实现。在这类系统中,采用单片机作为系统控制器,可以根据被控对象的不同特征采用不同的智能算法,实现期望的控制指标,从而提高生产效率和产品质量,如电动机转速控制、温变控制与自动生产线等。

(4) 分布系统的前端模块。在较复杂的工业系统中,经常要采用分布式测控系统完成大量的分布参数的采集。在这类系统中,采用单片机作为分布式系统的前端采集模块,系统具有运行可靠、数据采集方便灵活、成本低廉等一系列优点。

(5) 家用电器。家用电器是单片机的又一重要应用领域,前景十分广阔,如空调器、电冰箱、洗衣机、电饭煲、高档洗浴设备、高档玩具等。

(6) 交通工具。在交通领域中,汽车、火车、飞机、航天器等均有单片机的广泛应用,如汽车自动驾驶系统、航天测控系统、黑匣子等。

2) 单片机的发展趋势

1970 年微型计算机研制成功之后,随着大规模集成电路的发展又出现了单片机,并且按照不同的发展要求,形成了系统机与单片机两个独立发展的分支。美国 Intel 公司 1971 年生产的 4 位单片机 4004 和 1972 年生产的雏形 8 位单片机 8008,特别是 1976 年 MCS-48 单片机自问世以来,其发展速度为每 2～3 年要更新一代,集成度增加 1 倍,功能翻一番。发展速度之快、应用范围之广,已达到惊人的地步。它已渗透到生产和生活的诸多领域,可谓"无孔不入"。

综观 50 多年的发展过程,单片机正朝着多功能、多选择、高速度、低功耗、低价格、扩大存储容量和加强 I/O 功能及结构兼容方向发展。预计今后的发展趋势会体现在以下几个方面。

(1) 多功能。在单片机中尽可能多地把应用系统中所需要的存储器、各种功能的 I/O 接口都集成在一块芯片内,即外围器件内装化,如把 LED、LCD 或 VFD 显示驱动器集成在单片机中。

(2) 高性能。为了提高速度和执行效率,在单片机中开始使用 RISC 体系结构、并行流水线操作和 DSP 等的设计技术,使单片机的指令运行速度得到大大提高,其电磁兼容等性能明显优于同类型的微处理器。

(3) 产品系列化。对单片机的应用情况进行评价,根据应用系统对 I/O 接口要求分层次配置,形成单片机产品系列化,单片机应用者在进行单片机应用系统开发时总能选择到既可满足系统功能要求又不浪费的单片机,以提高开发产品的性能价格比。

(4) 推行串行扩展总线。推行串行扩展总线可以显著减少引脚数量,简化系统结构。随着外围器件串行接口的发展,单片机的串行接口的普遍化、高速化使并行扩展接口技术日渐衰退。从而许多公司都推出去掉了并行总线的非总线单片机,需要外扩器件(存储器、I/O 接口等)时,采用串行扩展总线,甚至用软件模拟串行总线来实现。

4. 单片机市场情况

单片机市场主要以 8 位机和 32 位机(ARM)为主,通常所说的单片机是指 8 位机,而 32 位机一般称为 ARM。

1) MCS-51 系列单片机与 51 兼容机

MCS-51 系列单片机是美国 Intel 公司研发的,但 Intel 公司后期的重点并不在单片机上,因此市场上很难见到 Intel 公司生产的单片机。市场上的 51 单片机更多的是以 MCS-51 系列单片机为核心和框架的兼容 51 单片机,主要生产厂家有美国 Atmel 公司、荷兰菲利普公司和我国 STC。本书以本土卓越的高端 8051 单片机——STC8H8K64U 系列单片机为学习机型。

2) PIC 系列单片机

Microchip 单片机是市场份额增长较快的单片机。它的主要产品是 16C 系列 8 位单片机,CPU 采用 RISC 结构,仅 33 条指令,运行速度快,且以低价位著称,单片机价格都在 1 美元以下。Microchip 单片机没有掩膜产品,全部是 OTP 器件,Microchip 强调节约成本的最优化设计,适于用量大、档次低、价格敏感的产品。

目前,Microchip 为全球超过 65 个国家或地区的 5 万多客户提供服务。大部分芯片有其兼容的 Flash 程序存储器芯片,支持低电压擦写,擦写速度快,而且允许多次擦写,程序修改方便。

3) AVR 单片机

1997 年由 Atmel 公司挪威设计中心的 A 先生与 V 先生利用 Atmel 公司的 Flash 新技术,共同研发出 RISC 精简指令集的高速 8 位单片机,简称 AVR。AVR 单片机的推出彻底打破了这种旧设计格局,废除了机器周期,抛弃复杂指令计算机(CISC)追求指令完备的做法;采用精简指令集,以字作为指令长度单位,将内容丰富的操作数与操作码安排在一字之中,取指周期短,又可预取指令,实现流水作业,故可高速执行指令。

它具有增强性的高速同步/异步串口,具有硬件产生校验码、硬件检测和校验侦错、两级接收缓冲、波特率自动调整定位(接收时)、屏蔽数据帧等功能,提高了通信的可靠性,方便程序编写,更便于组成分布式网络和实现多机通信系统的复杂应用。AVR 单片机博采众长,又具独特技术,成为 8 位机中的佼佼者。

任务 1.2　单片机应用程序的输入、编辑、编译与调试

任务说明

单片机应用系统由硬件和软件两部分组成,单片机应用系统的开发包括硬件设计与软件设计。单片机自身只能识别机器代码,但人们为了便于记忆、识别和编写应用程序,一般采用汇编语言或 C 语言编程,为此就需要一个工具能将汇编语言源程序或 C 语言源程序转换成机器代码程序,Keil C 集成开发环境就是一个融汇编语言和 C 语言编辑、编译与调试于一体的开发工具,目前流行的 Keil C 集成开发环境版本主要有 Keil μVision4 和 Keil Vision5。

本任务以程序实例为媒介系统地学习与实践 Keil μVision4 完成用户程序的输入、编辑、编译与模拟仿真调试。

相关知识

1. 单片机应用程序的编辑、编译与调试流程

单片机应用程序的编辑、编译一般都采用 Keil C 集成开发环境实现,但程序的调试有

多种方法,如 Keil C 集成开发环境的软件仿真调试与硬件仿真调试、硬件的在线调试与专用仿真软件(Proteus)的仿真调试,如图 1.2.1 所示。

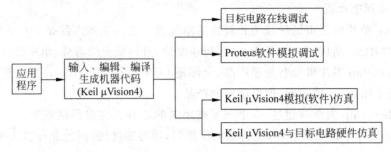

图 1.2.1　应用程序的编辑、编译与调试流程

2. Keil C 集成开发环境

1) Keil μVision4 的编辑、编译界面

Keil μVision4 集成开发环境从工作特性来分,可分为编辑、编译界面和调试界面,启动 Keil μVision4 后,进入编辑、编译界面,如图 1.2.2 所示。在此用户环境下可创建、打开用户项目文件,以及进行汇编源程序或 C51 源程序的输入、编辑与编译。

图 1.2.2　Keil μVision4 编辑、编译界面

(1) 菜单栏。Keil μVision4 在编辑、编译界面和调试界面的菜单栏是不一样的,呈灰色显示的为当前界面无效菜单项。

① File 菜单。File(文件)菜单命令主要用于对文件的常规(新建文件、打开文件、关闭文件与文件存盘等)操作,其功能、使用方法与一般的 Word、Excel 等应用程序一致。但文件菜单的 Device Database 命令是特有的,Device Database 用于修改 Keil μVision4 支持的 8051 芯片型号以及 ARM 芯片的设定。Device Database 对话框如图 1.2.3 所示,用户可在

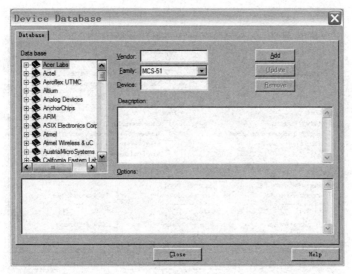

图 1.2.3　Device Database 对话框

该对话框中添加或修改 Keil μVision4 支持的单片机型号及 ARM 芯片。

Device Database 对话框各个选项功能如下。

Data base 列表框：浏览 Keil μVision4 支持的单片机型号及 ARM 芯片。

Vendor 文本框：用于设定单片机的类别。

Family 下拉列表框：用于选择 MCS-51 单片机家族以及其他微控制器家族，有 MCS-51、MCS-251、80C166/167、ARM。

Device 文本框：用于设定单片机的型号。

Description 列表框：用于设定型号的功能描述。

Options 列表框：用于输入支持型号对应的 DLL 文件等信息。

Add 按钮：单击 Add 按钮添加新的支持型号。

Update 按钮：单击 Update 按钮确认当前修改。

② Edit 菜单。Edit(编辑)菜单主要包括剪切、复制、粘贴、查找、替换等通用编辑操作。此外，本软件还有 Bookmark(书签管理命令)、Find(查找)及 Configuration(配置)等操作功能。其中，Configuration(配置)命令用于设置软件的工作界面参数，如编辑文件的字体大小及颜色等参数。Configuration(配置)操作对话框如图 1.2.4 所示，包括 Editor(编辑)、Colors & Fonts(颜色与字体)、User Keywords(设置用户关键词)、Shortcut Keys(快捷关键词)、Templates(模板)、Other(其他)等配置选项卡。

③ View 菜单。View(视图)菜单用于控制 Keil μVision4 界面显示，使用 View 菜单中的命令可以显示或隐藏 Keil μVision4 的各个窗口和工具栏等。在编辑/编译工作界面、调试界面有不同的工具栏和显示窗口。

④ Project 菜单。Project(项目)菜单命令包括项目的建立、打开、关闭、维护、目标环境设定、编译等。Project 菜单各个命令功能介绍如下。

New Project：建立一个新项目。

New Multi-Project Workspace：新建多项目工作区域。

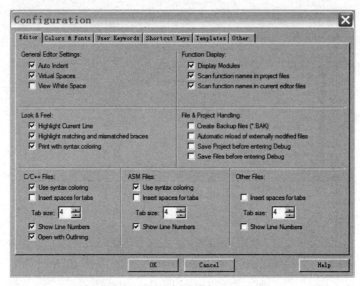

图 1.2.4　Configuration(配置)操作对话框

Open Project：打开一个已存在的项目。

Close Project：关闭当前项目。

Export：导出为 μVision3 格式。

Manage：工具链、头文件和库文件的路径管理。

Select Device for Target：为目标选择器件。

Remove Item：从项目中移除文件或文件组。

Options：修改目标、组或文件的选项设置。

Build Target：编译修改过的文件并生成应用程序。

Rebuild Target：重新编译所有文件并生成应用程序。

Translate：传输当前文件。

Stop Build：停止编译。

⑤ Flash 菜单。Flash(下载)菜单主要用于程序下载到 EEPROM 的控制。

⑥ Debug 菜单。Debug(调试)菜单中命令用于软件仿真环境下的调试,提供断点、单步、跟踪与全速运行等操作命令。

⑦ Peripherals 菜单。Peripherals(外设)菜单是外围模块菜单命令,用于芯片的复位和片内功能模块的控制。

⑧ Tools 菜单。Tools(工具)菜单主要用于支持第三方调试系统,包括 Gimpel Software 公司的 PC-Lint 和西门子公司的 Easy-Case。

⑨ SVCS 菜单。SVCS(软件版本控制系统)菜单命令用于设置和运行软件版本控制系统(software version control system,SVCS)。

⑩ Window 菜单。Window(窗口)菜单命令用于设置窗口的排列方式,与 Window 的窗口管理兼容。

⑪ Help 菜单。Help(帮助)菜单命令用于提供软件帮助信息和版本说明。

(2)工具栏。Keil μVision4 在编辑、编译界面和调试界面有不同的工具栏,在此介绍编辑、编译界面的工具栏。

①　常用工具栏。图 1.2.5 所示为 Keil μVision4 的常用工具栏,从左至右依次为 New (新建文件)、Open(打开文件)、Save(保存当前文件)、Save All(保存全部文件)、Cut(剪切)、Copy(复制)、Paste(粘贴)、Undo(取消上一步操作)、Redo(恢复上一步操作)、Navigate Backwards(回到先前的位置)、Navigate Forwards(前进到下一个位置)、Insert/Remove Bookmark(插入或删除书签)、Go to Previous Bookmark(转到前一个已定义书签处)、Go to the Next Bookmark(转到下一个已定义书签处)、Clear All Bookmarks(取消所有已定义的书签)、Indent Selection(右移一个制表符)、Unindent Selection(左移一个制表符)、Comment Selection(选定文本行内容)、Uncomment Selection(取消选定文本行内容)、Find in Files...(查找文件)、Find...(查找内容)、Incremental Find(增量查找)、Start/Stop Debug Session(启动或停止调试)、Insert/Remove Breakpoint(插入或删除断点)、Enable/Disable Breakpoint(允许或禁止断点)、Disable All Breakpoint(禁止所有断点)、Kill All Breakpoint(删除所有断点)、Project Windows(窗口切换)、Configuration(参数配置)等工具图标。单击工具图标,执行图标对应的功能。

图 1.2.5　常用工具栏

②　编译工具栏。图 1.2.6 所示为 Keil μVision4 的编译工具栏,从左至右依次为 Translate(传输当前文件)、Build(编译目标文件)、Rebuild(编译所有目标文件)、Batch Build(批编译)、Stop Build(停止编译)、Down Load(下载文件到 Flash ROM)、Select Target (选择目标)、Target Option(目标环境设置)、File Extensions、Books and Environment(文件的组成、记录与环境)、Manage Multi-Project Workspace(管理多项目工作区域)等工具图标。单击某图标,可执行图标对应的功能。

图 1.2.6　编译工具栏

(3) 窗口。Keil μVision4 的窗口在编辑、编译界面和调试界面有不同的窗口,在此介绍编辑、编译界面的窗口。

①　编辑窗口。在编辑窗口中用户可以输入或修改源程序,Keil μVision4 的编辑器支持程序行自动对齐和语法高亮显示。

②　项目窗口。选择菜单命令 View → Project Window 或单击工具栏中的相应图标可以显示或隐藏项目窗口。该窗口主要用于显示当前项目的文件结构和寄存器状态等信息。项目窗口中共有 4 个选项页,即 Project、Books、Functions、Templates。Files 选项页显示当前项目的组织结构,可以在该窗口中直接单击文件名打开文件,如图 1.2.7 所示。

图 1.2.7　项目窗口中的 Project 选项页

③ 输出窗口。Keil μVision4 的编译信息输出窗口用于显示编译时的输出信息,如图 1.2.8 所示。在窗口中,双击输出的 Warning 或 Error 信息,可以直接跳转至源程序的警告或错误所在行。

```
Build Output
Build target 'Simulator'
compiling HELLO.C...
linking...
Program Size: data=30.1 xdata=0 code=1096
"HELLO" - 0 Error(s), 0 Warning(s).
```

图 1.2.8　Keil μVision4 的编译信息输出窗口

2) Keil μVision4 的调试界面

Keil μVision4 集成开发环境除了可以编辑 C 语言源程序和汇编语言源程序外,还可以软件模拟调试和硬件仿真调试用户程序,以验证用户程序的正确性。在模拟调试中主要学习两个方面的内容:一是程序的运行方式;二是如何查看与设置单片机内部资源的状态。

选择菜单命令 Debug→Start/Stop Debug Session 或单击工具栏中的调试按钮 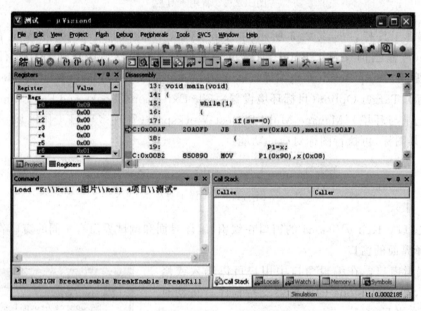,系统进入调试界面,如图 1.2.9 所示。若再次单击调试按钮 ,则退出调试界面。

图 1.2.9　Keil μVision4 的调试界面

(1) 程序的运行方式。

图 1.2.10 所示为 Keil μVision4 的运行工具栏,从左至右依次为 Reset(程序复位)、Run(程序全速运行)、Stop(程序停止运行)、Step(跟踪运行)、Step Over(单步运行)、Step Out(执行跟踪并跳出当前函数)、Run to Cursor Line(运行至光标处)等工具图标。单击工具图标,执行图标对应的功能。

图 1.2.10　程序运行工具栏

（程序复位）:使单片机的状态恢复到初始状态。

（程序全速运行）：从 0000H 开始运行程序，若无断点，则无障碍运行程序；若遇到断点，在断点处停止，再单击"全速运行"按钮，从断点处继续运行。

注：断点的设置与取消，在程序行双击，即设置断点，在程序行的左边会出现一个红色方框；反之，则取消断点。断点调试主要用于分块调试程序，便于缩小程序故障范围。

（程序停止运行）：从程序运行状态中退出。

（跟踪运行）：每单击该按钮一次，系统执行一条指令，包括子程序（或子函数）的每一条指令，运用该工具，可逐条进行指令调试。

（单步运行）：每单击该按钮一次，系统执行一条指令，但系统把调用子程序指令当作一条指令执行。

（跳出跟踪）：当执行跟踪操作进入某个子程序时，单击该按钮，可从子程序中跳出，回到调用该子程序指令的下一条指令处。

（运行至光标处）：单击该按钮，程序从当前位置运行到光标处停下，其作用与断点类似。

（2）查看与设置单片机的内部资源。

单片机的内部资源包括存储器、寄存器、内部接口特殊功能寄存器各自的状态，通过打开窗口就可以查看与设置单片机内部资源的状态。

① 寄存器窗口。在默认状态下，单片机寄存器窗口位于 Keil μVision4 调试界面的左边，包括 R0～R7 寄存器、累加器 A、寄存器 B、程序状态字 PSW、数据指针 DPTR 及程序计数器，如图 1.2.11 所示。用鼠标左键选中要设置的寄存器，双击后即可输入数据。

② 存储器窗口。选择菜单命令 View → Memory Window→Memory1（或 Memory2 或 Memory3 或 Memory4），可以显示与隐藏存储器窗口，如图 1.2.12 所示。存储器窗口用于显示当前程序内部数据存储器、外部数据存储器与程序存储器的内容。

在 Address 文本框中输入存储器类型与地址，存储器窗口中可显示相应类型和相应地址为起始地址的存储单元的内容。通过移动垂直滑动条可查看其他地址单元的内容，或修改存储单元的内容。

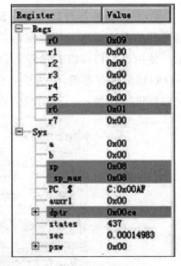

图 1.2.11 寄存器窗口

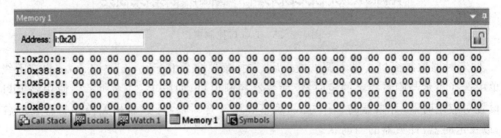

图 1.2.12 存储器窗口

a. 输入"C：存储器地址"，显示程序存储区相应地址的内容。

b. 输入"I：存储器地址"，显示片内数据存储区相应地址的内容，图 1.2.12 显示的为片内数据存储器 20H 单元为起始地址的存储内容。

c. 输入"X：存储器地址"，显示片外数据存储区相应地址的内容。

在窗口数据处右击，可以在弹出的快捷菜单中选择修改存储器内容的显示格式或修改指定存储单元的内容，如修改 20H 单元内容为 55H，如图 1.2.13 和图 1.2.14 所示。

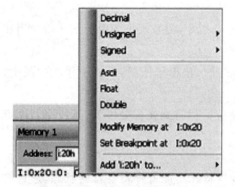

图 1.2.13　修改数据的快捷菜单

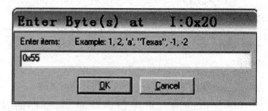

图 1.2.14　输入数据 55H

③ I/O 口控制窗口。进入调试模式后，选择菜单命令 Peripherals→I/O-Port，再在下级子菜单中选择显示与隐藏指定的 I/O 口（P0、P1、P2、P3 口）的控制窗口，如图 1.2.15 所示。使用该窗口可以查看各 I/O 口的状态和设置输入引脚状态。在相应的 I/O 口中，上为 I/O 口输出锁存器值，下为输入引脚状态值，通过鼠标单击相应位，可将复选框中的"√"与空白框进行切换，"√"表示为 1，空白框表示为 0。

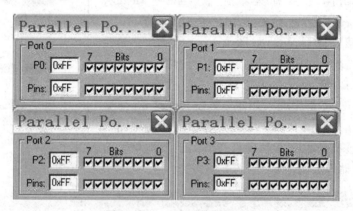

图 1.2.15　I/O 口控制窗口

④ 定时器控制窗口。进入调试模式后，选择菜单命令 Peripherals→Timer，再在下级子菜单中选择显示与隐藏指定的定时器/计数器控制窗口，如图 1.2.16 所示。使用该窗口可以设置对应定时器/计数器的工作方式，观察和修改定时器/计数器相关控制寄存器的各个位，以及定时器/计数器的当前状态。

⑤ 中断控制窗口。进入调试模式后，选择菜单命令 Peripherals→Interrupt，可以显示与隐藏中断控制窗口，如图 1.2.17 所示。中断控制窗口用于显示和设置 8051 单片机的中

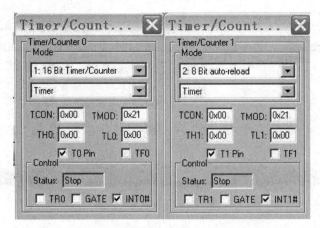

图 1.2.16 定时器/计数器控制窗口

断系统。根据单片机型号的不同,中断控制窗口会有所区别。

⑥ 串行口控制窗口。进入调试模式后,选择菜单命令 Peripherals→Serial,可以显示与隐藏串行口的控制窗口,如图 1.2.18 所示。使用该窗口可以设置串行口的工作方式,观察和修改串行口相关控制寄存器的各个位以及发送、接收缓冲器的内容。

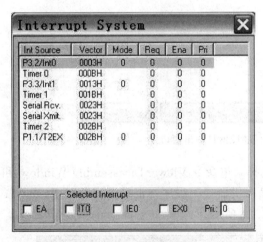

图 1.2.17 中断控制窗口

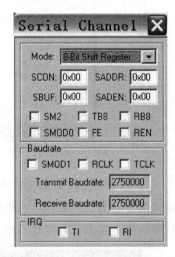

图 1.2.18 串行口控制窗口

⑦ 监视窗口。进入调试模式后,在菜单命令 View→Watch Window 中,有 Locals、Watch #1、Watch #2 等子命令,每个子命令对应一个窗口,单击相应子命令,可以显示与隐藏对应的监视输出窗口,如图 1.2.19 所示。使用该窗口可以观察程序运行中特定变量或寄存器的状态以及函数调用时的堆栈信息。

Locals:该选项用于显示当前运行状态下的变量信息。

Watch #1:监视窗口 1,可以按 F2 键添加要监视的名称,Keil μVision4 会在程序运行中全程监视该变量的值,如果该变量为局部变量,则运行变量有效范围外的程序时,该变量的值以????形式表示。

Watch #2:监视窗口 2,操作与使用方法同监视窗口 1。

Watch 1
Name
Value
<double-click or F2 to add>
Call Stack
Locals
Watch 1
Memor...
Memor...
Symbols

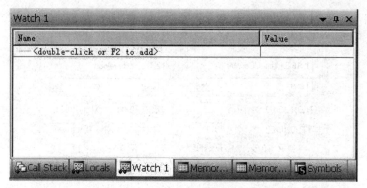

图 1.2.19 监视窗口

⑧ 堆栈信息窗口。进入调试模式后，选择菜单命令 View→Call Stack Window，可以显示与隐藏堆栈信息输出窗口，如图 1.2.20 所示。使用该窗口可以观察程序运行中函数调用时的堆栈信息。

Call Stack
Callee
Caller
Call Stack
Locals
Watch 1
Memory 1
Symbols

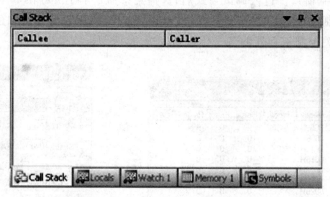

图 1.2.20 堆栈信息输出窗口

⑨ 反汇编窗口。进入调试模式后，选择菜单命令 View→Disassembly Window，可以显示与隐藏编译后窗口。编译后窗口同时显示机器代码程序与汇编语言源程序（或 C51 的源程序和相应的汇编语言源程序），如图 1.2.21 所示。

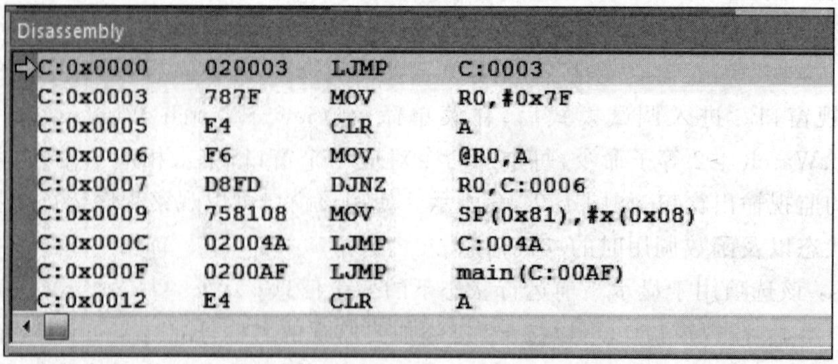

Disassembly
C:0x0000 020003 LJMP C:0003
C:0x0003 787F MOV R0,#0x7F
C:0x0005 E4 CLR A
C:0x0006 F6 MOV @R0,A
C:0x0007 D8FD DJNZ R0,C:0006
C:0x0009 758108 MOV SP(0x81),#x(0x08)
C:0x000C 02004A LJMP C:004A
C:0x000F 0200AF LJMP main(C:00AF)
C:0x0012 E4 CLR A

图 1.2.21 反汇编窗口

 任务实施

1. 示例程序功能与示例源程序

1）程序功能

流水灯控制。当开关断开时流水灯（信号1）左移；当开关合上时流水灯（信号1）右移。左移间隔时间为1s，右移时间间隔为0.5s。

2）源程序清单（项目一任务2.c）

```c
# include < stc8h. h>
# include < intrins. h>
# define uchar unsigned char
# define uint unsigned int
uchar x = 0x01;
sbit k1 = P3^2;
void delay(uint ms)
{
    uint i,j;
    for(j = 0; j < ms; j++)
        for(i = 0; i < 1210; i++);
}
void main(void)
{
    while(1)
    {
        if(k1 == 1)
        {
            P1 = x;
            x = _crol_(x,1);
            delay(1000);
        }
        else
        {
            P1 = x;
            x = _cror_(x,1);
            delay(500);
        }
    }
}
```

2. 应用 Keil μVision4 集成开发环境前的准备工作

因为 Keil μVision4 软件中自身不带 STC 系列单片机的数据库和头文件，为了能在 Keil μVision4 软件设备库中直接选择 STC 系列单片机和编写程序时直接使用 STC 系列单片机新增的特殊功能寄存器，需要用 STC-ISP 在线编程软件中的工具将 STC 系列单片机的数据库（包括 STC 单片机型号、STC 单片机头文件与 STC 单片机仿真驱动）添加到 Keil μVision4 软件设备库中，操作方法如下。

（1）运行 STC-ISP 在线编程软件，选择"Keil 仿真设置"选项，如图 1.2.22 所示。

图 1.2.22 STC-ISP 在线编程软件
"Keil 仿真设置"选项

（2）单击"添加型号和头文件到 Keil 中，添加 STC 仿真器驱动到 Keil 中"按钮，弹出"浏览文件夹"对话框，如图 1.2.23 所示，在"浏览文件夹"中选择 Keil 的安装目录（如 C:\Keil），如图 1.2.24 所示，单击"确定"按钮即完成添加工作。

图 1.2.23 "浏览文件夹"对话框

图 1.2.24 选择 Keil 的安装目录

（3）查看 STC 的头文件。添加的头文件在 Keil 的安装目录的子目录下，如 C:\Keil\C51\INC，打开 STC 文件夹，即可查看添加的 STC 单片机的头文件，如图 1.2.25 所示。其中，STC8H.H 头文件适用于所有 STC8H 系列的单片机。

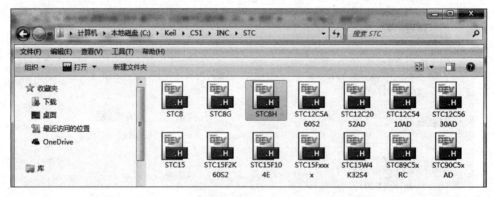

图 1.2.25 生成的 STC 单片机头文件

3. 应用 Keil μVision4 集成开发环境输入、编辑、编译与调试用户程序

应用 Keil μVision4 集成开发环境的开发流程如下。

创建项目→输入、编辑应用程序→把程序文件添加到项目中→编译与连接（包含生成机器代码文件）→调试程序。

1）创建项目

在 Keil μVision4 中的项目是一个特殊结构的文件，它包含应用系统相关所有文件的相互关系。在 Keil μVision4 中，主要是使用项目来进行应用系统的开发。

（1）创建项目文件夹。根据自己的存储规划，创建一个存储该项目的文件夹，如"E:\项目一任务2"。

（2）启动 Keil μVision4，选择菜单命令 Project→New μVision Project，屏幕弹出 Create New Project（创建新项目）对话框，在该对话框中选择新项目要保存的路径和输入文件名，如图 1.2.26 所示。Keil μVision4 项目文件的扩展名为 .uvproj。

图 1.2.26　Create New Project 对话框

（3）单击"保存"按钮，屏幕弹出 Select a CPU Data Base File（选择 CPU 数据库）对话框，有 Generic CPU Data Base 和 STC MCU Database 两个选项，如图 1.2.27 所示；此处选择 STC MCU Database 选项并单击 OK 按钮，则弹出 Select Device for Target 'Target 1'…（STC 数据库）单片机型号对话框，移动左侧列表框中的垂直条查找并找到目标芯片（如 STC8H8K64U 系列），如图 1.2.28 所示。

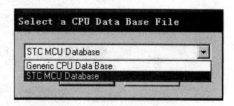

图 1.2.27　"选择 CPU 数据库"对话框

（4）单击 Select Device for Target 'Target 1'…对话框中的 OK 按钮，程序会询问是否将标准51初始化程序（STARTUP. A51）加入到项目中，如图 1.2.29 所示。单击"是"按钮，程序会自动复制标准51初始化程序到项目所在目录，并将其加入项目中。一般情况下单击"否"按钮。

2）编辑程序

选择菜单命令 File→New，弹出程序编辑工作区，如图 1.2.30 所示。在编辑区中，按示例程序（项目一任务 2.c）所示源程序清单输入与编辑程序，并以"项目一任务 2.c"文件名保存，如图 1.2.31 所示。

注：保存时应注意选择文件类型，若编辑的是汇编语言源程序，以 .ASM 为扩展名存盘；若编辑的是 C51 程序，以 .c 为扩展名存盘。

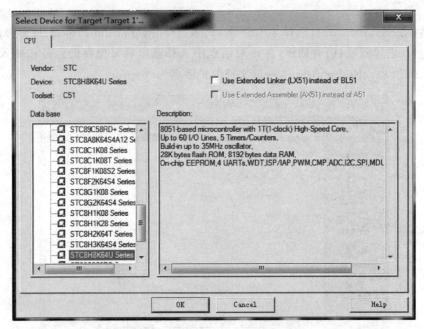

图 1.2.28　STC 目标芯片的选择

图 1.2.29　添加标准 51 初始化程序确认框

图 1.2.30　在编辑框中输入程序

3) 将应用程序添加到项目中

选中项目窗口中的文件组后右击,在弹出的快捷菜单中选择 Add File to Group 'Source Group 1'...(添加文件)命令,如图 1.2.32 所示。选择 Add File to Group 'Source Group 1'...命令后,弹出为项目添加文件(源程序文件)的对话框,如图 1.2.33 所示,选择中"项目一任

图 1.2.31 以 .c 为扩展名保存文件

务 2. c"文件,单击 Add 按钮添加文件,单击 Close 按钮关闭添加文件对话框。

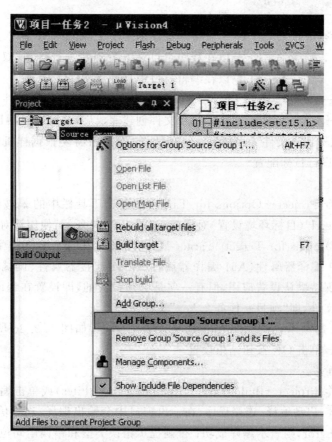

图 1.2.32 选择为项目添加文件的快捷菜单

图 1.2.33　为项目添加文件的对话框

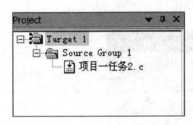

图 1.2.34　查看添加文件

展开项目窗口中的文件组,可查看添加的文件,如图 1.2.34 所示。

可连续添加多个文件,添加所有必要的文件后,就可以在程序组目录下看到并进行管理,双击选中的文件可以在编辑窗口中打开该文件。

4)编译与连接、生成机器代码文件

项目文件创建完成后,就可以对项目文件进行编译、创建目标文件(机器代码文件为. HEX),但在编译、连接前需要根据样机的硬件环境先在Keil μVision4 中进行目标配置。

(1) 环境设置。

选择菜单命令 Project→Options for Target 或单击工具栏中的 按钮,弹出 Options for Target 'Target 1'(目标环境设置)对话框,如图 1.2.35 所示,使用该对话框设定目标样机的硬件环境。Options for Target 'Target 1'对话框有多个选项卡,用于设备选择、目标属性、输出属性、C51 编译器属性、A51 编译器属性、BL51 连接器属性、调试属性等信息的设置。一般情况下保持默认设置应用,但有一项是必须设置的,即设置在编译、连接程序时自动生成机器代码文件,即"项目一任务 2. hex"文件。

单击 Output 选项卡,弹出 Output 选项设置对话框,如图 1.2.36 所示,勾选 Create HEX File 复选框,单击 OK 按钮结束设置。

(2) 编译与连接。

选择菜单命令 Project→Build Target(Rebuild Target Files)或单击编译工具栏中相应的编译按钮 ,启动编译、连接程序,在输出窗口中会输出编译、连接信息,如图 1.2.37 所示。如提示 0 Error,则表示编译成功;否则提示错误类型和错误语句位置。双击错误信息光标将出现在程序错误行,可进行程序修改。程序修改后必须重新编译,直至提示 0 Error 为止。

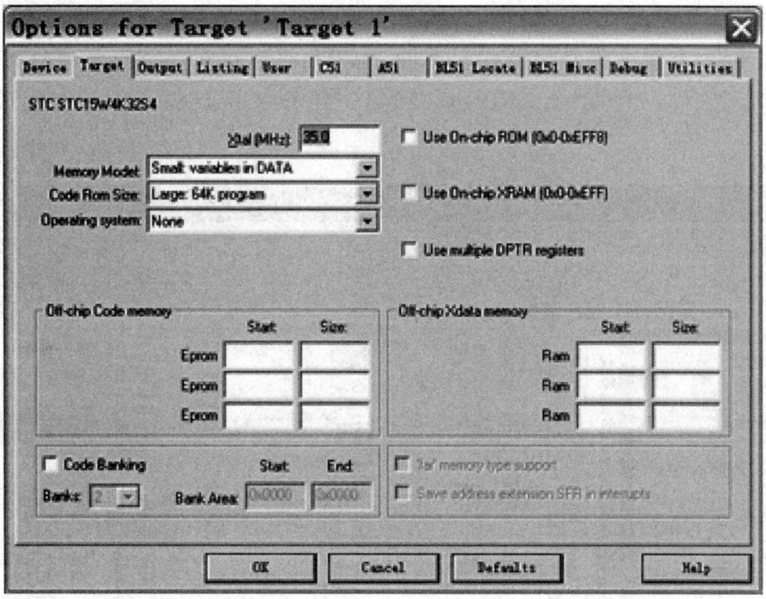

图 1.2.35　目标环境设置对话框(Target 选项)

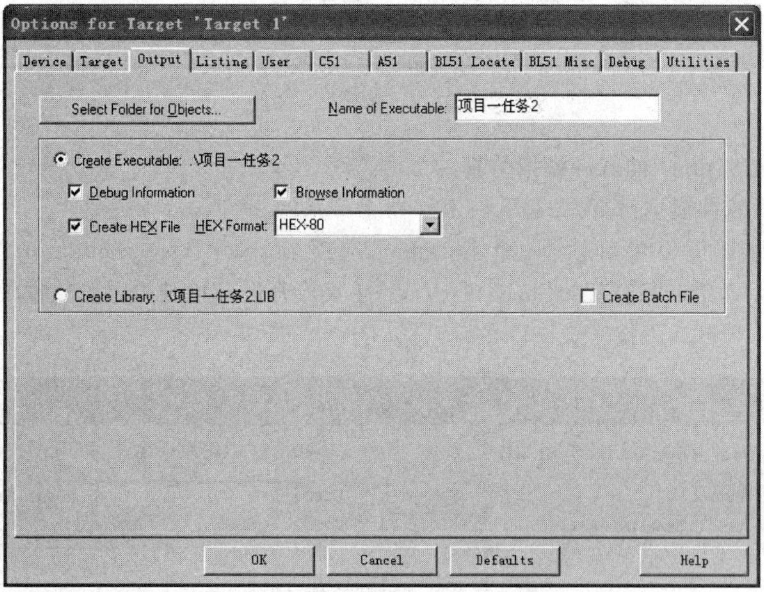

图 1.2.36　Output 选项卡(设置创建 HEX 文件)

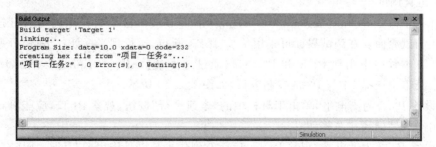

图 1.2.37　编译与连接信息

（3）查看 HEX 机器代码文件。

HEX（或 hex）类型文件是机器代码文件，是单片机运行文件。打开项目文件夹，查看是否存在机器代码文件，如图 1.2.38 所示，"项目一任务 2.hex"就是编译时生成的机器代码文件。

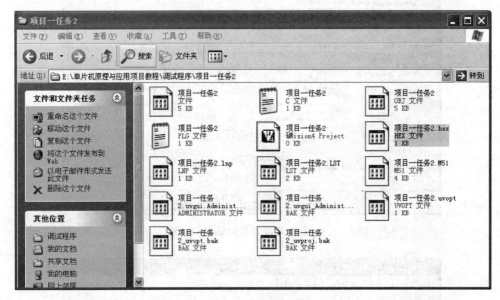

图 1.2.38　查看 hex 文件

5）Keil μVision4 的软件模拟仿真

（1）设置软件模拟仿真方式。

打开编译环境设置对话框，单击 Debug 选项卡，选中 Use Simulator 单选按钮，如图 1.2.39 所示，单击"确定"按钮，Keil μVision4 集成开发环境被设置为软件模拟仿真。

注：默认状态下是软件模拟仿真。

图 1.2.39　目标设置对话框

（2）仿真调试。

选择菜单命令 Debug→Start/Stop Debug Session 或单击工具栏中的"调试"按钮 ，系统进入调试界面。在调试界面可采用单步、跟踪、断点、运行到光标处、全速运行等方式进行调试。在本程序中用到 P1 口和 P3 端口，通过选择菜单命令 Peripherals→I/O-Port，再在下级子菜单中选择 P1 与 P3 的控制窗口，如图 1.2.40 所示。

① 设置 P3.2 为高电平，单击工具栏中的"全速运行"按钮，观察 P1 口，应能看到代表高电平输出的"√"循环往左移动。

② 设置 P3.2 为低电平，观察 P1 口，应能看到代表高电平输出的"√"循环往右移动。

图 1.2.40 应用程序的调试界面

任务 1.3 STC 单片机应用程序的在线编程与在线调试

 任务说明

STC 单片机采用基于 Flash ROM 的 ISP/IAP 技术,可对 STC 单片机进行在线编程,本任务主要学习 PC 与 STC 单片机串行口之间的通信线路以及 STC-ISP 在线编程软件的操作使用方法,以程序实例系统地掌握 STC 单片机的在线编程与在线调试。

 相关知识

1. STC8H8K64U 单片机在线可编程(ISP)电路

STC8H8K64U 单片机用户程序的下载有两种方法:一是可采用 USB 转串口进行下载;二是通过 PC USB 硬件直接下载。

1) STC8H8K64U 单片机 USB 转串口接口的在线编程

(1) 在线编程电路。

图 1.3.1 所示为采用 PL2303-GL 转换芯片进行 USB 与 STC 单片机串口转换的通信电路,其中,P3.0 是 STC 系列单片机的串行接收端,P3.1 是 STC 单片机的串行发送端,D+、D- 是 PC 的 USB 接口的数据端。

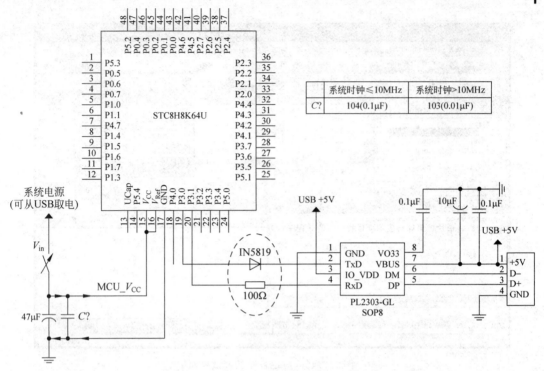

	系统时钟≤10MHz	系统时钟>10MHz
$C?$	104(0.1μF)	103(0.01μF)

图 1.3.1　STC 单片机在线可编程(ISP)电路

（2）安装驱动程序。

通信线路建立后，还需安装 USB 转串口驱动程序才可以建立起 PC 与单片机之间的通信。USB 转串口驱动程序包含在 STC-ISP 在线编程工具包中，可在 STC 单片机的官方网站上下载。例如，stc-isp-15xx-v6.88R 压缩包，解压后，运行\stc-isp-15xx-v6.88R\USB to UART Driver\PL2303\PL23XX_v200 文件按指引安装 USB 转串口(RS-232)驱动程序，安装启动界面如图 1.3.2 所示，安装完成界面如图 1.3.3 所示。

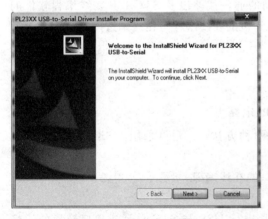

图 1.3.2　安装启动界面

图 1.3.3　安装完成界面

在图 1.3.3 中单击 Finish 按钮完成安装，此时打开计算机设备管理器的端口选项，就能查看到 USB 转串口的模拟串口号，如图 1.3.4 所示，USB 的模拟串口号是 COM5。在进行程序下载时,必须按 USB 的模拟串口号设置在线编程(下载程序)的串口号。STC 系列单片机的在线编程软件具备自动侦测 USB 模拟串口的功能,可直接在串口号选项中选择,如图 1.3.5 所示。

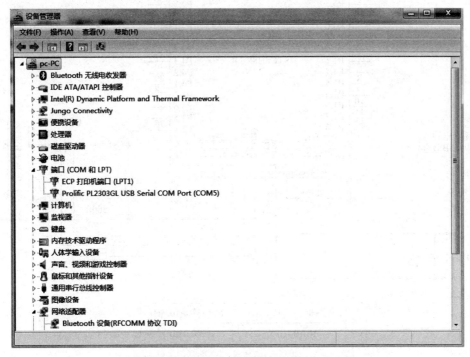

图 1.3.4　查看 USB 转串口的模拟串口号

图 1.3.5　STC-ISP 在线编程工具串口显示

2) PC 的 USB 硬件直接下载电路

STC8H8K64U 单片机采用最新的在线编程技术,STC8H8K64U 可直接与 PC 的 USB 端口相连进行在线编程,PC 与单片机的在线编程线路如图 1.3.6 所示。当 STC8H8K64U 单片机是直接与 PC 的 USB 端口相连进行在线编程时,就不具备在线仿真功能了。

2. STC 大学计划实验箱(9.3)版简介

STC 大学计划实验箱(9.3)包括 STC8H8K64U 单片机模块(包括外接引出插针)、电源控制电路、程序下载通信电路、独立键盘电路、8 位 LED 灯电路、数码 LED 显示模块、矩阵键盘模块、基准电压电路、NTC 测温模块、单片机串口 TTL 电平通信模块、串口 2 与串口间的通信电路、红外遥控发射模块、红外遥控接收模块、SPI 接口实验模块、ADC 键盘模块、PWM 输出滤波电路(D/A 转换)、比较器正极输入电路、蜂鸣器电路、DS18B20 模块、LCD12864 模块接口、TFT 彩屏插座、并行扩展 32KB RAM 模块等,详细电路见附录 4(STC 大学计划实验箱(9.3)各功能模块电路介绍)。

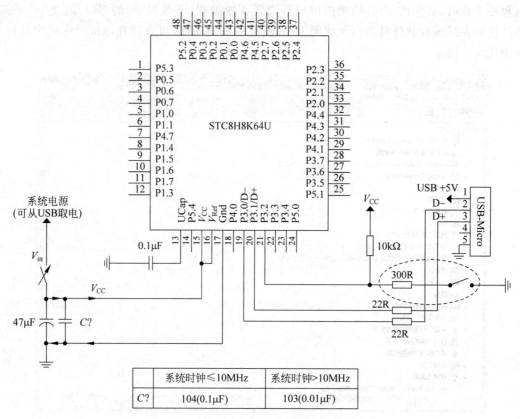

图 1.3.6　STC8H8K64U 单片机在线编程电路

3. 单片机应用程序的下载与运行

用 USB 线将 PC 与 STC 大学计划实验箱(9.3)的 J4 接口相连。

利用 STC-ISP 在线编程软件可将单片机应用系统的用户程序(HEX 文件)下载到单片机中。STC-ISP 在线编程软件在 STC-ISP 在线编程软件工具包中,STC-ISP 在线编程软件工具包可在 STC 单片机的官方网站下载,运行下载程序(如 STC_ISP_V688R),即弹出图 1.3.7 所示的程序界面,按左边标注顺序操作即可完成单片机应用程序的下载任务。

注:STC-ISP 在线编程软件界面的右侧为单片机开发过程中的常用工具。

步骤 1:选择单片机型号,必须与所使用单片机的型号一致。单击"芯片型号"下拉按钮,找到 STC8H8K64U 系列并展开,选择 STC8H8K64U 单片机。

步骤 2:选择"串口"。根据本机 USB 模拟的串口号选择,即 Prolific PL2303GL USB Serial COM Port(COM5)。

步骤 3:打开文件。打开要烧录到单片机中的程序,是经过编译而生成的机器代码文件,扩展名为.HEX,如本任务中的"项目一任务 3.hex"。

步骤 4:设置硬件选项。一般情况下,按默认设置。按系统要求选择时钟频率。

步骤 5:下载。

(1) 采用 USB 转串口下载的操作。

单击"下载/编程"按钮后,按动 SW19(ON/OFF)按键,重新给单片机上电,启动用户程

图 1.3.7　STC-ISP 在线编程软件工作界面

序下载流程。当用户程序下载完毕,单片机自动运行用户程序。

(2) 采用 USB 硬件直接下载的操作。

① 按住 SW17(P3.2)按钮,按动 SW19(ON/OFF)按键,给单片机断电、上电。

② 等待 STC-ISP 下载软件自动识别出"串口"为 STC USB Writer(HID1),如图 1.3.8 所示,再松开 SW17。

③ 单击"下载/编程"按钮,开始下载程序。

注:当采用 USB 硬件直接下载时,不能调节 IRC 时钟频率,只能通过下拉列表框选用内置的 16 个频率,如图 1.3.9 所示。

图 1.3.8　STC USB Writer(HID1)

图 1.3.9　内置 IRC 时钟频率

 **任务实施**

示例程序功能与示例源程序如下。

(1) 程序功能。

STC 大学计划实验箱(9.3)的 LED4、LED11~LED17 实现跑马灯控制,LED 灯电路见附录 4 中的附图 4.7 所示。

(2) 源程序清单(项目一任务 3.c)

```c
# include < stc8h. h >
# include < intrins. h >
# include < gpio. h >
# define uchar unsigned char
# define uint unsigned int
uchar x = 0xfe;
sbit SW18 = P3^3;
sbit control = P4^0;
/* --- 1000ms 延时函数,从 STC - ISP 在线编程软件延时器工具中获取(STC - Y6 指令集) ---- */
void Delay1000ms()                  //@24.000MHz
{
    unsigned char i, j, k;
    _nop_();
    _nop_();
    i = 122;
    j = 193;
    k = 128;
    do
    {
        do
        {
            while ( -- k);
        } while ( -- j);
    } while ( -- i);
}


/* --- 500ms 延时函数,从 STC - ISP 在线编程软件延时器工具中获取(STC - Y6 指令集) ---- */
void Delay500ms()                  //@24.000MHz
{
    unsigned char i, j, k;

    _nop_();
    _nop_();
    i = 61;
    j = 225;
    k = 62;
    do
    {
        do
        {
            while ( -- k);
        } while ( -- j);
```

```
        } while ( -- i);
    }


    /* -------- 主函数 -------- */
    void main(void)
    {
        gpio();                         //将 I/O 工作模式设置为准双向口模式
        control = 0;                    //打开流水灯电源
        while(1)
        {
            P6 = x;
            if(SW18 == 1)
            {
                x = _crol_(x,1);
                Delay1000ms();
            }
            else
            {
                x = _cror_(x,1);
                Delay500ms();
            }

        }
    }
```

（3）利用 Keil μVision4 输入、编辑与编译"项目一任务 3. c"程序，生成机器代码程序"项目一任务 3. hex"。

（4）利用 STC-ISP 在线编程软件将"项目一任务 3. hex"代码下载到 STC 大学计划实验箱(9.3)STC8H8K64U 单片机的程序存储器中。

（5）STC8H8K64U 单片机在 STC-ISP 在线编程软件下载程序结束后，自动运行用户程序，观察与记录 LED4、LED11～LED17 灯的运行情况并记录。

注：gpio. h 是 I/O 初始化程序文件，在本任务中直接提供使用。

 知识延伸

STC-ISP 在线编程软件的工具箱

（1）串口助手：可作为 PC 中 RS-232 串口的控制终端，用于 PC 中 RS-232 串口发送与接收数据。

（2）Keil 设置：一是向 Keil C 集成开发环境添加 STC 系列单片机机型、STC 单片机头文件以及 STC 仿真驱动器；二是生成仿真芯片。

（3）范例程序：提供 STC 各系列各型号单片机应用例程。

（4）波特率计算器：用于自动生成 STC 各系列各型号单片机串口应用时所需波特率的设置程序。

（5）软件延时计算器：用于自动生成所需延时的软件延时程序。

（6）定时器计算器：用于自动生成所需延时的定时器初始化设置程序。

（7）头文件：提供用于定义 STC 各系列各型号单片机特殊功能寄存器以及可寻址特殊

功能寄存器位的头文件。

（8）指令表：提供 STC 系列单片机的指令系统，包括汇编符号、机器代码、运行时间等。

（9）自定义加密下载：自定义加密下载是用户先将程序代码通过自己的一套专用密钥进行加密，然后将加密后的代码通过串口下载，此时下载传输的是加密文件，通过串口分析出来的是加密后的乱码，如无加密密钥，就无任何价值，便可起到防止在烧录程序时被烧录人员通过监测串口分析出代码的目的。

（10）脱机下载：在脱机下载电路的支持下，可提供脱机下载功能，用于批量生产使用。

（11）发布项目程序：发布项目程序功能主要是将用户的程序代码与相关的选项设置打包成为一个可以直接对目标芯片进行下载编程的超级简单的用户自己界面的可执行文件。用户可以自己进行定制（用户可以自行修改发布项目程序的标题、按钮名称及帮助信息），同时用户还可以指定目标计算机的硬盘号和目标芯片的 ID 号。指定目标计算机的硬盘号后，便可以控制发布应用程序只能在指定的计算机上运行，复制到其他计算机，应用程序便不能运行。同样地，当指定了目标芯片的 ID 号后，那么用户代码只能下载到具有相应 ID 号的目标芯片中，对于 ID 号不一致的其他芯片，不能进行下载编程。

任务 1.4　STC 单片机应用程序的在线仿真

STC 采用自己研发的专利技术——STC8H8K64U 单片机既可用作仿真芯片，又可用作目标芯片。本任务主要学习如何用 STC-ISP 在线编程软件将 STC8H8K64U 单片机设置为仿真芯片，以及设置 Keil μVision4 在线仿真的硬件环境，实施 STC 单片机的在线仿真。

Keil μVision4 的硬件仿真需要与外围 8051 单片机仿真器配合实现，在此，选用 STC8H8K64U 单片机来实现，STC8H8K64U 单片机兼有在线仿真功能。

1. Keil μVision 的硬件仿真电路连接

实际上就是相应的程序下载电路，如图 1.3.1 所示，STC 大学计划实验箱（9.3）中已有连接，直接使用即可。注：默认状态时，未焊接此电路，采用的是 USB 下载电路。

2. 设置 STC 仿真器

STC 单片机由于有了基于 Flash 存储器的在线编程（ISP）技术，可以无仿真器、编程器就可进行单片机应用系统的开发，但为了满足习惯于采用硬件仿真的单片机应用工程师的要求，STC 也开发了 STC 硬件仿真器，而且是一大创新，单片机芯片既是仿真芯片又是应用芯片，下面简单介绍 STC 仿真器的设置与使用。

运行 STC-ISP 在线编程软件，选择"Keil 仿真设置"选项卡，如图 1.4.1 所示。

单击"Keil 仿真设置"选项卡中的"单片机型号"下拉按钮，选择 STC8H8K64U 芯片，单击"将所选目标单片机设置为仿真芯片"按钮，即启动"下载/编程"功能，按动 SW19 按键，重

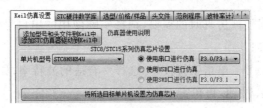

图 1.4.1　设置仿真芯片

新给单片机上电,启动用户程序下载流程。完成后该芯片即为仿真芯片,即可与 Keil μVision4 集成开发环境进行在线仿真。

3. 设置 Keil μVision4 硬件仿真调试模式

(1) 打开编译环境设置对话框,单击 Debug 选项卡,选中 Use 单选按钮并选择 STC Monitor-51 Driver 选项,勾选 Load Application at Startup 复选框和 Run to main()复选框,如图 1.4.2 所示。

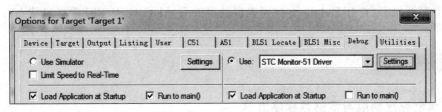

图 1.4.2　目标设置对话框

(2) 设置 Keil μVision4 硬件仿真参数。

单击图 1.4.2 右上角的 Settings 按钮,弹出硬件仿真参数设置对话框,如图 1.4.3 所示。根据仿真电路所使用的串口号(或 USB 驱动的模拟串口号)选择串口端口。

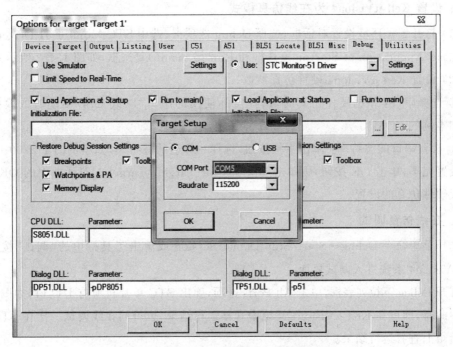

图 1.4.3　Keil μVision4 硬件仿真参数对话框

① 选择串口：根据硬件仿真时的需要，选择实际使用的串口号（或 USB 驱动时的模拟串口号），如本例的 COM5。

② 设置串口的波特率：单击下拉按钮，选择一合适的波特率，如本例的 115200。

设置完毕，单击 OK 按钮，再单击 Options for Target 'Target 1'对话框中的 OK 按钮，即完成硬件仿真的设置。

4．在线仿真调试

同软件模拟调试一样，选择菜单命令 Debug→Start/Stop Debug Session 或单击工具栏中的"调试"按钮 ，系统进入调试界面；若再单击"调试"按钮 ，则退出调试界面。在线调试除可以在 Keil μVision4 集成开发环境调试界面观察程序运行信息外，还可以直接从目标电路上观察程序的运行结果。

Keil μVision4 集成开发环境在在线仿真状态下，能查看 STC 单片机新增内部接口的特殊功能寄存器状态，打开 Debug 下拉列表框就可查看 ADC、CCP、SPI 等接口状态。

任务实施

1．示例程序功能与示例源程序清单

本示例程序同任务 1.3。

2．设置芯片

将 STC8H8K64U 单片机设置为仿真芯片。

3．设置 Keil μVision4 为在线仿真模式

（1）打开编译环境设置对话框，选择 Debug 选项卡，选中 STC Monitor-51 Driver 选项，勾选 Load Application at Startup 复选框和 Run to main()复选框，如图 1.4.2 所示。

（2）设置 Keil μVision4 硬件仿真参数。

① 选择串口：根据硬件仿真时，选择实际使用的串口号（或 USB 驱动时的模拟串口号），如本例的 COM5。

② 设置串口的波特率：单击下拉按钮，选择一合适的波特率，如本例的 115200。

设置完毕，单击 OK 按钮，再单击 Options for Target 'Target 1'对话框中的 OK 按钮，即完成硬件仿真的设置。

4．在线仿真调试

选择菜单命令 Debug→Start/Stop Debug Session 或单击工具栏中的"调试"按钮 ，Keil μVision4 系统进入调试界面。

打开 Debug 下拉列表框，单击 All Ports 选项，弹出 STC 单片机所有 I/O 口，如图 1.4.4 所示。此时，即可在 Keil μVision4 系统中观察运行结果，也可同在线调试一样在 STC 单片机实验箱上查看运行结果。

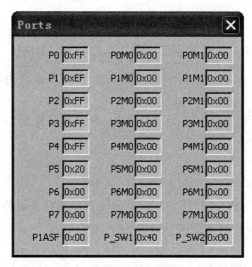

图 1.4.4　Keil μVision4 在线仿真状态下 STC 单片机的 I/O 口

习　题

1. 填空题

(1) 微型计算机由＿＿＿＿＿＿、＿＿＿＿＿＿、I/O 接口以及连接它们的总线组成。

(2) 微型计算机的 CPU 是通过地址总线、数据总线、控制总线与外围电路进行连接与访问的,其中,地址总线用于＿＿＿＿＿＿＿＿＿,地址总线的数量决定＿＿＿＿＿＿＿＿；数据总线用于＿＿＿＿＿＿＿＿＿,数据总线的数量决定＿＿＿＿＿＿＿＿；控制总线用于＿＿＿＿＿＿。

(3) I/O 接口的作用是＿＿＿＿＿＿＿＿＿＿＿＿＿。

(4) 按存储性质分,微型计算机存储器分为＿＿＿＿＿＿和数据存储器两种类型。

(5) 16 位 CPU 是指＿＿＿＿＿＿总线的位数为 16 位。

(6) 若 CPU 地址总线的位数为 16,那么 CPU 的最大寻址能力为＿＿＿＿＿＿＿。

(7) 微型计算机执行指令的顺序是按照在程序存储中的存放顺序执行的。在执行指令时包含取指、＿＿＿＿＿＿＿、执行指令 3 个工作过程。

(8) 微型计算机系统由微型计算机和＿＿＿＿＿＿＿＿＿＿＿＿＿＿组成。

(9) STC 大学计划实验箱(9.3)在线编程(下载程序)电路采用的 USB 转串口的芯片是＿＿＿＿＿＿。

(10) STC 大学计划实验箱(9.3)8 位 LED 数码管模块采用的数码管器件是＿＿＿＿位共＿＿＿＿极的。

(11) Keil μVision4 集成开发环境中,既可以编辑、编译 C 语言源程序,也可以编辑、编译＿＿＿＿＿＿源程序。

(12) Keil μVision4 集成开发环境中,除可以编辑、编译用户程序外,还可以＿＿＿＿用户程序。

(13) Keil μVision4 集成开发环境中,编译时允许自动创建机器代码文件状态下,其默认文件名与_____相同。

    (14) STC 单片机能够识别的文件类型称为_____,其后缀名是_____。

2. 选择题

(1) 当 CPU 的数据总线位数为 8 位时,标志着 CPU 一次交换数据能力为(　　　)。

    A. 1 位　　　　　　　B. 4 位　　　　　　　C. 16 位　　　　　　　D. 8 位

(2) 当 CPU 地址总线为 8 位时,标志着 CPU 的最大寻址能力为(　　　)。

    A. 8B　　　　　　　　　　　　　　　　B. 16B

    C. 256B　　　　　　　　　　　　　　　D. 64KB

(3) 微型计算机程序存储器空间一般由(　　　)构成。

    A. 只读存储器　　　　　　　　　　　　B. 随时存取存储器

(4) 微型计算机数据存储器空间一般由(　　　)构成。

    A. 只读存储器　　　　　　　　　　　　B. 随时存取存储器

(5) STC 大学计划实验箱(9.3)在线编程电路中,USB 转串口采用的芯片是(　　　)。

    A. MAX23　　　　　B. CH340G　　　　　C. CH340T　　　　　D. PL2303-GL

(6) Keil μVision4 集成开发环境中,在勾选 Create HEX File 复选框后,默认状态下机器代码名称与(　　　)相同。

    A. 项目名　　　　　　B. 文件名　　　　　　C. 项目文件夹名

(7) Keil μVision4 集成开发环境中,下列不属于编辑、编译界面操作功能的是(　　　)。

    A. 输入用户程序　　　B. 编辑用户程序　　　C. 全速运行程序　　　D. 编译用户程序

(8) Keil μVision4 集成开发环境中,下列不属于调试界面操作功能的是(　　　)。

    A. 单步运行用户程序　　　　　　　　　B. 跟踪运行用户程序

    C. 全速运行程序　　　　　　　　　　　D. 编译用户程序

(9) Keil μVision4 集成开发环境中,编译过程中生成的机器代码文件的后缀名是(　　　)。

    A. c　　　　　　　　　B. asm　　　　　　　C. hex　　　　　　　D. uvproj

3. 判断题

(1) 键盘是微型计算机的基本组成部分。(　　　)

(2) I/O 接口是微型计算机的核心部分。(　　　)

(3) I/O 接口是 CPU 与 I/O 设备间的连接桥梁。(　　　)

(4) CPU 是通过寻址的方式访问存储器或 I/O 设备的。(　　　)

(5) 单片机是微型计算机中一个重要的发展分支。(　　　)

(6) 不论是 8 位单片机,还是 32 位的 ARM,都属于嵌入式微型计算机。(　　　)

(7) 随机存取存储器(RAM)的存储信息,断电后不会消失。(　　　)

(8) 只读存储器(ROM)的存储信息断电后不会丢失。(　　　)

(9) STC8H8K64U 单片机与 STC32G12K128 单片机在相同封装下,其引脚排列是一样的。(　　　)

(10) Keil μVision4 集成开发环境在编译过程中,默认状态下会自动生成机器代码文件。(　　　)

(11) Keil μVision4 集成开发环境中,若不勾选 Create HEX File 复选框后编译用户程

序,即不能调试用户程序。（　　）

（12）Keil μVision4 集成开发环境既可以用于编辑、编译 C 语言源程序,也可以编辑、编译汇编语言源程序。（　　）

（13）Keil μVision4 集成开发环境调试界面中,默认状态下选择的仿真方式是软件模拟仿真。（　　）

（14）Keil μVision4 集成开发环境调试界面中,若调试的用户程序无子函数调用,那么单步运行与跟踪运行的功能是完全一致。（　　）

（15）Keil μVision4 集成开发环境中,若编辑、编译的源程序类型不同,所生成机器代码文件的后缀名不同。（　　）

（16）STC-ISP 在线编程软件中,在单击下载程序按钮后,一定要让单片机重新上电才能完成程序下载工作。（　　）

（17）STC8H8K64U 单片机既可用作目标芯片,又可用作仿真芯片。（　　）

（18）STC8H8K64U 单片机可不经过 USB 转串口芯片,直接与 PC 的 USB 接口相连,实现在线编程功能。（　　）

4. 问答题

（1）简述应用 Keil μVision4 集成开发环境进行单片机应用程序开发的工作流程。

（2）Keil μVision4 集成开发环境中,如何根据编程语言的种类选择存盘文件的扩展名?

（3）Keil μVision4 集成开发环境中,如何切换编辑与调试程序界面?

（4）Keil μVision4 集成开发环境中,有哪几种程序调试方法? 各有什么特点?

（5）Keil μVision4 集成开发环境在调试程序时,如何观察片内 RAM 的信息?

（6）Keil μVision4 集成开发环境在调试程序时,如何观察片内通用寄存器的信息?

（7）Keil μVision4 集成开发环境在调试程序时,如何观察或设置定时器、中断与串行口的工作状态?

（8）简述利用 STC-ISP 在线编程软件下载用户程序的工作流程。

（9）通过怎样的设置可以实现下载程序时自动更新用户程序代码?

（10）通过怎样的设置可以实现当用户程序代码发生变化时会自动更新用户程序代码并启动下载命令?

（11）STC8H8K64U 单片机既可用作目标芯片,又可用作仿真芯片,当用作仿真芯片时应如何操作?

（12）简述 Keil μVision4 集成开发环境硬件仿真(在线仿真)的设置。

STC8H8K64U系列单片机 增强型8051内核

本项目要达到的目标：一是让读者理解 STC8H8K64U 系列单片机的基本结构与资源配置情况；二是掌握 STC8H8K64U 系列单片机的时钟、复位与外部引脚的接口特性。

知识点

◇ STC8H8K64U 系列单片机的 CPU。

◇ STC8H8K64U 系列单片机的资源配置。

◇ STC8H8K64U 系列单片机复位的概念、复位原理与复位的种类。

◇ STC8H8K64U 系列单片机时钟的来源。

◇ STC8H8K64U 系列单片机的引脚特性。

技能点

◇ 选择复位电平。

◇ 设置时钟的来源与时钟的频率。

◇ 设置系统时钟的分频系数。

◇ 设置主时钟输出。

任务 2.1　STC8H8K64U 系列单片机概述

任务说明

STC 增强型 8051 单片机是在经典 8051 单片机框架上发展起来的，增强型 8051 单片机指令系统与经典 8051 单片机指令系统完全兼容，因此，有必要了解经典 8051 单片机的基本配置情况，从而系统地理解 STC 增强型 8051 单片机的资源配置情况。

相关知识

1. MCS-51 系列单片机的产品系列

MCS-51 系列单片机是美国 Intel 公司研发的，该系列产品详见表 2.1.1。

表 2.1.1　MCS-51 系列单片机的内部资源

型号	程序存储器	数据存储器/B	定时器/计数器	并行 I/O 口	串行口	中断源
8031	无	128	2	32	1	5
8032	无	256	3	32	1	6
8051	4KB ROM	128	2	32	1	5
8052	8KB ROM	256	3	32	1	6
8751	4KB EPROM	128	2	32	1	5
8752	8KB EPROM	256	3	32	1	6

1）根据片内程序存储器配置情况的分类

（1）无 ROM 型：片内没有配置任何类型的程序存储器，如 8031、8032 单片机。

（2）ROM 型：片内配置的程序存储器类型是掩膜 ROM，如 8051、8052 单片机。

（3）EPROM 型：片内配置的程序存储器类型是 EPROM，如 8751、8752 单片机。

提示：目前，51 兼容单片机的程序存储器类型大多是 Flash ROM，可多次编程，且可在线编程。

2）根据片内资源配置数量的分类

（1）基本型（或称 51 型）：片内程序存储器为 4KB，片内数据存储器为 128B，定时器/计数器 2 个，对应的机型为 8031、8051、8751。

（2）扩展型（或称 52 型）：片内程序存储器为 8KB，片内数据存储器为 256B，定时器/计数器 3 个，对应的机型为 8032、8052、8752。

2. MCS-51 系列单片机的主要特点

MCS-51 以其典型的结构和完善的总线专用寄存器的集中管理，众多的逻辑位操作功能及面向控制的丰富的指令系统，堪称一代"名机"，为以后其他单片机的发展奠定了基础。正因为其优越的性能和完善的结构，导致后来许多厂商多沿用或参考了其体系结构，国际上有许多大的电气厂商丰富和发展了 MCS-51 单片机，如 Philips、Dallas、Atmel 等著名的半导体公司都推出了兼容 MCS-51 的单片机产品，我国的台湾 Winbond 公司也发展了兼容 C51 的单片机品种，STC 系列单片机为我国本土推出的增强型 8051 单片机。

近年来，8051 单片机获得了飞速的发展，在原来的基础上发展了高速 I/O 口、A/D 转换器、PWM（脉宽调制）、WDT 等增强功能，并将低电压、微功耗、扩展串行总线（I^2C）和控制网络总线（CAN）等功能加以完善。

任务实施

1. STC 系列单片机概述

STC 系列单片机是原深圳国芯研发的增强型 8051 内核单片机，相对于传统的 8051 内核单片机，在片内资源、性能及工作速度上都有很大的改进，尤其采用了基于 Flash 的在线系统编程（ISP）技术，使得单片机应用系统的开发变得简单，无须仿真器或专用编程器就可进行单片机应用系统的开发，同样也方便了单片机的学习。

STC 单片机产品系列化、种类多，现有超过百种的单片机产品，能满足不同单片机应用

系统的控制需求。按照工作速度与片内资源配置的不同，STC 系列单片机有若干个系列产品。按照工作速度可分为 12T/6T 和 1T 系列产品，12T/6T 产品是指一个机器周期可设置为 12 个时钟或 6 个时钟，包括 STC89 和 STC90 两个系列；1T 产品是指一个机器周期仅为 1 个时钟，包括 STC11/10、STC12、STC15 和 STC8 等系列。STC89、STC90 和 STC11/10 系列属基本配置；STC12/15 系列产品则相应地增加了 PCA、PWM、A/D 和 SPI 等接口模块；STC8A 系列产品则在 STC15 系列产品基础上又增加了 I^2C 模块，A/D 转换模块扩展到 12 位；STC8H 系列产品则在 STC8A 系列产品基础上又增加了 USB 模块，设置了高级 PWM 定时器，综合与优化了原有 PCA 模块以及增强型 PWM 的功能。此外，STC8H8K64U 还增加了 16 位硬件乘法器。在每个系列中包含若干个产品，其差异主要是片内资源数量上的差异。在应用选型时，应根据控制系统的实际需求，选择合适的单片机，即单片机内部资源要尽可能地满足控制系统要求，而减少外部接口电路，同时，选择片内资源时遵循"够用"原则，极大地保证单片机应用系统的高性能价格比和高可靠性。

1）STC8H 系列单片机概述

STC8H 系列单片机采用 STC-Y6 超高速 CPU 内核，STC8H 系列单片机是不需要外部晶振和外部复位的单片机，是以超强抗干扰、超低价、高速、低功耗为目标的 8051 单片机，在相同的工作频率下，STC8H 系列单片机比传统的 8051 快约 12 倍（速度快 11.2～13.2 倍），依次按顺序执行完全部的 111 条指令，STC8H 系列单片机仅需 147 个时钟，而传统 8051 则需要 1944 个时钟。STC8H 系列单片机是 STC 生产的单时钟/机器周期（1T）的单片机，是宽电压、高速、高可靠、低功耗、强抗静电、较强抗干扰的新一代 8051 单片机，超级加密。指令代码完全兼容传统 8051。

MCU 内部集成高精度 R/C 时钟（±0.3%，常温下 +25℃），−1.38%～+1.42% 温漂（−40～+85℃），−0.88%～+1.05% 温漂（−20～+65℃）。ISP 编程时 4～35MHz 宽范围可设置（注意：温度范围为 −40～+85℃ 时，最高频率须控制在 35MHz 以下），可彻底省掉外部昂贵的晶振和外部复位电路（内部已集成高可靠复位电路，ISP 编程时 4 级复位阈值电压可选）。

MCU 内部有 3 个可选时钟源，即内部高精度 IRC 时钟（可适当调高或调低）、内部 32kHz 的低速 IRC、外部 4～33MHz 晶振或外部时钟信号。用户代码中可自由选择时钟源，时钟源选定后可经过 8bit 的分频器分频后再将时钟信号提供给 CPU 和各个外设（如定时器、串口、SPI 等）。

MCU 提供两种低功耗模式，即 IDLE 模式和 STOP 模式。在 IDLE 模式下，MCU 停止给 CPU 提供时钟，CPU 无时钟，CPU 停止执行指令，但所有的外设仍处于工作状态，此时功耗约为 1.3mA（6MHz 工作频率）。STOP 模式即为主时钟停振模式，即传统的掉电模式、停电模式、停机模式，此时 CPU 和全部外设都停止工作，功耗可降低到 $0.6\mu A@V_{CC}=$ $5.0V$、$0.4\mu A@V_{CC}=3.3V$。

掉电模式可以使用 INT0(P3.2)、INT1(P3.3)、INT2(P3.6)、INT3(P3.7)、INT4(P3.0)、T0(P3.4)、T1(P3.5)、T2(P1.2)、T3(P0.4)、T4(P0.6)、RxD(P3.0/P3.6/P1.6/P4.3)、RxD2(P1.4/P4.6)、RxD3(P0.0/P5.0)、RxD4(P0.2/P5.2)、I^2C_SDA(P1.4/P2.4/P3.3) 以及比较器中断、低压检测中断、掉电唤醒定时器唤醒。

MCU 提供了丰富的数字外设（串口、定时器、高级 PWM 以及 I^2C、SPI、USB）接口与模拟外设(超高速 ADC、比较器),可满足广大用户的设计需求。

STC8H 系列单片机内部集成了增强型的双数据指针。通过程序控制,可实现数据指针自动递增或递减功能以及两组数据指针的自动切换功能。

2) STC8H 系列单片机的子系列单片机与资源配置

STC8H 系列单片机包括 STC8H1K08-20PIN 系列、STC8H1K28-32PIN 系列、STC8H3K64S4-48PIN 系列、STC8H3K64S2-48PIN 系列与 STC8H8K64U-64/48PIN USB 系列,各子系列的资源配置如表 2.1.2 所示。

表 2.1.2　STC8H 系列单片机各子系列的资源配置表

产　品　线	I/O口	串行口(UART)	定时器	ADC(通道数×位数)	高级PWM	比较器(CMP)	SPI串行总线	I²C串行总线	USB串行总线	16 位乘法器(MDU16)	I/O中断
STC8H1K08-20PIN 系列	17	2	3	9×10	√	√	√	√			
STC8H1K28-32PIN 系列	29	2	5	12×10	√	√	√	√			
STC8H3K64S4-48PIN 系列	45	4	5	12×12	√	√	√	√		√	√
STC8H3K64S2-48PIN 系列	45	2	5	12×12	√	√	√	√		√	√
STC8H8K64U-64/48PIN USB 系列	60	4	5	15×12	√	√	√	√	√	√	

2. STC8H8K64U 系列单片机

1) STC8H8K64U 系列单片机的内部资源与工作特性

(1) 内核。

① 超高速 8051 内核(1T),比传统 8051 约快 12 倍以上。

② 指令代码完全兼容传统 8051。

③ 22 个中断源,4 级中断优先级。

④ 支持在线编程与在线仿真。

(2) 工作电压。

① 1.9~5.5V。

② 内建 LDO。

(3) 工作温度。

—40~85℃(如果需要工作在更宽的温度范围,请使用外部时钟或者使用较低的工作频率)。

(4) Flash 存储器。

① 最大 64KB Flash 程序存储器(ROM),用于存储用户代码,支持用户配置 EEPROM 大小,EEPROM 可 512B 单页擦除,擦写次数可达 10 万次以上。

② 支持在系统编程方式(ISP)更新用户应用程序,无须专用编程器,支持单芯片仿真,

无须专用仿真器,理论断点个数无限制。

(5) SRAM。

① 128B 内部直接访问 RAM(DATA)。

② 128B 内部间接访问 RAM(IDATA)。

③ 8192B 内部扩展 RAM(内部 XDATA)。

④ 1280B USB 数据 RAM。

(6) 时钟控制,用户可自由选择下面时钟源。

① 内部高精度 IRC(ISP 编程时可进行上下调整)。误差±0.3%(常温下 25℃),−1.35%～+1.30%温漂(全温度范围为−40～85℃),−0.76%～+0.98%温漂(温度范围为−20～65℃)。

② 内部 32kHz 低速 IRC(误差较大)。

③ 外部晶振(4～33MHz)和外部时钟。

(7) 复位。

① 硬件复位。

a. 上电复位。复位电压是由一个上限电压和一个下限电压组成的电压范围,当工作电压从 5V/3.3V 向下掉到上电复位的下限阈值电压时,芯片处于复位状态;当电压从 0V 上升到上电复位的上限阈值电压时,芯片解除复位状态。

b. 复位引脚复位,出厂时 P5.4 默认为 I/O 口,ISP 下载时可将 P5.4 引脚设置为复位脚(注意:当设置 P5.4 引脚为复位脚时,复位电平为低电平)。

c. 看门狗溢出复位。

d. 低压检测复位,提供 4 级低压检测电压,即 1.9V、2.3V、2.8V、3.7V。

每级低压检测电压都是由一个上限电压和一个下限电压组成的电压范围,当工作电压从 5V/3.3V 向下掉到低压检测的下限阈值电压时,低压检测生效;当电压从 0V 上升到低压检测的上限阈值电压时,低压检测生效。

② 软件复位。通过编程写复位触发寄存器。

(8) 中断。

① 提供 22 个中断源:INT0(支持上升沿和下降沿中断)、INT1(支持上升沿和下降沿中断)、INT2(只支持下降沿中断)、INT3(只支持下降沿中断)、INT4(只支持下降沿中断)、定时器 0、定时器 1、定时器 2、定时器 3、定时器 4、串口 1、串口 2、串口 3、串口 4、ADC 模数转换、LVD 低压检测、SPI、I^2C、比较器、PWM1、PWM2、USB。

② 提供 4 级中断优先级。

(9) 数字外设。

① 5 个 16 位定时器:定时器 0、定时器 1、定时器 2、定时器 3、定时器 4,其中定时器 0 的模式 3 具有 NMI(不可屏蔽中断)功能,定时器 0 和定时器 1 的模式 0 为 16 位自动重载模式。

② 4 个高速串口:串口 1、串口 2、串口 3、串口 4,波特率时钟源最快可为 $f_{OSC}/4$。

③ 2 组高级 PWM,可实现带死区的控制信号,并支持外部异常检测功能,另外还支持 16 位定时器、8 个外部中断、8 路外部捕获测量脉宽等功能。

④ SPI:支持主机模式和从机模式以及主机/从机自动切换。

⑤ I^2C:支持主机模式和从机模式。

⑥ MDU16：硬件 16 位乘除法器（支持 32 位除以 16 位、16 位除以 16 位、16 位乘 16 位、数据移位以及数据规格化等运算）。

⑦ USB：USB 2.0/USB 1.1 兼容全速 USB,6 个双向端点,支持 4 种端点传输模式（控制传输、中断传输、批量传输和同步传输）,每个端点拥有 64B 的缓冲区。

（10）模拟外设。

① 超高速 ADC,支持 12 位高精度 15 通道（通道 0~14）的模数转换,速度最快能达到 800KB（每秒进行 80 万次 ADC 转换）,ADC 的通道 15 用于测试内部 1.19V 参考信号源（芯片在出厂时,内部参考信号源已调整为 1.19V）。

② 比较器,一组比较器（比较器的正端可选择 CMP＋端口和所有的 ADC 输入端口,所以比较器可当作多路比较器进行分时复用）。

③ DAC：8 通道高级 PWM 定时器可当作 8 路 DAC 使用。

（11）GPIO。

最多可达 60 个 GPIO：P0.0~P0.7、P1.0~P1.7（无 P1.2）、P2.0~P2.7、P3.0~P3.7、P4.0~P4.7、P5.0~P5.4、P6.0~P6.7、P7.0~P7.7,所有的 GPIO 均支持以下 4 种模式,即准双向口模式、强推挽输出模式、开漏输出模式、高阻输入模式,除 P3.0 和 P3.1 外,其余所有 I/O 口上电后的状态均为高阻输入状态,用户在使用 I/O 口时必须先设置 I/O 口模式。另外,每个 I/O 均可独立使能内部 4kΩ 上拉电阻。

（12）电源管理。

系统有 3 种省电模式,即降频运行、空闲模式与停机模式。

（13）其他功能。

在 STC-ISP 在线编程软件的支持下,可实现程序加密后传输、可设置下次更新程序需要口令、支持 RS-485 下载、支持 USB 下载、支持在线仿真等功能。

2）STC8H8K64U 系列单片机的型号

STC8H8K64U 系列单片机包括 STC8H8K32U、STC8H8K60U 和 STC8H8K64U 这 3 种型号,它们之间的区别在于程序 Flash ROM（程序存储器）与数据 Flash ROM（EEPROM）的分配不同。

（1）STC8H8K32U：程序存储器与 EEPROM 是分开编址的,程序存储器是 32KB,EEPROM 也是 32KB。

（2）STC8H8K60U：程序存储器与 EEPROM 是分开编址的,程序存储器是 60KB,EEPROM 只有 4KB。

（3）STC8H8K64U：程序存储器与 EEPROM 是统一编址的,所有 64KB 的 Flash ROM 都可用作程序存储器,所有 64KB 的 Flash ROM 在理论上也可用作 EEPROM,所以 STC8H8K64U 单片机的存储空间为 64KB,未用的 Flash ROM 都可用作 EEPROM。

任务 2.2　STC8H8K64U 单片机结构与工作原理

任务说明

STC8H8K64U 单片机是增强型 8051 单片机,既可用作在线仿真芯片,又可用作目标芯片。STC8H8K64U 单片机的内核采用的是 STC-Y6 内核。本任务从宏观上理解STC8H8K64U 单片机的内部资源与工作原理。

 **任务实施**

1. STC8H8K64U 单片机的 CPU 结构

单片机的中央处理器(CPU)由运算器和控制器组成,8 位数据总线,16 位地址总线。它的作用是读入并分析每条指令,根据各指令功能控制单片机的各功能部件执行指定的运算或操作。

1) 运算器

运算器由算术/逻辑运算部件(ALU)、累加器(ACC)、寄存器(B)、暂存器(TMP1、TMP2)和程序状态标志寄存器(PSW)组成。它所完成的任务是实现算术与逻辑运算、位变量处理与传送等操作。

ALU 功能极强,既可实现 8 位二进制数据的加、减、乘、除算术运算和与、或、非、异或、循环等逻辑运算,同时还具有一般微处理器所不具备的位处理功能。

累加器(ACC)又记为 A,用于向 ALU 提供操作数和存放运算结果,是 CPU 中工作最频繁的寄存器,大多数指令的执行都要通过 ACC 进行。

寄存器(B)是专门为乘法和除法运算设置的寄存器,用于存放乘法和除法运算的操作数和运算结果。对于其他指令,可作普通寄存器使用。

程序状态标志寄存器(PSW),简称程序状态字。它用来保存 ALU 运算结果的特征和处理状态。这些特征和状态可以作为控制程序转移的条件,以供程序判别和查询。PSW 的各位定义如下:

地址	B7	B6	B5	B4	B3	B2	B1	B0	复位值
D0H	CY	AC	F0	RS1	RS0	OV	F1	P	0000 0000

CY:进位标志位。执行加/减法指令时,如果操作结果的最高位 B7 出现进/借位,则CY 置"1";否则清零。执行乘法运算后,CY 清零。

AC:辅助进位标志位。当执行加/减法指令时,如果低 4 位数向高 4 位数(或者说 B3位向 B4 位)产生进/借位,则 AC 置"1";否则清零。

F0:用户标志 0。可由用户自行定义的一个状态标志位。

RS1、RS0:工作寄存器组选择控制位。详见任务 4.1。

OV:溢出标志位。指示运算过程中是否发生了溢出。有溢出时,OV=1;无溢出时,OV=0。判别方法:当最高位与次高位的进位/借位情况一致时,表示没有溢出;否则表示有溢出。

F1:用户标志 1。这也是可由用户自行定义的一个状态标志位。

P:奇偶标志位。如果累加器 ACC 中 1 的个数为偶数,则 P=0;否则 P=1。在具有奇偶校验的串行数据通信中,可以根据 P 值设置奇偶校验位。若奇校验,检验位取 P 的非;若偶校验,校验位取 P 值。

2) 控制器

控制器是 CPU 的指挥中心,由指令寄存器 IR、指令译码器 ID、定时及控制逻辑电路以及程序计数器 PC 等组成。

程序计数器 PC 是一个 16 位的计数器(注意：PC 不属于特殊功能寄存器)。它总是存放着下一个要取指令字节的 16 位程序存储器存储单元的地址。并且每取完一个指令字节后,PC 的内容自动加 1,为取下一个指令字节做准备。因此,一般情况下,CPU 是按指令顺序执行程序的。只有在执行转移、子程序调用指令和中断响应时例外,由指令或中断响应过程自动给 PC 置入新的地址。总之,PC 指到哪里,CPU 就从哪里开始执行程序。

指令寄存器 IR 保存当前正在执行的指令。执行一条指令,先要把它从程序存储器取到指令寄存器 IR 中。指令内容包含操作码和地址码两部分,操作码送指令译码器 ID,并形成相应指令的微操作信号;地址码送操作数形成电路,以便形成实际的操作数地址。

定时与控制是微处理器的核心部件,它的任务是控制"取指令、执行指令、存取操作数或运算结果"等操作,向其他部件发出各种微操作信号,协调各部件工作,完成指令指定的工作任务。

2. STC8H8K64U 单片机的引脚与功能

STC8H8K64U 单片机有 LQFP64、QFN64、LQFP48、QFN48 等封装形式,LQFP64 封装引脚如图 2.2.1 所示。

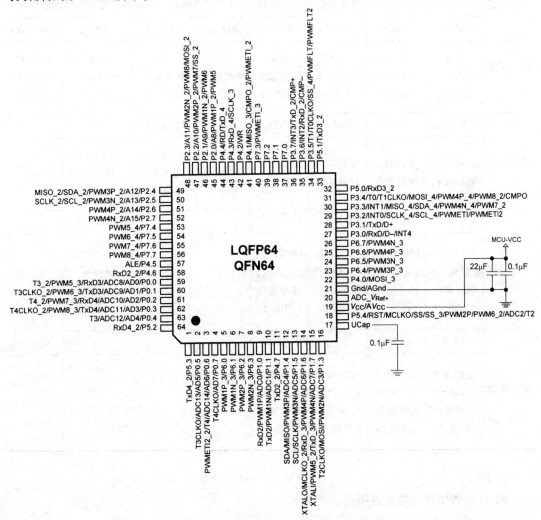

图 2.2.1　STC8H8K64U 单片机 LQFP64 封装的引脚排列

下面以 STC8H8K64U 单片机的 LQFP64/QFN64 封装为例介绍 STC8H8K64U 单片机的引脚功能。从引脚图中可看出,其中有 4 个专用引脚,包括 19(电源正极: V_{CC}、ADC 电源正极: AV_{CC})、21(电源地: Gnd、ADC 电源地: AGnd)、20(ADC 参考电压: ADC_V_{Ref+})和 17(USB 内核电源稳压脚: UCap),除此 4 个专用引脚外,其他引脚都可用作 I/O 口,无须外部配置时钟与复位电路,也就是说,STC8H8K64U 单片机只需接上电源就是一个单片机最小系统了。因此,这里以 STC8H8K64U 单片机的 I/O 口引脚为主线,描述 STC8H8K64U 单片机的各引脚功能。

1) P0 口

P0 口引脚排列与功能说明见表 2.2.1。

表 2.2.1　P0 口引脚排列与功能说明

引脚号	59	60	61	62	63	2	3	4
I/O 名称	P0.0	P0.1	P0.2	P0.3	P0.4	P0.5	P0.6	P0.7
第二功能	(AD0～AD7)构建、访问外部数据存储器时,分时复用用作低 8 位地址总线和 8 位数据总线							
第三功能	ADC8	ADC9	ADC10	ADC11	ADC12	ADC13	ADC14	T4CLKO
	ADC 模拟输入通道 8	ADC 模拟输入通道 9	ADC 模拟输入通道 10	ADC 模拟输入通道 11	ADC 模拟输入通道 12	ADC 模拟输入通道 13	ADC 模拟输入通道 14	T4 的可编程时钟输出
第四功能	RxD3	TxD3	RxD4	TxD4	T3	T3CLKO	T4	—
	串行口 3 数据接收	串行口 3 数据发送	串行口 4 数据接收	串行口 4 数据发送	T3 的外部计数时钟输入	T3 的可编程时钟输出	T4 的外部计数时钟输入	—
第五功能	PWM5_3	PWM6_3	PWM7_3	PWM8_3	—	—	PWMETI2_2	—
	PWM5 的捕获输入和脉冲输出(切换 2)	PWM6 的捕获输入和脉冲输出(切换 2)	PWM7 的捕获输入和脉冲输出(切换 2)	PWM8 的捕获输入和脉冲输出(切换 2)	—	—	PWM 外部触发输入引脚 2(切换 1)	—
第六功能	T3_2	T3CLKO_2	T4_2	T4CLKO_2	—	—	—	—
	定时器 3 外部计数时钟输入(切换 1)	定时器 3 可编程时钟输出(切换 1)	定时器 4 外部计数时钟输入(切换 1)	定时器 4 可编程时钟输出(切换 1)	—	—	—	—

2) P1 口

P1 口引脚排列与功能说明见表 2.2.2。

表 2.2.2　P1 口引脚排列与功能说明

引脚号	I/O 名称	第二功能	第三功能	第四功能	第五功能	第六功能	第七功能
9	P1.0	ADC0	PWM1P	RxD2	—	—	—
		ADC 模拟输入通道 0	PWM 通道 1 的捕获输入和脉冲输出正极	串行口 2 串行数据接收			
10	P1.1	ADC1	PWM1N	TxD2	—	—	—
		ADC 模拟输入通道 1	PWM 通道 1 的捕获输入和脉冲输出负极	串行口 2 串行数据发送			
	P1.2	已无此引脚					—
16	P1.3	ADC3	PWM2N	MOSI	T2CLKO	—	—
		ADC 模拟输入通道 3	PWM 通道 2 的捕获输入和脉冲输出负极	SPI 接口主机输出从机输入	T2 的可编程时钟输出		
12	P1.4	ADC4	PWM3P	MISO	SDA	—	—
		ADC 模拟输入通道 4	PWM 通道 3 的捕获输入和脉冲输出正极	SPI 接口主机输入从机输出	I^2C 接口数据线		
13	P1.5	ADC5	PWM3N	SCLK	SCL	—	—
		ADC 模拟输入通道 5	PWM 通道 3 的捕获输入和脉冲输出负极	SPI 接口同步时钟输入	I^2C 接口时钟线		
14	P1.6	ADC6	RxD_3	PWM4P	MCLKO_2	XTALO	—
		ADC 模拟输入通道 6	串行口 1 串行数据接收端（切换 2）	PWM 通道 4 的捕获输入和脉冲输出正极	主时钟输出（切换 1）	内部时钟放大器反相放大器的输出端	
15	P1.7	ADC7	TxD_3	PWM4N	PWM5-2	XTALI	—
		ADC 模拟输入通道 7	串行口 1 串行数据发送端（切换 2）	PWM 通道 4 的捕获输入和脉冲输出负极	PWM2 通道 5 的捕获输入和脉冲输出（切换 1）	内部时钟放大器反相放大器的输入端	

3）P2 口

P2 口引脚排列与功能说明见表 2.2.3。

表 2.2.3　P2 口引脚排列与功能说明

引脚号	I/O 名称	第二功能	第三功能	第四功能	第五功能
45	P2.0	A8	PWM1P_2 PWM 通道 1 的捕获输入和脉冲输出正极（切换 1）	PWM5 PWM 通道 5 的捕获输入和脉冲输出	—
46	P2.1	A9	PWM1N_2 PWM 通道 1 的捕获输入和脉冲输出负极（切换 1）	PWM6 PWM 通道 6 的捕获输入和脉冲输出	—
47	P2.2	A10	SS_2 SPI 接口的从机选择引脚（切换 1）	PWM2P_2 PWM 通道 2 的捕获输入和脉冲输出正极（切换 1）	PWM7 PWM 通道 7 的捕获输入和脉冲输出
48	P2.3	A11	MOSI_2 SPI 接口主出从入数据端（切换 1）	PWM2N_2 PWM 通道 2 的捕获输入和脉冲输出负极（切换 1）	PWM8 PWM8 的捕获输入和脉冲输出
49	P2.4	A12	MISO_2 SPI 接口主入从出数据端（切换 1）	SDA_2 I^2C 接口数据端（切换 1）	PWM3P_2 PWM 通道 3 的捕获输入和脉冲输出正极（切换 1）
50	P2.5	A13	SCLK_2 SPI 接口同步时钟端（切换 1）	SCL_2 I^2C 接口时钟端（切换 1）	PWM3N_2 PWM 通道 3 的捕获输入和脉冲输出负极（切换 1）
51	P2.6	A14	PWM4P_2 PWM 通道 4 的捕获输入和脉冲输出正极（切换 1）	—	—
52	P2.7	A15	PWM4N_2 PWM 通道 4 的捕获输入和脉冲输出负极（切换 1）	—	—

（第二功能栏 P2.0~P2.7 合并说明：构建、访问外部数据存储器时，用作高 8 位地址总线）

4）P3 口

P3 口引脚排列与功能说明见表 2.2.4。

表 2.2.4　P3 口引脚排列与功能说明

引脚号	I/O名称	第二功能	第三功能	第四功能	第五功能	第六功能	第七功能
27	P3.0	RxD 串行口 1 串行数据接收端	D− USB 数据口−	INT4 外部中断 4 中断请求输入端	—	—	—
28	P3.1	TxD 串行口 1 串行数据发送端	D+ USB 数据口+	—	—	—	—
29	P3.2	INT0 外部中断 0 中断请求输入端	SCLK_4 SPI 接口同步时钟端(切换3)	SCL_4 I^2C 接口时钟端(切换 3)	PWMETI PWM 外部触发输入端	PWMETI2 PWM 外部触发输入端 2	—
30	P3.3	INT1 外部中断 1 中断请求输入端	MISO_4 SPI 接口从出主入数据端(切换 3)	SDA_4 I^2C 接口数据端(切换 3)	PWM4N_4 PWM 通道 4 的捕获输入和脉冲输出负极(切换 3)	PWM7_2 PWM 通道 7 的捕获输入和脉冲输出(切换 1)	—
31	P3.4	T0 T0 定时器的外部计数脉冲输入端	T1CLKO T1 定时器的时钟输出端	MOSI_4 SPI 接口主出从入数据端(切换 3)	CMPO 比较器输出通道	PWM4P_4 PWM 通道 4 的捕获输入和脉冲输出正极(切换 3)	PWM8_2 PWM 通道 8 的捕获输入和脉冲输出(切换 1)
34	P3.5	T1 T1 定时器的外部计数脉冲输入端	T0CLKO T0 定时器的时钟输出端	SS_4 SPI 接口的从机选择引脚(切换 3)	PWMFLT PWM1 的外部异常检测端	PWMFLT2 PWM2 的外部异常检测端	—
35	P3.6	INT2 外部中断 2 中断请求输入端	RxD_2 串行口 1 串行接收数据端(切换 1)	CMP− 比较器反相输入端	—	—	—
36	P3.7	INT3 外部中断 3 中断请求输入端	TxD_2 串行口 1 串行发送数据端(切换 1)	CMP+ 比较器同相输入端	—	—	—

5）P4 口

P4 口引脚排列与功能说明见表 2.2.5。

表 2.2.5　P4 口引脚排列与功能说明

引脚号	I/O 名称	第 二 功 能	第 三 功 能	第 四 功 能
22	P4.0	MOSI_3 SPI 接口主出从入数据端 (切换 2)	—	—
41	P4.1	MISO_3 SPI 接口主入从出数据端 (切换 2)	CMPO_2 比较器输出通道(切换 1)	PWMETI_3 PWM1 外部触发输入引脚 (切换 2)
42	P4.2	$\overline{\text{WR}}$ 外部数据存储器写控制端	—	—
43	P4.3	RxD_4 串行口 1 串行接收数据端 (切换 3)	SCLK_3 SPI 接口同步时钟端 (切换 2)	—
44	P4.4	$\overline{\text{RD}}$ 外部数据存储器读控制端	TxD_4 串行口 1 串行发送数据端 (切换 3)	—
57	P4.5	ALE 访问外部数据存储器时的 地址锁存信号		
58	P4.6	RxD2_2 串行口 2 串行接收数据端 (切换 1)	—	—
11	P4.7	TxD2_2 串行口 2 串行发送数据端 (切换 1)	—	—

6) P5 口

P5 口引脚排列与功能说明见表 2.2.6。

表 2.2.6　P5 口引脚排列与功能说明

引脚号	I/O 名称	第二功能	第三功能	第四功能	第五功能	第六功能	第七功能	第八功能	第九功能
32	P5.0	RxD3_2 串行口 3 串行接收 数据端 (切换 1)	—	—	—	—	—	—	—
33	P5.1	TxD3_2 串行口 3 串行发送 数据端 (切换 1)							

引脚号	I/O名称	第二功能	第三功能	第四功能	第五功能	第六功能	第七功能	第八功能	第九功能
64	P5.2	RxD4_2 串行口4串行接收数据端（切换1）	—	—	—	—	—	—	—
1	P5.3	TxD4_2 串行口4串行发送数据端（切换1）	—	—	—	—	—	—	—
18	P5.4	RST 复位脉冲输入端	MCLKO 主时钟输出端	SS SPI接口的从机选择端	SS_3 SPI接口的从机选择端（切换2）	PWM2P PWM通道2的捕获输入与脉冲输出正极	PWM6_2 PWM通道6的捕获输入与脉冲（切换1）	T2 定时器2外部计数脉冲输入端	ADC2 ADC模拟输入通道2

7) P6口

P6口引脚排列与功能说明见表2.2.7。

表2.2.7　P6口引脚排列与功能说明

引脚号	I/O名称	第二功能
5	P6.0	PWM1P_3 PWM通道1的捕获输入和脉冲输出正极（切换2）
6	P6.1	PWM1N_3 PWM通道1的捕获输入和脉冲输出负极（切换2）
7	P6.2	PWM2P_3 PWM通道2的捕获输入和脉冲输出正极（切换2）
8	P6.3	PWM2N_3 PWM通道2的捕获输入和脉冲输出负极（切换2）
23	P6.4	PWM3P_3 PWM通道3的捕获输入和脉冲输出正极（切换2）
24	P6.5	PWM3N_3 PWM通道3的捕获输入和脉冲输出负极（切换2）
25	P6.6	PWM4P_3 PWM通道4的捕获输入和脉冲输出正极（切换2）
26	P6.7	PWM4N_3 PWM通道4的捕获输入和脉冲输出负极（切换2）

8) P7 口

P7 口引脚排列与功能说明见表 2.2.8。

表 2.2.8　P7 口引脚排列与功能说明

引脚号	I/O 名称	第 二 功 能
37	P7.0	无
38	P7.1	无
39	P7.2	无
40	P7.3	PWMETI_3
		PWM1 外部触发输入端(切换 2)
53	P7.4	PWM5_4
		PWM 通道 5 的捕获输入和脉冲输出(切换 3)
54	P7.5	PWM6_4
		PWM 通道 6 的捕获输入和脉冲输出(切换 3)
55	P7.6	PWM7_4
		PWM 通道 7 的捕获输入和脉冲输出(切换 3)
56	P7.7	PWM8_4
		PWM 通道 8 的捕获输入和脉冲输出(切换 3)

　　注：STC8H8K64U 单片机内部部分接口的外部输入、输出引脚可通过编程进行切换，上电或复位后，默认功能引脚的名称以原功能状态名称表示，切换后引脚状态的名称在原功能名称基础上加一下画线和序号组成，如 RxD 和 RxD_2，RxD 为串行口 1 默认的数据接收端，RxD_2 为串行口 1 切换后(第 1 组切换)的数据接收端名称，其功能同串行口 1 的串行数据接收端。

任务 2.3　STC8H8K64U 单片机的时钟与复位

任务说明

　　经典 8051 单片机的时钟信号和复位信号都是由片外提供，而 STC8H8K64U 单片机的时钟与复位可完全由片内提供，本任务在了解经典 8051 单片机时钟产生与复位实现的基础上，系统地介绍 STC8H8K64U 单片机的系统时钟与复位情况。

相关知识

1. 8051 单片机的复位与复位电路

　　8051 单片机复位的作用是使单片机复位到指定的初始状态。

　　8051 单片机复位的实现是通过在外部引脚复位端(RST)外加大于 2 个机器周期(1 个机器周期等于 12 个时钟周期)的高电平脉冲实现的。

　　实际应用中，需配备两种复位操作，即上电复位与按键复位，上电复位是单片机加电时，强迫单片机复位，让单片机从指定的初始状态开始运行程序；按键复位是指在单片机的运行过程中,可通过按键人为地实现复位。

图 2.3.1(a)所示为上电复位电路,由电容 C_1 和电阻 R_1 组成,一般 C_1 取 $10\mu F$,R_1 取 $8.2k\Omega$。上电复位电路是利用电容两端电压不能突变的原理实现的。当断电时,电容 C_1 经放电后电荷为 0,即电容两端电压为 0;当上电时,由于电容两端电压不能突变,RST 端的电平为高电平,随着电容的充电,RST 端的电位逐渐降低,最终变为 0。从上电到电容充电结束,RST 端的电平由高电平到低电平,只要选择好合适的电容、电阻参数,就能保证足够的复位高电平时间,从而保证复位的实现。

当电容两端并上一个按钮和一个电阻(一般取 200Ω)的串联电路,即在上电复位的基础上附加了按键复位功能,如图 2.3.1(b)所示,它是利用按键强制给 RST 引入复位高电平。

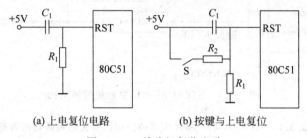

(a) 上电复位电路　　　　　(b) 按键与上电复位

图 2.3.1　单片机复位电路

2. 8051 单片机时钟电路

8051 单片机时钟信号由 XTAL1、XTAL2 引脚外接晶振产生时钟信号,或直接从 XTAL1(或 XTAL2 端)输入外部时钟信号源。采用外部时钟信号源,适用于多机应用系统,以实现各单片机间的信号同步。当从 XTAL1 端输入时,XTAL2 端应悬空;当从 XTAL2 端输入时,XTAL1 端应接地。

在实际的中、小应用系统中,一般以单机系统为主。在单机系统中,宜采用外接晶振芯片来产生时钟信号,如图 2.3.2(a)所示。时钟信号的频率取决于晶振的频率,电容器 C_1 和 C_2 的作用是稳定频率和快速起振,一般取值为 $5\sim30pF$,典型值为 $30pF$。传统 8051 单片机时钟信号频率为 $1.2\sim12MHz$。目前,许多增强型 51 单片机的时钟频率远大于 $12MHz$。

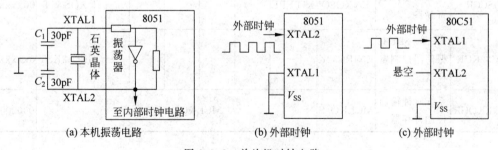

(a) 本机振荡电路　　　　(b) 外部时钟　　　　(c) 外部时钟

图 2.3.2　单片机时钟电路

1. STC8H8K64U 单片机的时钟

STC8H8K64U 单片机时钟结构如图 2.3.3 所示,STC8H8K64U 单片机的主时钟有

3 种时钟源,即内部高精度 IRC 时钟、内部 32kHz IRC(误差较大)在和外部时钟(由 XTAL1 和 XTAL2 外接晶振产生时钟,或直接输入时钟);STC8H8K64U 单片机的系统时钟是主时钟可编程分频器获得。此外,STC8H8K64U 单片机的系统时钟可通过编程从 I/O 引脚输出。STC8H8K64U 单片机时钟系统由表 2.3.1 所示的特殊功能寄存器进行管理,下面从主时钟选择与控制、系统时钟以及系统时钟的可分频输出等 3 个方面进行说明。

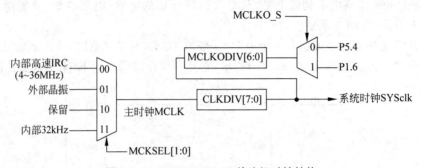

图 2.3.3　STC8H8K64U 单片机时钟结构

表 2.3.1　STC8H8K64U 单片机时钟控制器相关的特殊功能寄存器

符　号	名　称	位位置与符号								复位值
		B7	B6	B5	B4	B3	B2	B1	B0	
CKSEL	时钟选择寄存器	—	—	—	—	—	—	MCKSEL[1:0]		xxxxxx00
CLKDIV	时钟分频寄存器	—								00000100
HIRCCR	内部高速振荡器控制寄存器	ENHIRC	—	—	—	—	—	—	HIRCST	1xxxxxx0
XOSCCR	外部晶振控制寄存器	ENXOSC	XITYPE	—	—	—	—	—	XOSCST	00xxxxx0
IRC32KCR	内部 32kHz 振荡器控制寄存器	ENIRC32K	—	—	—	—	—	—	IRC32KST	0xxxxxx0
MCLKOCR	系统时钟输出控制寄存器	MCLKO_S	MCLKODIV[6:0]							00000000

1) 时钟源(主时钟 MCLK)的选择与控制

(1) 主时钟源的选择。

STC8H8K64U 单片机时钟源(主时钟 MCLK)的选择由特殊功能寄存器 CKSEL 中 CKSEL.1、CKSEL.0(MCKSEL[1:0])进行控制,具体如表 2.3.2 所示。默认选择的是内部高精度 IRC,频率范围是 4~36MHz,可在 STC-ISP 在线编程软件下载程序前设置好,如图 2.3.4 所示,在"输入用户程序运行时的 IRC 频率"的下拉列表框中选择。

表 2.3.2　STC8H8K64U 单片机时钟源(主时钟 MCLK)的选择控制表

CKSEL.1、CKSEL.0 (MCKSEL[1:0])	主 时 钟 源
00	内部高精度 IRC(默认状态,4~36MHz)
01	外部晶体振荡器或外部输入时钟信号
10	保留
11	内部 32kHz IRC(误差较大)

　　提示:当需要切换时钟源时,必须先使能目标时钟源,等待目标时钟源频率稳定后再进行时钟源切换。

　　(2) 内部高精度 IRC 的控制。

　　由内部高精度 IRC 控制寄存器 HIRCCR 进行控制,内部高精度 IRC 的频率范围为 4~36MHz。

　　HIRCCR.7(ENHIRC):内部高精度 IRC 使能位。HIRCCR.7 (ENHIRC) = 0,关闭内部高精度 IRC;HIRCCR.7(ENHIRC)=1,使能内部高精度 IRC。

图 2.3.4　选择内部高精度 IRC 的工作频率

　　HIRCCR.0(HIRCST):内部高精度 IRC 频率稳定标志位(只读位)。当内部高精度 IRC 从停振状态开始使能后,必须经过一段时间,振荡器的频率才会稳定,当振荡器频率稳定后,时钟控制器会自动将 HIRCCR.0(HIRCST)标志位置 1。所以,当用户程序需要将时钟切换到使用内部高精度 IRC 时,必须先设置 HIRCCR.7(ENHIRC)为 1,使能内部高精度 IRC,然后一直查询振荡器稳定标志位 HIRCCR.0(HIRCST),直到标志位为 1 时才可以进行时钟源切换。

　　(3) 内部 32kHz IRC 的控制。

　　由内部 32kHz IRC 控制寄存器 IRC32KCR 进行控制。

　　IRC32KCR.7(ENIRC32K):内部 32kHz IRC 使能位。IRC32KCR.7(ENIRC32K)= 0,关闭内部 32kHz IRC;IRC32KCR.7(ENIRC32K)=1,使能内部 32kHz IRC。

　　IRC32KCR.0(IRC32KST):内部 32kHz IRC 频率稳定标志位。当内部 32kHz IRC 从停振状态开始使能后,必须经过一段时间,振荡器的频率才会稳定,当振荡器频率稳定后,时钟控制器会自动将 IRC32KCR.0(IRC32KST)标志位置 1。所以,当用户程序需要将时钟切换到使用内部 32kHz IRC 时,必须先设置 IRC32KCR.7(ENIRC32K)为 1,使能内部 32kHz IRC,然后一直查询振荡器稳定标志位 IRC32KCR.0(IRC32KST),直到标志位为 1 时,才可以进行时钟源切换。

　　(4) 外部时钟的控制。

　　由外部时钟控制寄存器 XOSCCR 进行控制。

　　XOSCCR.7(ENXOSC):外部时钟使能位。XOSCCR.7(ENXOSC)=0,关闭外部时钟;XOSCCR.7(ENXOSC)=1,使能外部时钟。

　　XOSCCR.6(XITYPE):外部时钟源的类型。XOSCCR.6(XITYPE)=0,外部时钟是直接输入时钟,信号源从单片机的 XTALI(P1.7)输入,此时建议 XTALO(P1.6)不使用,因会受外部输入时钟源时钟的影响;XOSCCR.6(XITYPE)=1,外部时钟是由晶体振荡器构成,从单片机的 XTALI(P1.7)和 XTALO(P1.6)接入。外部时钟接入电路如图 2.3.5 所示。

XOSCCR.0(XOSCST):外部时钟频率稳定标志位。当外部时钟从停振状态开始使能后,必须经过一段时间,振荡器的频率才会稳定,当振荡器频率稳定后,时钟控制器会自动将 XOSCCR.0(XOSCST)标志位置 1。所以,当用户程序需要将时钟切换到使用外部时钟时,必须先设置 XOSCCR.7(ENXOSC)为 1,使能外部时钟,然后一直查询振荡器稳定标志位 XOSCCR.0(XOSCST),直到标志位为 1 时才可以进行时钟源切换。

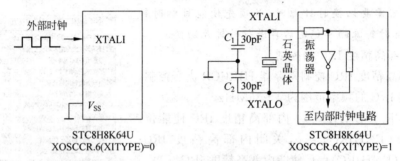

图 2.3.5 STC8H8K64U 单片机的外部时钟接入电路

2)系统时钟的分频系数

STC8H8K64U 单片机的系统时钟是供 STC8H8K64U 单片机 CPU 和外设使用的。从图 2.3.5 中可知,STC8H8K64U 单片机的系统时钟是时钟源(主时钟 MCLK)经过分频器分频后所得,分频器分频系数由时钟分频寄存器 CLKDIV 进行控制,具体控制关系如表 2.3.3 所示。

表 2.3.3 STC8H8K64U 单片机系统时钟分频系数控制表

CLKDIV (十进制数字)	系统时钟频率
0	MCLK/1
1	MCLK/1
2	MCLK/2
3	MCLK/3
4	MCLK/4(默认状态)
⋮	⋮
x	MCLK/x
⋮	⋮
255	MCLK/255

3)系统时钟输出的控制

从图 2.3.3 中可知,STC8H8K64U 单片机的主时钟可通过编程从外部引脚输出,主要由系统时钟输出控制寄存器 MCLKOCR 进行控制,具体控制情况如下。

MCLKOCR.7(MCLKO_S):主时钟输出引脚的选择控制位。MCLKOCR.7(MCLKO_S)=0,系统时钟输出引脚为 P5.4(默认状态);MCLKOCR.7(MCLKO_S),系统时钟输出引脚为 P1.6。

MCLKOCR.6～MCLKOCR.0(MCLKODIV[6:0])：系统时钟输出分频系数的选择控制位,具体控制关系如表2.3.4所示。

表2.3.4　STC8H8K64U单片机系统时钟输出分频系数控制表

MCLKOCR.6～MCLKOCR.0 (MCLKODIV[6:0])	主时钟输出分频系数
0000000	禁止输出(默认状态)
0000001	MCLK/1
0000010	MCLK/2
0000011	MCLK/3
⋮	⋮
1111110	MCLK/126
1111111	MCLK/127

2. STC8H8K64U 单片机的复位

复位是单片机的初始化工作,复位后CPU及单片机内的其他功能部件都处在一确定的初始状态,并从这个状态开始工作。复位分为硬件复位和软件启动复位两大类,它们的区别如表2.3.5所示。STC8H8K64U单片机的复位由表2.3.6所示的特殊功能寄存器进行管理和控制。

表2.3.5　硬件复位和软件启动复位对照表

复位种类	复位源	上电复位标志 PCON.4 (POF)	复位后状态	复位后程序启动区域
硬件复位	上电复位(系统停电后再上电引起的硬复位,在1.7V左右)	1	所有寄存器值会复位到初始值,系统会重新读取所有的硬件选项。同时根据硬件选项所设置的上电等待时间进行上电等待	从系统 ISP 监控程序区开始执行程序,如果检测不到合法的 ISP 下载命令流,将软复位到用户程序区执行用户程序
	RST 引脚复位(低电平复位)	不变		
	低压复位(复位电压可在STC-ISP 在线编程软件下载程序时进行选择,一般为2.0V、2.4V、2.7V、3.0V附近)			
	内部看门狗复位			
软件复位	通过对 IAP_CONTR 寄存器操作的软复位	不变	除与时钟相关的寄存器保持不变外,其余的所有寄存器的值会复位到初始值,软件复位不会重新读取所有的硬件选项	若 SWBS＝1,复位到系统 ISP 监控程序区;若 SWBS＝0,复位到用户程序区 0000H 处

表 2.3.6　STC8H8K64U 单片机复位的管理与控制寄存器

符　号	名　称	位位置与符号								复位值
		B7	B6	B5	B4	B3	B2	B1	B0	
RSTCFG	复位配置寄存器	—	ENLVR	—	P54RST	—	—	LVDS[1:0]		x0x0xx00
WDT_CONTR	看门狗控制寄存器	WDT_FLAG	—	EN_WDT	CLR_WDT	IDL_WDT	WDT_PS[2:0]			0x000000
IAP_CONTR	IAP 控制寄存器	IAPEN	SWBS	SWRST	CMD_FAIL	—	IAP_WT[2:0]			0000x000

1) 硬件复位

STC8H8K64U 单片机的硬件复位包括上电复位、外部 RST 引脚复位、低压复位和看门狗复位。

(1) 上电复位。

当电源电压低于掉电/上电复位检测阈值电压时,所有的逻辑电路都会复位。当内部 V_{CC} 上升到复位阈值电压以上后,延迟 8192 个时钟,掉电复位/上电复位结束。

若 MAX810 专用复位电路在 ISP 编程时被允许,则以后掉电复位/上电复位结束后产生约 180ms 复位延迟,复位才能被解除。

上电复位时,电源控制寄存器 PCON 的上电复位标志位 PCON.4(POF)置 1,其他复位模式复位后 POF 不变。在实际应用中,该位用来判断单片机复位是上电复位,还是 RST 外部引脚复位,或看门狗复位,或低压复位,或软复位,但应在判断出上电复位后及时将 POF 清零。用户可以在初始化程序中判断 POF 是否为 1,并对不同情况做出不同的处理,如图 2.3.6 所示。

(2) 外部 RST 引脚复位。

外部 RST 引脚复位是低电平复位,与传统 8051 的复位电平是不一致的,传统 8051 单片机的复位电平是高电平,STC8H8K64U 单片机外部 RST 引脚复位的复位电平如图 2.3.7 所示。

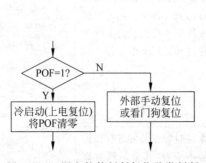

图 2.3.6　用户软件判断复位种类判断流程框图

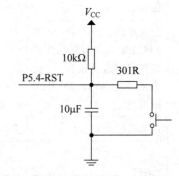

图 2.3.7　STC8H8K64U 单片机外部 RST 引脚复位电路

但是该引脚是否具备复位功能可由 STC-ISP 在线编程软件下载程序时进行设置,或应用复位配置寄存器 RSTCFG 进行控制。复位配置寄存器 RSTCFG 控制关系如下。

RSTCFG.4(P54RST)：RST 引脚功能选择控制位。RSTCFG.4(P54RST)＝0,RST 引脚用作普通 I/O 口(P54)；RSTCFG.4(P54RST)＝1,RST 引脚用作复位脚。

(3) 低压复位。

除了上电复位检测阈值电压外,STC8H8K64U 单片机还有一组更可靠的内部低压检测阈值电压。当电源电压 V_{CC} 低于内部低压检测(LVD)阈值电压时,当允许低压复位(由 STC-ISP 在线编程软件下载程序时进行设置,或应用复位配置寄存器 RSTCFG 来进行设置)时,可产生复位。复位配置寄存器 RSTCFG 控制关系如下。

RSTCFG.6(ENLVR)：低压复位选择控制位。RSTCFG.6(ENLVR)＝0,禁止低压复位,当低压中断允许时,系统检测到低压事件时,会产生低压中断；RSTCFG.6(ENLVR)＝1,允许低压复位。

STC8H8K64U 单片机内置了 4 级低压检测阈值电压,即 2.0V、2.4V、2.7V、3.0V,在 STC-ISP 在线编程软件进行程序下载时设置。

(4) 看门狗复位。

看门狗的基本作用就是监视 CPU 的工作。如果 CPU 在规定的时间内没有按要求访问看门狗,就认为 CPU 处于异常状态,看门狗就会强迫 CPU 复位,使系统重新运行用户程序。这是一种提高系统可靠性的措施。详见任务 8.2。

2) 软件复位

在系统运行过程中,有时会根据特殊需求,需要实现单片机系统软复位,传统的 8051 单片机由于硬件上未支持此功能,用户必须用软件模拟实现,实现起来较麻烦。STC8H8K64U 单片机利用 ISP/IAP 控制寄存器 IAP_CONTR 实现此功能。用户只需简单地控制 IAP_CONTR 的其中两位 SWBS/SWRST 就可以系统复位了。

IAP_CONTR.5(SWRST)：软件复位控制位。IAP_CONTR.5(SWRST)＝0,不操作；IAP_CONTR.5(SWRST)＝1,产生软件复位。

IAP_CONTR.6(SWBS)：软件复位程序启动区的选择控制位。IAP_CONTR.6(SWBS)＝0,从用户程序区启动；IAP_CONTR.6(SWBS)＝1,从 ISP 监控程序区启动。

若要切换到用户程序区起始处开始执行程序,执行"IAP_CONTR＝0x20;"语句；若要切换到 ISP 监控程序区起始处开始执行程序,执行"IAP_CONTR＝0x60;"语句。

习　　题

一、填空题

(1) 将运算器、控制器以及各种寄存器集成在一片集成电路芯片上,组成_____。

(2) 将 CPU、_____、I/O 接口以及连接它们的总线集成在一块芯片构成的微型计算机,称为单片机。

(3) STC 系列单片机中的 1T 指的是单片机的机器周期为_____个系统周期。

(4) CPU 由_____和控制器组成。

(5) 特殊功能寄存器 PSW 称为_____。

(6) PSW 中的 CY 称为_____,AC 称为_____,OV 称为_____。

(7) CPU 中的 PC 称为_____,用于决定 CPU 执行程序的顺序,PC 指到哪就从哪开始执行程序。

　　(8) STC8H8K64U 单片机的存储结构从物理上可分为＿＿＿＿个空间,从逻辑(使用)上可分为＿＿＿＿个空间。

　　(9) STC8H8K64U 单片机外部引脚复位的有效电平是＿＿＿＿。

　　(10) STC8H8K64U 单片机的主时钟源有＿＿＿＿、＿＿＿＿和＿＿＿＿等 3 种,STC8H8K64U 单片机的系统时钟是经一个分频器分频后获得,用于控制分频器分频系数的特殊功能寄存器是＿＿＿＿。

　　(11) STC8H8K64U 单片机的主时钟可分频后通过＿＿＿＿或＿＿＿＿引脚输出,用于选择主时钟输出引脚和选择分频系数的特殊功能寄存器是＿＿＿＿。

　　(12) STC8H8K64U 单片机复位后的启动区域分为＿＿＿＿和用户程序区,当从用户程序区启动时,复位的起始地址是＿＿＿＿。

2. 选择题

　　(1) 下列选项中,不属于微型计算机基本组成部分的是(　　)。
　　　　A. 微处理器　　　　B. 存储器　　　　C. I/O 接口　　　　D. I/O 设备
　　(2) 下列选项中,STC8H8K64U 系列单片机不具备的功能是(　　)。
　　　　A. 高级定时器　　　　　　　　　B. USB 接口
　　　　C. 16 位硬件乘法器　　　　　　　D. I/O 口中断
　　(3) 下列单片机中,不属于 1T 型单片机的是(　　)。
　　　　A. STC89 系列　　B. STC15 系列　　C. STC12 系列　　D. STC8 系列
　　(4) STC 系列单片机程序存储器的存储类型是(　　)。
　　　　A. ROM　　　　　B. EPROM　　　　C. EEPROM　　　　D. Flash ROM
　　(5) STC8H8K64U 系列单片机 P1 口少一个输出引脚,它是(　　)。
　　　　A. P1.0　　　　　B. P1.1　　　　　C. P1.2　　　　　D. P1.3
　　(6) 微型计算机中,CPU 能直接识别的程序是(　　)。
　　　　A. 汇编语言程序　　B. 机器语言程序　　C. C 语言程序　　D. Java 语言程序
　　(7) 当 CLKDIV＝0x08 时,系统时钟分频器的分频系数是(　　)。
　　　　A. 10　　　　　　B. 6　　　　　　　C. 8　　　　　　　D. 18
　　(8) 当 MCKSEL[1:0]＝01 时,STC8H8K64U 单片机选择的主时钟源是(　　)。
　　　　A. 内部高精度 IRC　　B. 外部时钟　　C. 内部 32kHz
　　(9) 当 CPU 执行 65H 与 89H 的加法运算后,PSW 中的 CY 与 P 值是(　　)。
　　　　A. 0,0　　　　　　B. 0,1　　　　　　C. 1,0　　　　　　D. 1,1
　　(10) 当 CPU 执行 65H 与 89H 的加法运算后,PSW 中的 AC 与 OV 值是(　　)。
　　　　A. 0,0　　　　　　B. 0,1　　　　　　C. 1,0　　　　　　D. 1,1

3. 判断题

　　(1) 所有 STC 系列单片机都具有在线编程(ISP)功能。(　　)
　　(2) 所有 STC 系列单片机都具有在线仿真功能。(　　)
　　(3) STC8H8K64U 系列单片机本身就是一个单片机最小系统,上电就可以跑程序。(　　)
　　(4) STC 系列单片机是基于 8051 单片机框架研发的增强型 8051 单片机。(　　)

（5）STC 系列单片机都是宽电压供电。（　　）

（6）程序计数器 PC 是特殊功能寄存器。（　　）

（7）STC8H8K64U 单片机执行的第 1 个用户程序代码的起始地址是 0000H。（　　）

（8）STC8H8K64U 单片机外部复位引脚复位有效电平是高电平。（　　）

（9）STC8H8K64U 单片机所有复位形式，复位后的启动区域是一样的。（　　）

（10）STC8H8K64U 单片机没有 P1.2 输出引脚。（　　）

4. 问答题

（1）目前 STC 单片机有哪些产品系列？简述各系列产品的基本情况。

（2）简述程序状态字 PSW 特殊功能寄存器各位的含义。

（3）STC8H8K64U 单片机有哪几种复位模式？复位模式与复位标志的关系以及如何根据复位标志判断复位的类型？

（4）简述 STC8H8K64U 单片机复位后，程序计数器 PC、主要特殊功能寄存器以及片内 RAM 的工作状态。

（5）简述 STC8H8K64U 单片机振荡时钟的选择与实现方法，系统时钟与振荡时钟之间的关系。

（6）简述 STC8H8K64U 单片机从系统 ISP 监控区开始执行程序和从用户程序区开始处执行程序的不同。

（7）STC8H8K64U 单片机的主时钟是从哪个引脚输出的？又是如何控制的？

项目 3

STC8H8K64U单片机的并行I/O口与应用编程

无论什么单片机,外部的命令以及处理结果都要通过单片机的并行 I/O 口进行通信。本项目要达到的目标有 3 个:一是掌握 STC8H8K64U 单片机的并行 I/O 口的工作模式;二是掌握 C 语言程序的结构、数据类型以及特殊功能寄存器的定义;三是学会STC8H8K64U 单片机并行 I/O 口应用的 C 语言编程。

知识点

◇ STC8H8K64U 单片机并行 I/O 口的工作模式以及负载能力。

◇ STC8H8K64U 单片机并行 I/O 口的"准双向工作模式"中"准"字的含义。

◇ C 语言的程序结构、数据类型以及变量的定义。

◇ C 语言的算术运算、关系运算、逻辑运算语句。

◇ C 语言的控制语句(if、switch/case、while、for 等语句)。

◇ C 语言(C51)中特殊功能寄存器地址以及位地址的定义与赋值。

技能点

◇ STC8H8K64U 单片机并行 I/O 口工作模式的设置。

◇ C 语言(C51)中特殊功能寄存器地址以及位地址的定义与赋值。

◇ STC8H8K64U 单片机并行 I/O 口应用的 C 语言编程。

任务 3.1　STC8H8K64U 单片机并行 I/O 口的输入/输出

任务说明

STC8H8K64U 单片机的并行 I/O 口是需要通过地址进行访问的,作为一种特殊功能寄存器,首先要学会将 STC8H8K64U 单片机的并行 I/O 口名称进行地址定义,再利用简单赋值语句实现 STC8H8K64U 单片机并行 I/O 口输入/输出的应用编程,初步掌握STC8H8K64U 单片机应用的 C 语言编程。

 **相关知识**

1. STC8H8K64U 单片机的并行 I/O 口与工作模式

1）I/O 口功能

除 LQFP64/QFN64 封装的 STC8H8K64U 单片机 4 个专用引脚外（V_{CC}/AV_{CC}、Gnd、ADC_V_{Ref+}、UCap），其余所有引脚都可用作 I/O（输入/输出）引脚，每个引脚对应 1 位特殊功能寄存器位，对应 1 位数据缓冲器位。STC8H8K64U 系列单片机最多有 60 个 I/O 口位，对应的特殊功能寄存器位分别为 P0.0～P0.7、P1.0、P1.1、P1.3～P1.7、P2.0～P2.7、P3.0～P3.7、P4.0～P4.7、P5.0～P5.4、P6.0～P6.7、P7.0～P7.7；此外，大多数 I/O 口线具有 2 个以上功能，各 I/O 口线的引脚功能名称详见项目 2 中的表 2.2.1 至表 2.2.8。

2）I/O 口的工作模式

STC8H8K64U 单片机的所有 I/O 口均有 4 种工作模式，即准双向口（传统 8051 单片机 I/O 模式）、推挽输出、仅为输入（高阻状态）与开漏模式。

此外，除 P3.0 和 P3.1 外，其余所有 I/O 口上电后的状态均为高阻输入状态，用户在使用 I/O 口时必须先设置 I/O 口模式。

每个 I/O 的配置都需要使用两个寄存器进行设置，Pn 端口就由 PnM1 和 PnM0 来进行配置，其中 n=0、1、2、3、4、5、6、7。以 P0 口为例，配置 P0 口需要使用 P0M1 和 P0M0 两个寄存器进行配置，配置关系如图 3.1.1 所示，P0M1.7 和 P0M0.7 用于设置 P0.7 的工作模式。STC8H8K64U 单片机的工作模式与工作状态如表 3.1.1 所示。

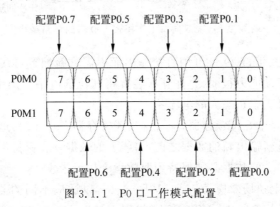

图 3.1.1　P0 口工作模式配置

表 3.1.1　I/O 口工作模式的设置

控制信号		I/O 口工作模式
PnM1[7:0]	PnM0[7:0]	
0	0	准双向口（传统 8051 单片机 I/O 模式）：灌电流可达 20mA，拉电流为 150～230μA
0	1	推挽输出：强上拉输出，可达 20mA，要外接限流电阻
1	0	仅为输入（高阻）
1	1	开漏：内部上拉电阻断开，要外接上拉电阻才可以拉高。此模式可用于 5V 器件与 3V 器件电平切换

注意：

（1）虽然每个I/O口在弱上拉(准双向口)/强推挽输出/开漏模式时都能承受20mA的灌电流(还是要加限流电阻,如1kΩ、560Ω、472Ω等),在强推挽输出时能输出20mA的拉电流(也要加限流电阻),但整个芯片的工作电流推荐不要超过70mA。

（2）当有I/O口被选择为ADC输入通道时,必须设置$PnM0/PnM1$寄存器将I/O口模式设置为输入模式。另外,如果MCU进入掉电模式/时钟停振模式后,仍需要使能ADC通道,则需要设置$PnIE$寄存器关闭数字输入,才能保证不会有额外的耗电。

2. STC8H8K64U 单片机的并行 I/O 口的结构

STC8H8K64U 单片机的所有I/O口均有4种工作模式,即准双向口(传统8051单片机I/O模式)、推挽输出、仅为输入(高阻状态)与开漏模式,由$PnM1$和$PnM0$($n=0、1、2、3、4、5、6、7$)两个寄存器的相应位来控制P0～P7端口的工作模式,下面介绍STC8H8K64U单片机的并行I/O口不同模式的结构与工作原理。

1) 准双向口工作模式

准双向口工作模式下,I/O口的电路结构如图3.1.2所示。

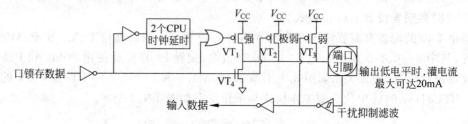

图 3.1.2　准双向口工作模式 I/O 口的电路结构

准双向口工作模式下,I/O口可用直接输出而不需重新配置口线输出状态。这是因为当口线输出为"1"时驱动能力很弱,允许外部装置将其拉低电平。当引脚输出为低电平时,它的驱动能力很强,可吸收相当大的电流。

每个端口都包含一个8位锁存器,即特殊功能寄存器P0～P7。这种结构在数据输出时具有锁存功能,即在重新输出新的数据之前,口线上的数据一直保持不变。但对输入信号是不锁存的,所以外设输入的数据必须保持到取数指令执行为止。

准双向口有3个上拉场效应管VT_1、VT_2、VT_3,以适应不同的需要。其中,VT_1称为"强上拉",上拉电流可达20mA;VT_2称为"极弱上拉",上拉电流一般为$30\mu A$;VT_3称为"弱上拉",一般上拉电流为$150\sim270\mu A$,典型值为$200\mu A$。输出低电平时,灌电流最大可达20mA。

当口线寄存器为"1"且引脚本身也为"1"时,VT_3导通。VT_3提供基本驱动电流使准双向口输出为"1"。如果一个引脚输出为"1"而由外部装置下拉到低电平时,VT_3断开,而VT_2维持导通状态,为了把这个引脚强拉为低电平,外部装置必须有足够的灌电流使引脚上的电压降到阈值电压以下。

当口线锁存为"1"时,VT_2导通。当引脚悬空时,这个极弱的上拉源产生很弱的上拉电流将引脚上拉为高电平。

当口线锁存器由"0"到"1"跳变时,VT_1用来加快准双向口由逻辑"0"到逻辑"1"的转换。当发生这种情况时,VT_1 导通约两个时钟以使引脚能够迅速地上拉到高电平。

准双向口带有一个施密特触发输入以及一个干扰抑制电路。

当从端口引脚上输入数据时,VT_4 应一直处于截止状态。假定在输入之前曾输出锁存过数据"0",则 VT_4 是导通的,这样引脚上的电位就始终被钳位在低电平,使输入高电平无法读入。因此,若要从端口引脚读入数据,必须先向端口锁存器置"1",使 VT_4 截止。

2) 推挽输出工作模式

推挽输出工作模式下,I/O口的电路结构如图 3.1.3 所示。

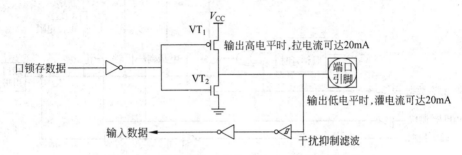

图 3.1.3 推挽输出工作模式下 I/O 口的电路结构

推挽输出工作模式下,I/O 口输出的下拉结构、输入电路结构与准双向口模式是一致的,不同的是推挽输出工作模式下 I/O 口的上拉是持续的"强上拉",若输出高电平,输出拉电流最大可达 20mA;若输出低电平时,输出灌电流最大可达 20mA。

当从端口引脚上输入数据时,必须先向端口锁存器置"1",使 VT_2 截止。

3) 仅为输入(高阻)工作模式

仅为输入(高阻)工作模式下,I/O口的电路结构如图 3.1.4 所示。

图 3.1.4 仅为输入(高阻)工作模式下 I/O 口的电路结构

仅为输入(高阻)工作模式下,可直接从端口引脚读入数据,而不需要先对端口锁存器置"1"。

4) 开漏输出工作模式

开漏输出工作模式下,I/O口的电路结构如图 3.1.5 所示。

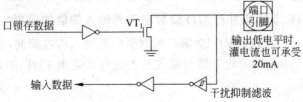

图 3.1.5 开漏输出工作模式下 I/O 口的电路结构

开漏输出工作模式下,I/O口输出的下拉结构与推挽输出/准双向口一致,输入电路与准双向口一致,但输出驱动无任何负载,即开漏状态。输出应用时必须外接上拉电阻。

3. STC8H8K64U 单片机并行 I/O 口内部上拉电阻的设置

STC8H8K64U 单片机所有的 I/O 口内部均可使能一个大约 $4.1\text{k}\Omega$ 的上拉电阻,由 $PnPU(n=0、1、2、3、4、5、6、7)$ 寄存器来控制,如 P1.7 端口内部上拉电阻的使能就是由 P1PU.7 来控制,"0"禁止,"1"使能。

STC8H8K64U 单片机 I/O 口内部 $4.1\text{k}\Omega$ 的上拉电阻的结构图如图 3.1.6 所示。

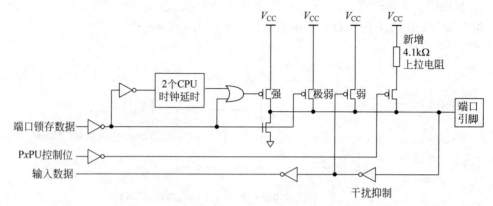

图 3.1.6　I/O 口内部 $4.1\text{k}\Omega$ 的上拉电阻的结构

4. STC8H8K64U 单片机并行 I/O 口施密特触发器的设置

STC8H8K64U 单片机所有 I/O 口输入通道均可使能一个施密特触发器,由 $PnNCS(n=0、1、2、3、4、5、6、7)$ 寄存器来控制,如 P1.7 端口内部施密特触发器的使能就是由 P1PNCS.7 来控制,"0"使能,"1"禁止。

5. STC8H8K64U 单片机并行 I/O 口电平转换速度的设置

STC8H8K64U 单片机所有的 I/O 口电平的转换速度可以设置,由 $PnSR(n=0、1、2、3、4、5、6、7)$ 寄存器来控制,如 P1.7 端口电平的转换速度就是由 P1SR.7 来控制,当设置为"0"时,电平的转换速度快,但相应的上下冲会比较大;当设置为"1"时,电平的转换速度慢,但相应的上下冲会比较小。

6. STC8H8K64U 单片机并行 I/O 口电流驱动能力的设置

STC8H8K64U 单片机所有的 I/O 口电流的驱动能力可以设置,由 $PnDR(n=0、1、2、3、4、5、6、7)$ 寄存器来控制,如 P1.7 端口电流的驱动能力就是由 P1DR.7 来控制的,当设置为"0"时为一般驱动能力;当设置为"1"时,增强端口的电流驱动能力。

7. STC8H8K64U 单片机并行 I/O 口数字信号输入使能的设置

STC8H8K64U 单片机 P0、P1、P3 端口的数字信号输入均可控制,由 $PnIE(n=0、1、3)$ 寄存器来控制,如 P1.7 端口的数字信号输入是否允许就是由 P1IE.7 来控制的,"0"禁止,"1"使能。

8. C51 基础

C51 程序是在 ANSI C 的基础上拓展的,增加了针对 8051 单片机内部资源进行操作的语句,包括特殊功能寄存器与特殊功能寄存器可寻址位的地址定义、8051 单片机存储器存储类型的定义、中断函数等功能操作。

1) C语言程序结构

(1) 结构形式。

```
# include < reg51.h>          //8051单片机特殊功能寄存器与特殊功能寄存器位地址定义的文件
# include < intrins.h>        //8051单片机常用函数的头文件(循环移位与空操作函数等)
# define uint unsigned int    //宏定义,uint定义为无符号整型数据类型
# define uchar unsigned char  //宏定义,uchar定义为无符号字符型数据类型
/ * ------------ 功能子函数1-------------------- * /
fun1()
{
    函数体1
}
/ * ------------ 功能子函数2-------------------- * /
fun2()
{
    函数体2
}
  ⋮
/ * ------------ 功能子函数n------------------- * /
funn()
{
    函数体n
}
/ * ------------ 主函数n-------------------- * /
main()
{
    主函数体
}
```

(2) 结构说明。

函数是C语言程序的基本单位,一个C语言程序可包含多个不同功能的函数,但一个C语言程序中只能有一个且必须有一个名为main()的主函数。主函数的位置可在其他功能函数的前面、之间或最后。当功能函数位于主函数的后面位置时,在主函数调用时必须"先声明"。

C语言程序总是从main()主函数开始执行。主函数可通过直接书写语句或调用功能子函数来完成任务。功能子函数可以是C语言本身提供的库函数,也可以是用户自己编写的函数。

(3) 库函数与自定义函数。

库函数是针对一些经常使用的算法,经前人开发、归纳、整理形成的通用功能子函数。Keil C51内部有数百个库函数,可供用户调用,调用Keil C51的库函数时只需要包含具有该函数说明的相应头文件即可,如#include<reg51.h>。当使用不同类型的单片机时,可包含其相应的头文件。若无专门的头文件,则首先应包含典型的头文件,即reg51.h,其他新增的功能符号直接用sfr、sbit语句定义其地址。

自定义函数是用户自己根据需要而编写的子函数。

reg51.h是8051单片机特殊功能寄存器以及可位寻址特殊功能寄存器位的地址定义文件,是单片机C语言编程必不可少的头文件。

2)C51变量定义

(1)标识符与关键字。

标识符是用来标识源程序中某个对象的名字,这些对象可以是语句、数据类型、函数、变量、常量、数组等。

一个标识符由字符串、数字和下画线组成,第一个字符必须是字母和下画线,通常以下画线开头的标识符是编译系统专用的,因此在编写C语言源程序时一般不使用以下画线开头的标识符,而将下画线用作分段符。C51编译器在编译时,只对标识符的前32个字符编译,因此在编写源程序时标识符的长度不要超过32个字符。在C语言程序中,字母是区分大小写的。

关键字是编程语言保留的特殊标识符,也称为保留字,它们具有固定名称和含义。在C语言的程序编写中,不允许标识符与关键字相同。ANSI C标准共规定了32个关键字,如表3.1.2所示。

Keil C51编译器的关键字除了有ANSI C标准规定的32个关键字外,还根据51单片机的特点扩展了相关的关键字。在Keil C51开发环境的文本编辑器中编写的C程序,系统可以把保留字以不同颜色表示,默认颜色为蓝色。Keil C51编译器扩展的关键字如表3.1.3所示。

表 3.1.2　ANSI C 标准规定的关键字

关键字	类　　　型	作　　　用
auto	存储种类说明	用以说明局部变量,默认值为此
break	程序语句	退出最内层循环体
case	程序语句	switch 语句中的选择项
char	数据类型说明	单字节整型数据或字符型数据
const	存储类型说明	在程序执行过程中不可更改的常量值
continue	程序语句	转向下一次循环
default	程序语句	switch 语句中的失败选择项
do	程序语句	构成 do-while 循环结构
double	数据类型说明	双精度浮点数
else	程序语句	构成 if-else 选择结构
enum	数据类型说明	枚举
extern	存储种类说明	在其他程序模块中说明了的全局变量
float	数据类型说明	单精度浮点数
for	程序语句	构成 for 循环结构
goto	程序语句	构成 goto 循环结构
if	程序语句	构成 if-else 选择结构
int	数据类型说明	基本整型数据
long	数据类型说明	长整型数据
register	存储种类说明	使用 CPU 内部寄存器变量
return	程序语句	函数返回
short	数据类型说明	短整型数据
signed	数据类型说明	有符号数据
sizeof	运算符	计算表达式或数据类型的字节数

续表

关键字	类 型	作 用
static	存储种类说明	静态变量
struct	数据类型说明	结构类型数据
switch	程序语句	构成 switch 选择结构
typedef	数据类型说明	重新进行数据类型定义
union	数据类型说明	联合类型数据
unsigned	数据类型说明	无符号数据
void	数据类型说明	无类型数据
volatile	数据类型说明	该变量在程序执行中可被隐含地改变
while	程序语句	构成 while 和 do-while 循环结构

表 3.1.3 Keil C51 编译器扩展的关键字

关键字	类 型	作 用
bit	位标量声明	声明一个位标量或位类型的函数
sbit	可寻址位声明	定义一个可位寻址变量地址
sfr	特殊功能寄存器声明	定义一个特殊功能寄存器(8 位)地址
sfr16	特殊功能寄存器声明	定义一个 16 位的特殊功能寄存器地址
data	存储器类型说明	直接寻址的 8051 单片机内部数据存储器
bdata	存储器类型说明	可位寻址的 8051 单片机内部数据存储器
idata	存储器类型说明	间接寻址的 8051 单片机内部数据存储器
pdata	存储器类型说明	"分页"寻址的 8051 单片机外部数据存储器
xdata	存储器类型说明	8051 单片机的外部数据存储器
code	存储器类型说明	8051 单片机程序存储器
interrupt	中断函数声明	定义一个中断函数
reentrant	再入函数声明	定义一个再入函数
using	寄存器组定义	定义 8051 单片机使用的工作寄存器组
small	变量的存储模式	所有未指明存储区域的变量都存储在 data 区域
large	变量的存储模式	所有未指明存储区域的变量都存储在 xdata 区域
compact	变量的存储模式	所有未指明存储区域的变量都存储在 pdata 区域
_at_	地址定义	定义变量的绝对地址
far	存储器类型说明	用于某些单片机扩展 RAM 的访问
alicn	函数外部声明	C 函数调用 PL/M-51,必须先用 alicn 声明
task	支持 RTX51	指定一个函数是一个实时任务
priority	支持 RTX51	指定任务的优先级

(2) 数据类型。

C 语言的数据结构是以数据类型决定的,数据类型可分为基本数据类型和复杂数据类型,复杂数据类型是由基本数据类型构造而成。

C 语言的基本数据类型:char、int、short、long、float、double。

① Keil C51 编译器支持的数据类型。对于 Keil C51 编译器来说,short 型与 int 型相同,double 型与 float 型相同。表 3.1.4 所示为 Keil C51 编译器支持的数据类型。

表 3.1.4 Keil C51 编译器支持的数据类型

数据类型定义符号	数据类型名称	长　度	值　域
unsigned char	无符号字符型数据	单字节	0～255
signed char	有符号字符型数据	单字节	−128～+127
unsigned int	无符号整型数据	双字节	0～65535
signed int	有符号整型数据	双字节	−32768～+32767
unsigned long	无符号长整型数据	4 字节	0～4294967295
signed long	有符号长整型数据	4 字节	−2147483648～+2147483647
float	浮点数据	4 字节	$\pm(1.175494\times10^{-38}～3.402823\times10^{38})$
*	指针类型	1～3 字节	对象的地址
bit	位变量	位	0 或 1
sfr	8 位的特殊功能寄存器	单字节	0～255
sfr16	16 位特殊功能寄存器	双字节	0～65535
sbit	特殊功能寄存器位	位	0 或 1

② 数据类型分析。

a. char 字符类型。有 unsigned char 和 signed char 之分，默认值为 signed char，长度为 1 字节，用以存放 1 个单字节数据。对于 signed char 型数据，其字节的最高位表示该数据的符号，"0"表示正数，"1"表示负数，数据格式为补码形式，所能表示的数值范围为−128～+127；而 unsigned char 型数据是无符号字符型数据，所能表示的数值范围为 0～255。

b. int 整型。有 unsigned int 和 signed int 之分，默认为 signed int，长度为 2 字节，用以存放双字节数据。signed int 是有符号整型数，unsigned int 是无符号整型数。

c. long 长整型。有 unsigned long 和 signed long 之分，默认值为 signed long，长度为 4 字节。signed long 是有符号长整型数，unsigned long 是无符号长整型数。

d. float 浮点型。它是符合 IEEE 754 标准的单精度浮点型数据。float 浮点型数据占用 4 字节（32 位二进制数），其存放格式为：

字节（偏移）地址	+3	+2	+1	+0
浮点数内容	SEEEEEEE	EMMMMMMM	MMMMMMMM	MMMMMMMM

其中：

S 为符号位，存放在最高字节的最高位。"1"表示负，"0"表示正。

E 为阶码，占用 8 位二进制数，E 值是以 2 为底的指数再加上偏移量 127，这样处理的目的是为了避免出现负的阶码值，而指数是可正可负的。阶码 E 的正常取值范围是 1～254，而实际指数的取值范围为−126～+127。

M 为尾数的小数部分，用 23 位二进制数表示。尾数的整数部分永远为 1，因此不予保存，但它是隐含存在的。小数点位于隐含的整数位"1"的后面，一个浮点数的数值表示是 $(-1)^{S}\times2^{E-127}\times(1.M)$。

e. 指针型。指针型数据不同于以上 4 种基本数据类型，它本身是一个变量。但在这个变量中存放的不是普通的数据，而是指向另一个数据的地址。指针变量也要占据一定的内存单元，在 Keil C51 中，指针变量的长度一般为 1～3 字节。指针变量也具有类型，其表示方法是在指针符号"＊"的前面冠以数据类型符号,如"char ＊ point"是一个字符型指针变量。指针变量的类型表示该指针所指向地址中数据的类型。

f. bit 位标量。这是 C51 编译器的一种扩充数据类型,利用它可以定义一个位标量。

(3)变量的数据类型选择。

变量的数据类型选择的基本原则如下。

① 若能预算出变量的变化范围,则可根据变量长度来选择变量的类型,则尽量减少变量的长度。

② 如果程序中不需使用负数,则选择无符号数类型的变量。

③ 如果程序中不需使用浮点数,则要避免使用浮点数变量。

(4)数据类型之间的转换。

在 C 语言程序的表达式或变量的赋值运算中,有时会出现运算对象的数据类型不一样的情况,C 语言程序允许在标准数据类型之间隐式转换,隐式转换按以下优先级别(由低到高)自动进行:bit→char→int→long→float→signed→unsigned。

一般来说,如果有几个不同类型的数据同时运算,先将低级别类型的数据转换成高级别类型,再做运算处理,并且运算结果为高级别类型数据。

3)简单赋值运算

在 C 语言中,最常见的赋值运算符为"＝",利用赋值运算符将一个变量与一个表达式连接起来的式子称为赋值表达式,在赋值表达式的后面加一个";"便构成了语句。例如:

```
y = 6;      //将 6 赋值给变量 y
y = x;      //变量 x 的值赋给变量 y
```

4)8051 单片机并行 I/O 口的 C51 编程

8051 单片机的并行 I/O 口属于特殊功能寄存器,每个并行 I/O 口都有一个固定的地址,当使用 8 位地址特殊功能寄存器的定义关键字并行 I/O 口进行地址定义后,就可直接使用了。

定义格式:

```
sfr  特殊功能寄存器名 = 特殊功能寄存器的地址常数;
```

例如:

```
sfr  P0 = 0x80;     //定义特殊功能寄存器 P0 口的地址为 80H
```

经过上述定义后,P0 这个特殊功能寄存器名称就可直接使用了,例如:

```
P0 = 0x80;          //将数值 80H 赋值给 P0 口
```

提示:Keil C 编译器包含了对 8051 系列单片机各特殊功能寄存器定义及可寻址位定义的头文件 reg51.h,在程序设计时只要利用包含指令将头文件 reg51.h 包含进来即可。但对于增强型 8051 单片机,新增特殊功能寄存器就需要重新定义。对于 STC 系列单片机,利用 STC-ISP 在线编程软件工具可生成 STC 各系列单片机有关特殊功能寄存器以及可位寻址特殊功能寄存器位地址定义的头文件,如 STC8H.h 就是适用 STC8H 系列单片机特殊功能寄存器定义的头文件。

1. STC8H8K64U 单片机的扩展模式

1）总线扩展模式

图 3.1.7 所示为总线扩展应用模式的连接图，因 P0 用作总线时是采用分时复用（先送出地址信号，后用作数据总线）功能，故需采用 74LS373 锁存器锁存地址信号，单片机的 ALE 为地址锁存控制信号，与 74LS373 的锁存输入控制端相连，74LS373 的锁存输出即为低 8 位地址线（A0～A7）；P0.0～P0.7 为数据线（D0～D7）；P2.0～P2.7 为高 8 位地址总线。$\overline{RD}$、$\overline{WR}$ 为片外数据存储器或 I/O 扩展时的读、写控制端。该应用模式的理念是将外围接口或执行器件作为单片机 CPU 的某个地址单元来扩展，按地址来访问，适用于外围接口电路较多的应用系统使用，最多可扩展 64KB 数据存储器或 I/O 口。STC 系列单片机采用了基于 Flash ROM 的存储技术，单片机内部能够提供足够的程序存储器，因此，在现代单片机应用系统中，不提供扩展片外程序存储器功能，同时也不建议片外扩展数据存储器和 I/O 口。

2）非总线扩展模式

图 3.1.8 所示为非总线扩展应用模式单片机的连接，直接用单片机内部 I/O 口与外围接口电路的控制端、数据端相连，单片机直接通过内部接口地址发出控制信号或数据信号。非总线扩展模式中，I/O 口处于直接控制方式，有些 I/O 线只能是一对一控制了，势必造成 I/O 口线紧缺的压力。为解决此问题，许多外围接口器件将并行接口改为串行接口，主要的串行接口总线有 SPI 串行总线、I^2C 串行总线与单总线等。

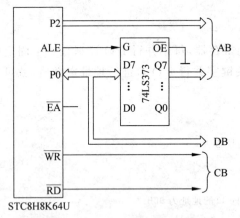

STC8H8K64U

图 3.1.7　总线扩展应用模式连接

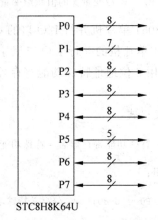

STC8H8K64U

图 3.1.8　非总线扩展应用模式连接

2. 并行 I/O 口的基本输入/输出

1）程序功能

P0 口的输出跟随 P2 口的输入端数据。

2）硬件设计

顾名思义，将 P2 口用作输入口，P0 用作输出口，同时可以 8 只 LED 灯来显示 P0 口的输出状态，电路如图 3.1.9 所示。

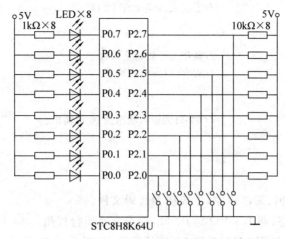

图 3.1.9　并行 I/O 口的基本输入/输出控制

3) 程序设计

(1) 程序说明。

STC8H8K64U 单片机是 STC 增强型 8051 单片机,相比传统的 8051 单片机新增了很多特殊功能寄存器,为了能直接使用 STC8H8K64U 单片机的特殊功能寄存器,可利用 STC-ISP 在线编程软件中的"Keil 仿真设置"将 stc8h.h 头文件添加到 Keil C 开发平台中,在 STC8H8K64U 单片机的应用程序中应用"#include<stc8h.h>"语句后,STC8H8K64U 单片机中的所有特殊功能寄存器和可位寻址的特殊功能寄存器位就可直接使用了。

因除 P3.0、P3.1 外,STC8H8K64U 单片机复位后,所有 I/O 口都处于高阻状态,为了便于使用,预先定义 STC8H8K64U 单片机并行 I/O 口统一设置为准双向口工作模式的初始化头文件,并命名为 gpio.h,使用时可存放在 Keil C 系统中(如 C:\Keil\C51\INC\STC)的头文件夹中,或存放在应用程序的项目文件夹中,使用时,直接用包含指令包含进去,并在主函数直接调用 gpio.h 文件中 gpio()初始化函数即可。后续的 STC8H8K64U 单片机应用程序都是按此方法处理。

(2) gpio.h 文件。

```
void gpio()                     //初始化 I/O 口
{
    P0M1 = 0;      P0M0 = 0;      P1M1 = 0;      P1M0 = 0;
    P2M1 = 0;      P2M0 = 0;      P3M1 = 0;      P3M0 = 0;
    P4M1 = 0;      P4M0 = 0;      P5M1 = 0;      P5M0 = 0;
    P6M1 = 0;      P6M0 = 0;      P7M1 = 0;      P7M0 = 0;
}
```

(3) 任务程序文件(项目三任务 1.c)。

```
#include<stc8h.h>              //包含支持 STC8H8K64U 单片机特殊功能寄存器定义的头文件
#include<intrins.h>            //8051 单片机常用函数的头文件(循环移位与空操作函数等)
#include<gpio.h>               //包含 STC8H8K64U 单片机并行 I/O 初始化设置函数的头文件
#define uint unsigned int      //宏定义,uint 定义为无符号整型类型
#define uchar unsigned char    //宏定义,uchar 定义为无符号字符型类型
#define  y  P0                 //宏定义,y 等效于 P0 口
```

```
#define   x   P2                    //宏定义,x等效于 P2 口
void main(void)
{
    gpio();                          //调用 I/O 初始化函数
    x = 0xff;                        //置 P2 口为输入模式
    while(1)
    {
        y = x;                       // P2 口的输入状态送 P0 口输出
    }
}
```

4) 系统调试

(1) 用 Keil C 编辑、编译程序,生成机器代码文件。

(2) 进入调试状态,调出 P0 口与 P2 口,单击全速运行按钮。

(3) 从 P2 口输入数据 55H,观察 P0 口的输出,如图 3.1.10 所示。

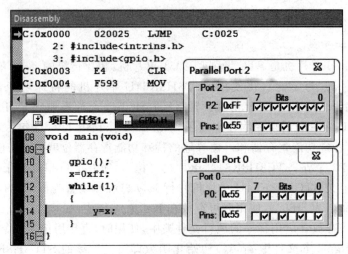

图 3.1.10　Keil C 基本输入/输出调试结果

(4) 按表 3.1.5 所示数据调试程序,并写入运行结果。

表 3.1.5　并行 I/O 口基本输入调试表格

输入(P2 口)	输出(P0 口)	输入(P2 口)	输出(P0 口)
F5H		77H	
E6H		19H	
33H		86H	

知识延伸

1. 8051 单片机特殊功能寄存器可寻址位的地址定义

C51 是利用关键字 sbit 对 8051 单片机特殊功能寄存器可寻址位的地址进行定义的,其定义格式有以下 3 种。

（1）sbit 位变量名＝位地址；

这种方法将位的绝对地址赋给位变量,位地址必须位于 80H～FFH 之间。例如：

```
sbit  OV = 0xD2;      //定义位变量 OV(溢出标志),其位地址为 D2H
sbit  CY = 0xD7;      //定义位变量 CY(进位位),其位地址为 D7H
```

（2）sbit 位变量名＝特殊功能寄存器名^位位置；

适用已定义的特殊功能寄存器位变量的定义,位位置值为 0～7。例如：

```
sbit  OV = PSW^2;     //定义位变量 OV(溢出标志),它是 PSW 的第 2 位
sbit  CY = PSW^7;     //定义位变量 CY(进位位),它是 PSW 的第 7 位
```

（3）sbit 位变量名＝字节地址^位位置；

这种方法是以特殊功能寄存器的地址作为基址,其值位于 80H～FFH 之间,位位置值为 0～7。例如：

```
sbit  OV = 0xD0^2;    //定义位变量 OV(溢出标志),直接指明特殊功能寄存器 PSW
                      //的地址,它是 0xD0 地址单元的第 2 位
sbit  CY = 0xD0^7;    //定义位变量 CY(进位位),直接指明特殊功能寄存器 PSW
                      //的地址,它是 0xD0 地址单元的第 7 位
```

2. 8051 单片机引脚字符名称的定义

8051 单片机的输入/输出都是通过单片机 I/O 口进行传递的,为了编程的方便,将 I/O 口引脚用与该引脚作用的对象或与目的相同的或相近的英文缩写来表示,其定义方法也是利用 sbit 关键字进行定义的,例如：

```
sbit KEY1 = P1^1;     //KEY1 等效于 P1.1
KEY1 = 1;             //P1.1 输出为 1
```

3. STC8H8K64U 单片机特殊功能寄存器可寻址位地址的定义

stc8h.h 头文件中包含了 STC8H8K64U 单片机特殊功能寄存器可位寻址位地址的定义,只要在应用程序中将 stc8h.h 头文件包含进来,STC8H8K64U 单片机特殊功能寄存器可寻址位的名称就可直接使用了,其中包括并行 I/O 口位地址的定义,PXY 等效于 PX.Y,如 P10 就是 P1.0。

P0 口的高 4 位跟随 P2 口的低 4 位输入,P0 口的高 4 位引脚从高到低依次定义为 OUT7、OUT6、OUT5、OUT4,P2 口的低 4 位直接使用 stc8h.h 头文件定义的字符名称,试修改程序并调试。

任务 3.2 STC8H8K64U 单片机的逻辑运算

结合 STC8H8K64U 单片机的逻辑运算功能,进一步学习 STC8H8K64U 单片机的输

入/输出功能。STC8H8K64U 单片机指令系统中有字节逻辑运算指令,共 24 条,详见附录 2。本任务主要学习应用 C 语言编程,实现 STC8H8K64U 单片机的输入/输出间逻辑运算。

相关知识

1. 逻辑运算符与表达式

1) C 语言的 3 种逻辑运算符

(1) ‖:逻辑或。

(2) &&:逻辑与。

(3) !:逻辑非。

2) 逻辑表达式的一般形式

(1) 逻辑与:条件式 1&& 条件式 2。

(2) 逻辑或:条件式 1‖条件式 2。

(3) 逻辑非:! 条件式。

逻辑运算的结果只有两个,即"真"为 1;"假"为 0。

2. 位运算符与表达式

能对运算对象按位进行操作是 C 语言的一大特点,使之能对计算机硬件直接进行操作。位运算符的作用是对变量按位进行运算,但并不改变参与运算变量的值。若希望按位改变运算变量的值,则应利用相应的赋值运算。此外,位运算符不能用来对浮点型数据进行操作。

共有 6 种位运算符,其优先级从高到低依次是:按位取反(~)→左移(≪)和右移(≫)→按位相与(&)→按位相异或(^)→按位相或(|)。

例如:

```
x = ~x;              //将 x 的值按位取反
x = x >> 1;          //将 x 的值右移 1 位
x = x << 1;          //将 x 的值左移 1 位
z = x&y;             //将 x 的值与 y 的值按位相与,赋值给 z
z = x^y;             //将 x 的值与 y 的值按位相异或,赋值给 z
z = x|y;             //将 x 的值与 y 的值按位相或,赋值给 z
```

任务实施

1. 任务要求

完成 x 与 y 的逻辑异或运算,运算结果可采用两种方法显示:一是直接用 8 位 LED 灯显示;二是采用 LED 数码管显示。本任务采用 8 位 LED 灯显示。

2. 硬件设计

设 x 数据从 P0 口输入,y 数据从 P3 口输入,逻辑运算结果从 P2 口输出驱动 8 位 LED 灯(低电平驱动),电原理如图 3.2.1 所示。

3. 软件设计

1）程序说明

循环读取 x 和 y 值，x 和 y 异或，取反后赋值给 z。取反操作是为了满足 LED 灯低电平驱动的要求。

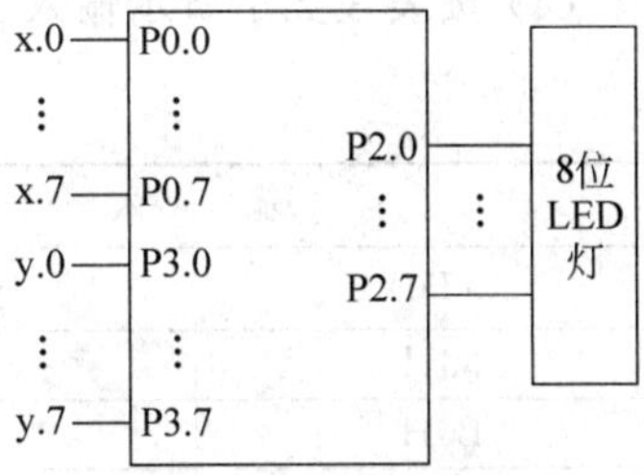

2）源程序清单（项目三任务 2.c）

```
# include < stc8h. h>
# include < intrins. h>
# include < gpio. h>
# define uint unsigned int
# define uchar unsigned char
# define x P0                  //x 等效于 P0 口
# define y P3                  //y 等效于 P3 口
# define z P2                  //z 等效于 P2 口
void main(void)
{
    gpio();
    x = 0xff;                  //P0 口设置为输入状态
    y = 0xff;                  //P3 口设置为输入状态
    while(1)
    {
        z = ~(x^y);            //P0 口与 P3 口输入数据相异或并取反后,送 P2 口输出
    }
}
```

图 3.2.1 逻辑运算电路图

4. 系统调试

（1）用 Keil C 编辑、编译程序,生成机器代码文件。

（2）进入 Keil C 调试界面,调出 P0、P2、P3 端口,单击全速运行按钮。

（3）P0 口输入 55H 数据,P3 口输入 33H 数据,观察 P2 口的输出,如图 3.2.2 所示。

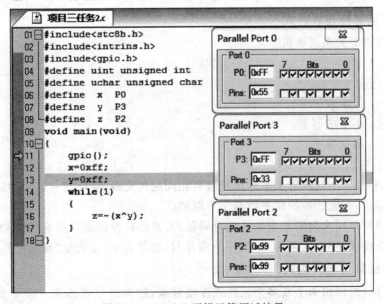

图 3.2.2 Keil C 逻辑运算调试结果

（4）按表 3.2.1 所示输入 x 和 y 数据，观察并填写输出结果。

表 3.2.1　逻辑异或运算测试表

输　　入		异或运算结果	
x(P0)	y(P3)	计算结果（～(P0^P3)）	观察结果(P2)
33H	AAH		
B6H	38H		
F8H	8FH		

任务拓展

修改程序，完成 z＝(x｜y)＆(x^y)逻辑运算，并按表 3.2.1 上机调试。

任务 3.3　STC8H8K64U 单片机的逻辑控制

任务说明

逻辑控制能力是单片机的核心能力之一。单片机突出控制的具体体现，对于 STC8H8K64U 单片机也是如此。本任务主要学习如何应用 C 语言的分支语句、开关语句、循环语句等语句对单片机逻辑控制的应用编程。这里要强调的是，C 语言的分支语句、开关语句、循环语句是单片机 C 语言编程中最重要、最常见的语句。

相关知识

1. 关系运算符与表达式

C 语言有以下关系运算符。

（1）＞：大于。

（2）＜：小于。

（3）＞＝：大于或等于。

（4）＜＝：小于或等于。

（5）＝＝：测试等于。

（6）!＝：测试不等于。

＞、＜、＞＝、＜＝这四种关系运算符具有相同的优先级，＝＝、!＝这两种运算符也具有相同的优先等级，但前四种的优先级高于后两种。

关系运算符是用来判断某个条件是否满足，关系运算符的结果只有"真"和"假"2 种值。当所指定的条件满足时，结果为 1；条件不满足时，结果为 0。1 表示"真"，0 表示"假"。

2. 逗号运算符与表达式

逗号运算符可以将两个或多个表达式连接起来，称为逗号表达式。逗号表达式的一般形式为：

表达式 1,表达式 2,表达式 3…表达式 n

逗号表达式的运算过程为：先算表达式 1,再算表达式 2……依次算到表达式 n 为止。

3. 条件运算符与表达式

条件运算符要求有 3 个运算对象,用它可以将 3 个表达式连接构成一个条件表达式。条件表达式的一般形式为：

表达式 1?表达式 2: 表达式 3

其运算过程为：首先计算表达式 1,根据表达式 1 的结果判断,当表达式 1 的结果为真(非 0 值)时,将表达式 2 的结果作为整个表达式的值；当表达式 1 的结果为假(0 值)时,将表达式 3 的结果作为整个表达式的值。

4. 分支语句与分支选择结构

1) 表达式语句与复合语句

(1) 表达式语句。

C 语言提供了十分丰富的程序控制语句,表达式语句是最基本的一种语句。在表达式的后边加一个分号";"就构成表达式语句。例如：

```
x = 10;
y = 100;
pjz = (x + y)/2;
```

(2) 空语句。

仅有一个分号";"构成的语句,称为空语句。空语句是表达式语句的一个特例,空语句通常有两种用法。

① 在程序中为有关语句提供标号。例如：

```
loop: ;
…
if (y == 6) goto loop;
```

② 在用 while 语句构成循环语句后面加一个分号";",形成一个空语句循环。例如：

```
{
    while (! RI); //循环检测 RI 标志,直至为"1"为止
    RI = 0;
}
```

(3) 复合语句。

复合语句是由若干个语句组合而成的一种语句,它是用一个花括号"{}"将若干个语句组合而成的一种功能块。复合语句不需要以分号";"结束,但它内部的各条单语句必须以分号";"结束。

```
{
    局部变量定义;
    语句 1;
    语句 2;
    …
```

```
        语句 n;
    }
```

在执行复合语句时,其中的各条单语句依次顺序执行。整个复合语句在语法上等价于一条语句。复合语句允许嵌套,即在复合语句中可以包含别的复合语句。实际上,函数体就是一个复合语句。复合语句定义的变量为局部变量,仅在当前复合语句中有效。

2)条件分支语句

条件语句又称为分支语句,它是由关键字 if 构成,有 3 种格式。

(1)格式 1。

```
if(条件表达式)语句
```

若条件表达式的结果为真(非 0 值),就执行后面的语句;若条件表达式的结果为假(0 值),就不执行后面的语句。这里的语句也可以是复合语句。

(2)格式 2。

```
if(条件表达式)语句 1
else 语句 2
```

若条件表达式的结果为真(非 0 值),就执行后面的语句 1;若条件表达式的结果为假(0 值),就执行语句 2。这里的语句 1 和语句 2 均可以是复合语句。

(3)格式 3。

```
if(条件表达式 1)语句 1
else if(条件表达式 2)语句 2
    else if(条件表达式 3)语句 3
    …
        else if(条件表达式 n)语句 n
            else 语句 n + 1
```

这种条件语句常用来实现多方向条件分支,它是 if-else 语句嵌套而成的,在这种结构中,else 总是与邻近的 if 相配对。

3)开关语句

switch/case 开关语句是一种多分支选择语句,是用来实现多方向条件分支的语句。

(1)switch/case 开关语句的格式。

```
switch(表达式)
{
    case 常量表达式 1: {语句 1}break;
    case 常量表达式 2: {语句 2}break;

    case 常量表达式 n: {语句 n}break;
    default:      {语句 n + 1}break;
}
```

(2)开关语句说明。

① 当 switch 后面表达式的值与某一 case 后面的常量表达式的值相等时,就执行该 case 后面的语句,遇到 break 语句就退出 switch 语句。

② switch 后面括号内的表达式,可以是整型或字符型表达式,也可以是枚举型数据。

③ 每个 case 常量表达式的值不得相同。

④ 每个 case 和 default 的出现次序不影响执行结果,可先出现 default,再出现其他 case。

5. 循环语句与循环结构

1) while 语句与 do-while 语句

(1) while 语句的格式。

```
while(条件表达式){语句}
```

当条件表达式的结果为真(非 0 值)时,程序就重复执行后面的语句,一直执行到条件表达式的结果变化为假(0 值)为止。

(2) do-while 语句的格式。

```
do
{语句}
while(条件表达式);
```

先执行给定的循环体语句,然后再检查条件表达式的结果。当条件表达式的值为真(非 0 值)时,则重复执行循环体语句,直到条件表达式的结果变化为假(0 值)为止。

2) for 语句

```
for 语句的格式:
for ([初值设定表达式 1]; [循环条件表达式 2]; [修改表达式 3])
{
    函数体语句
}
```

先计算出初值表达式 1 的值作为循环控制变量的初值,再检查循环条件表达式 2 的结果,当满足循环条件时就执行循环体语句并计算修改表达式 3;然后再根据修改表达式 3 的计算结果来判断循环条件 2 是否满足,满足就执行循环体语句,依次执行到循环条件表达式 2 的结果为假(0 值)时,退出循环体。

3) goto 语句、break 语句和 continue 语句

(1) goto 语句的格式。

goto 语句是一个无条件语句,其格式如下:

```
goto 语句标号;
```

其中,语句标号是用于标识语句所在地址的标识符,语句标号与语句之间用冒号":"分隔。当执行跳转语句时,使程序跳转到标号所指向的地址,从该语句继续执行程序。将 goto 语句和 if 语句一起使用,可以构成一个循环结构。但更常见的是采用 goto 语句来跳出多重循环,需要注意的是,只能用 goto 语句从内层循环跳到外层循环,而不允许从外层循环跳到内层循环。

(2) break 语句的格式。

break 语句除了可以用在 switch 语句中外,还可以用在循环体中。在循环体中遇见 break 语句,立即结束循环,跳到循环体外,执行循环结构后面的语句。break 语句的格式如下:

```
break;
```

break 语句只能跳出它所处的那一层循环,而 goto 语句可以从最内层循环体中跳出来。而且,break 语句只能用于开关语句和循环语句中。

（3）continue 语句的格式。

continue 语句也是一种中断语句,它一般用在循环结构中,其功能是结束本次循环,即跳过循环体中下面尚未执行的语句,把程序流程转移到当前循环语句的下一个循环周期,并根据控制条件决定是否重复执行该循环体。continue 语句的格式如下:

```
continue;
```

continue 语句和 break 语句的区别在于:continue 语句只结束本次循环而不是终止整个循环的执行;break 语句则是终止整个循环,不再进行条件判断。

任务实施

1. 程序功能

用 4 只开关控制 8 只 LED 灯的显示,按 K1 键,P0 端口位 3、位 4 控制的 LED 灯亮;按 K2 键,P0 端口位 2、位 5 控制的 LED 灯亮;按 K3 键,P0 端口位 1、位 6 控制的 LED 灯亮;按 K4 键,P0 端口位 0、位 7 控制的 LED 灯亮;不按键,P0 端口位 2、位 3、位 4、位 5 控制的 LED 灯亮。

2. 硬件设计

4 个开关分别接 P3.0～P3.3,电路原理如图 3.3.1 所示。

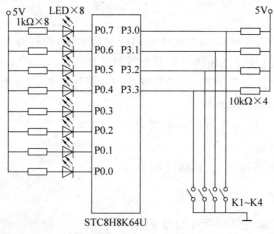

图 3.3.1　逻辑控制电路

3. 程序设计

1）程序说明

本任务可采取 3 种方法来实现:一是采用 if 语句直接判断输入引脚的高、低电平来确定输出的状态;二是将输入端口的数据一次性读入,根据 4 位输入数据的状态来确定输出的状态;三是根据输出与输入之间的逻辑关系,列出输出与输入间的逻辑真值表,求出各逻辑输出与逻辑输入之间的逻辑关系,采用逻辑运算语句计算各输出端口的逻辑值。本任务中采用 if 语句实现。

2) 源程序清单(项目三任务 3.c)

```
#include < stc8h.h >
#include < intrins.h >
#include < gpio.h >
#define uint unsigned int
#define uchar unsigned char
#define x P0
#define y P3
sbit K1 = P3^0;                    //定义输入引脚
sbit K2 = P3^1;
sbit K3 = P3^2;
sbit K4 = P3^3;
void main(void)
{
    gpio();
    y = y | 0x0f;
    while(1)
    {
        if(!K1){x = 0xe7;}                  //按 K1 键,P0 端口位 3、位 4 控制的 LED 灯亮
            else if(!K2){x = 0xdb;}         //按 K2 键,P0 端口位 2、位 5 控制的 LED 灯亮
                else if(!K3){x = 0xbd;}     //按 K3 键,P0 端口位 1、位 6 控制的 LED 灯亮
                    else if(!K4){x = 0x7e;} //按 K4 键,P0 端口位 0、位 7 控制的 LED 灯亮
                        else {x = 0xc3;}    //不按键,P0 端口位 2、位 3、位 4、位 5 控制的 LED 灯亮

    }
}
```

4. 系统调试

(1) 用 Keil C 编辑、编译程序,生成机器代码文件。

(2) 进入 Keil C 调试界面,调出 P0、P3 端口,单击全速运行按钮。

(3) P3.0 引脚输入低电平,P3.1、P3.2、P3.3 引脚输入高电平,观察 P1 口的输出,如图 3.3.2 所示。

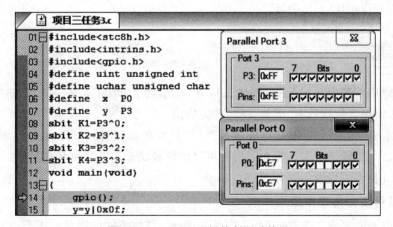

图 3.3.2 Keil C 逻辑控制调试结果

(4) 按表 3.3.1 所示进行调试,并填写调试结果。

表 3.3.1　逻辑控制程序调试表

K1(P3.0)	K2(P3.1)	K3(P3.2)	K4(P3.3)	P0 口输出
0	1	1	1	
1	0	1	1	
1	1	0	1	
1	1	1	0	
1	1	1	1	
任何 2 个或 2 个以上开关合上时				

(5) 采用 STC 大学计划实验箱(9.3)电路进行编程与调试,K1、K2、K3、K4 分别用 SW17、SW18、SW21、SW22 替代,8 位 LED 灯用 LED4、LED11～LED17。SW17、SW18、SW21、SW22 电路如附图 4.6 所示,LED4、LED11～LED17 电路如附图 4.7 所示,试编写程序,并用 STC 大学计划实验箱(9.3)进行调试。

任务拓展

采用 switch/case 语句修改程序,并分别用 Keil C 集成开发环境和 STC 大学计划实验箱(9.3),按表 3.2.1 进行调试。

任务 3.4　8 位 LED 数码管的驱动与显示

任务说明

本任务主要掌握 LED 数码管显示的基本原理以及应用编程;学会用 LED 数码管显示十进制数字(0～9)与 A～F 字母。

相关知识

单片机应用系统中常用 LED(发光二极管)显示数字、字符及系统的状态,它的驱动电路简单、易于实现且价格低廉,因此,得到广泛应用。

常用的 LED 显示器有 LED 状态显示器(俗称发光二极管)、LED 七段显示器(俗称数码管)和 LED 十六段显示器。发光二极管可显示两种状态用于系统状态显示;数码管用于数字显示;LED 十六段显示器用于字符显示。

1. 数码管结构与工作原理

数码管由 8 个发光二极管(以下简称字段)构成,通过不同的组合可用来显示:数字 0～9,字符 A～F、H、L、P、R、U、Y,符号"一"及小数点"."。数码管的外形结构如图 3.4.1(a)所示。数码管又分为共阴极和共阳极两种结构,分别如图 3.4.1(b)和图 3.4.1(c)所示。

共阳极数码管的 8 个发光二极管的阳极(二极管正极)连接在一起,通常公共阳极接高

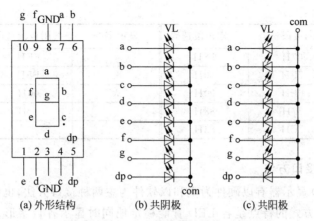

(a) 外形结构　　　　(b) 共阴极　　　　(c) 共阳极

图 3.4.1　数码管的结构

电平(一般接电源),其他管脚接段驱动电路输出端。当某段驱动电路的输出端为低电平时,则该端所连接的字段导通并点亮,根据发光字段的不同组合可显示出各种数字或字符。此时,要求段驱动电路能吸收额定的段导通电流,还需根据外接电源及额定段导通电流来确定相应的限流电阻。

共阴极数码管的 8 个发光二极管的阴极(二极管负极)连接在一起,通常公共阴极接低电平(一般接地),其他管脚接段驱动电路输出端。当某段驱动电路的输出端为高电平时,则该端所连接的字段导通并点亮,根据发光字段的不同组合可显示出各种数字或字符。此时,要求段驱动电路能提供额定的段导通电流,还需根据外接电源及额定段导通电流来确定相应的限流电阻。

要使数码管显示出相应的数字或字符,必须使段数据口输出相应的字形编码。对照图 3.4.1(a),字形码各位定义如下:数据线 D0 与 a 字段对应,D1 与 b 字段对应……以此类推。例如,使用共阳极数码管,数据为 0 表示对应字段亮,数据为 1 表示对应字段暗;如使用共阴极数码管,数据为 0 表示对应字段暗,数据为 1 表示对应字段亮。如要显示"0",共阳极数码管的字形编码应为 11000000B(即 C0H),共阴极数码管的字形编码应为 00111111B(即 3FH)。以此类推,可求得数码管字形编码如表 3.4.1 所示。

注意:很多产品为方便接线,常不按规则的方法去对应字段与位的关系,这时字形码就必须根据接线自行设计了。

表 3.4.1　数码管字形编码表

显示字符	共阴极段选码	共阳极段选码	显示字符	共阴极段选码	共阳极段选码
0	3FH	C0H	C	39H	C6H
1	06H	F9H	D	5EH	A1H
2	5BH	A4H	E	79H	86H
3	4FH	B0H	F	71H	84H
4	66H	99H	P	73H	82H
5	6DH	92H	U	3EH	C1H
6	7DH	82H	r	31H	CEH

续表

显示字符	共阴极段选码	共阳极段选码	显示字符	共阴极段选码	共阳极段选码
7	07H	F8H	y	6EH	91H
8	7FH	80H	8.	FFH	00H
9	6FH	90H	"灭"	00H	FFH
A	77H	88H	—	40H	BFH
B	7CH	83H			

2. LED 显示接口方法

单片机与 LED 显示器有以硬件为主和以软件为主两种接口方法,也称为静态显示和动态显示。静态显示方式的特点是各 LED 管能稳定地同时显示各自字形;动态显示方式是指各 LED 数码管轮流一遍一遍地显示各自字形,利用人们的视觉惰性看到的结果是各 LED 数码管在同一时刻显示不同的字形。下面分别加以叙述。

1) 静态显示接口

静态显示是指数码管显示某一字符时,相应的发光二极管恒定导通或恒定截止。这种显示方式的各位数码管相互独立,公共端恒定接地(共阴极)或接正电源(共阳极)。每个数码管的 8 个字段分别与一个 8 位 I/O 口地址相连,I/O 口只要有段码输出,相应字符即显示出来,并保持不变,直到 I/O 口输出新的段码,如图 3.4.2 所示。采用静态显示方式,较小的电流即可获得较高的亮度,且占用 CPU 时间少、编程简单,显示便于监测和控制。但其占用的口线多、硬件电路复杂、成本高,只适合于显示位数较少的场合。

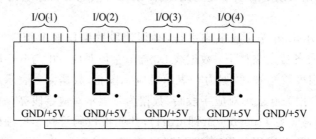

图 3.4.2　4 位静态 LED 显示电路

单片机系统中,常采用 MC14495 作为 LED 的静态显示接口。MC14495 是 CMOS BCD-七段十六进制锁存、译码驱动芯片。MC14495 能完成 BCD 码至十六进制数的锁存和译码,并具有驱动能力。该芯片的具体作用是:输入被显示字符的二进制码(或 BCD 码),并把它自动置换成相应的字形码,再送到 LED 显示。例如,ABCD 各引脚输入 0110B,则显示"6";若输入 1110B,则显示"E"。

采用 MC14495 芯片与 STC8H8K64U 单片机的电路连接如图 3.4.3 所示。这种接口方法仅需使用一条指令,就可以进行 LED 显示。例如,将"0111×000B"送至 P1 口,则在最左边 LED 显示器显示"7";将"0010×011B"送至 P1 口,则在最右边 LED 显示"2"。

2) 动态显示接口

动态显示是一位一位地轮流点亮各位 LED 数码管,这种逐位点亮显示器的方式称为位扫描。通常,各位数码管的段选线相应并联在一起,由一个 8 位的 I/O 口控制;各位的位选

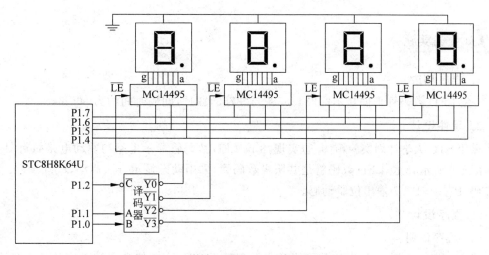

图 3.4.3　静态显示的 LED 数码管接口电路

线(公共阴极或阳极)由另外的 I/O 口线控制,如图 3.4.4 所示。当以动态方式显示时,各
LED 数码管分时轮流选通,要使其稳定显示必须采用扫描方式,即在某一时刻只选通一位
LED 数码管,并送出相应的段码,在另一时刻选通另一位数码管,并送出相应的段码。以此
规律循环,即可使各位数码管显示将要显示的字符,虽然这些字符是在不同的时刻分别显
示,但由于人眼存在视觉暂留效应,只要每位显示间隔足够短,就可以给人以同时显示的
感觉。

采用动态显示方式比较节省 I/O 口,硬件电路也较静态显示方式简单。但其亮度不如
静态显示方式,而且在显示位数较多时,CPU 要依次扫描,占用 CPU 较多的时间。

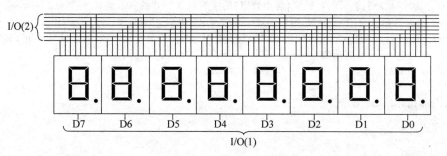

图 3.4.4　动态 LED 显示电路

动态显示采用软件法把欲显示的十六进制数(或 BCD 码)转换为相应字形码(静态显示
中是通过硬件来转换的),故它通常需要在 RAM 区建立一个显示缓冲区,和 LED 数码管一
一对应。也就是说,缓冲区放什么字,相应数码管就会显示什么字。另外,要定义一个字形
码数组,把所有显示字符的字形码存放在数组单元中,以便于随时查表获取。

在动态扫描法实现 LED 数码管显示中,为了提高数码管的亮度,需要提高扫描时的驱
动电流,一般应采用驱动电路,可采用三极管分立元件作驱动,也可采用专用的驱动芯片,如
ULN2003 或 ULN2803。但 STC 系列单片机的 I/O 口有 20mA 的驱动能力,可直接驱动
LED 数码管。

任务实施

1. 程序功能

8 位 LED 数码管来回显示"12345678"与"87654321",间隔时间约为 800ms。

2. 硬件设计

采用 STC 大学计划实验箱(9.3)实现,8 位 LED 数码管显示电路与驱动电路如附图 4.8 和附图 4.9 所示,8 位 LED 数码管是共阳极数码管,采用动态显示方法驱动,P6.0~P6.7 输出段码,P7.0~P7.7 输出位驱动码。

3. 程序设计

(1) 程序说明。

建立一个显示缓冲区,1 位数码管对应 1 个显示缓冲区,8 位数码管对应的 8 个显示缓冲区为 Dis_buf[0]~Dis_buf[7],Dis_buf[0]是最高位,Dis_buf[7]是最低位。显示时,程序只需按顺序从显示缓冲区读取数据即可。我们想要在哪位显示什么数据,就把该数字放在相应的显示缓冲区即可。

(2) 显示函数源程序清单(LED_display. h)。

```
#define font_PORT P6              //定义字形码输出端口
#define position_PORT P7          //定义位控制码输出端口
uchar code LED_SEG[] = {0xc0,0xf9,0xa4,0xb0,0x99,0x92,0x82,0xf8,0x80,0x90,0x88,0x83,0xc6,
0xa1,0x86,0x8e,0xff,0x40,0x79,0x24,0x30,0x19,0x12d,0x02,0x78,0x00,0x10,0xbf};
    //定义"0、1、2、3、4、5、6、7、8、9""A、B、C、D、E、F"以及"灭"的字形码
    //定义"0、1、2、3、4、5、6、7、8、9"(含小数点)的字符以及"-"的字形码
uchar code Scan_bit[] = {0xfe,0xfd,0xfb,0xf7,0xef,0xdf, 0xbf, 0x7f};   //定义扫描位控制码
uchar data Dis_buf[] = {16,16,16,16,16,16,16,0}; //定义显示缓冲区,最低位显示"0",其他为"灭"
/* ---------- 延时函数 ------------ */
void Delay1ms()                  //@11.0592MHz
{
    unsigned char i, j;

    i = 15;
    j = 90;
    do
    {
        while ( -- j);
    } while ( -- i);
}

/* ---------- 显示函数 ------------ */
void LED_display(void)
{
    uchar i;
    for(i = 0; i < 8; i++)
    {
        position_PORT = 0xff;
```

```
        font_PORT = LED_SEG[Dis_buf[i]];
        position_PORT = Scan_bit[7 - i];
        Delay1ms ();
    }
}
```

（3）主程序清单（项目三任务 4.c）。

```
#include < stc8h. h>              //包含支持 STC8H8K64U 单片机的头文件
#include < intrins. h>
#include < gpio. h>
#define uchar unsigned char
#define uint unsigned int
#include < LED_display. h>
void delayN(uint N)
{
    uchar i;
    for(i = 0; i < N; i++)
    {
        LED_display();            //调显示函数,同时通过执行显示函数达到延时的目的
    }
}
/* ---------- 主函数(显示程序) ----------- */
void main(void)
{
    gpio();
    while(1)                      //无限循环执行显示程序
    {
        Dis_buf[0] = 1; Dis_buf[1] = 2; Dis_buf[2] = 3; Dis_buf[3] = 4;
        Dis_buf[4] = 5; Dis_buf[5] = 6; Dis_buf[6] = 7; Dis_buf[7] = 8;
        delayN(100);
        Dis_buf[0] = 8; Dis_buf[1] = 7; Dis_buf[2] = 6; Dis_buf[3] = 5;
        Dis_buf[4] = 4; Dis_buf[5] = 3; Dis_buf[6] = 2; Dis_buf[7] = 1;
        delayN(100);
    }
}
```

4. 系统调试

（1）用 USB 线将 PC 与 STC 大学计划实验箱（9.3）连接。

（2）用 Keil C 新建"项目三任务 4"。

（3）用 Keil C 编辑显示函数程序文件 LED_display. h。

（4）用 Keil C 编辑、编译"项目三任务 4.c"程序，生成机器代码文件"项目三任务 4.hex"。

（5）运行 STC-ISP 在线编程软件，将"项目三任务 4.hex"下载到 STC 大学计划实验箱（9.3）单片机中，下载完毕自动进入运行模式，观察数码管的显示结果并记录，判断与任务功能要求是否一致。

（6）将 delayN()函数中的 display()改为 Delay1ms()，重新调试，观察数码管显示结果是否有变化，若有变化请分析原因。

 任务拓展

修改程序,让数码管按"98765432→87654321→76543210→65432109→54321098→43210987→32109876→21098765→10987654→09876543→98765432"规律显示,周而复始。

习　题

1. 填空题

(1) STC8H8K64U 单片机并行 I/O 口的工作模式有准双向口、_____、仅输入(高阻)和_____ 4 种。

(2) STC8H8K64U 单片机并行 I/O 口的灌电流可达_____,但建议整个单片机芯片的工作电流不超过_____。

2. 选择题

(1) 当 P1M1＝0xff、P1M0＝0xfe 时,P1.0 的工作模式是(　　)。

　　A. 准双向口　　　　B. 仅输入(高阻)　　C. 强推挽　　　　D. 开漏

(2) 当 P2M1＝0xff、P2M0＝0xfe 时,P2.1 的工作模式是(　　)。

　　A. 准双向口　　　　B. 仅输入(高阻)　　C. 强推挽　　　　D. 开漏

(3) 当 I/O 口的拉电流和灌电流驱动都要求达到 20mA 时,应该将 I/O 口设置模式为(　　)。

　　A. 准双向口　　　　B. 仅输入(高阻)　　C. 强推挽　　　　D. 开漏

3. 判断题

(1) STC8H8K64U 单片机除 P3.0、P3.1 外,复位后所有的 I/O 口处于仅输入(高阻)状态。(　　)

(2) STC8H8K64U 单片机任何时候都可以从 I/O 口读取输入数据。(　　)

(3) STC8H8K64U 单片机没有 P1.2 输出引脚。(　　)

4. 问答题

(1) STC8H8K64U 单片机的 I/O 口有哪几种工作模式?各有什么特点?是如何设置的?

(2) STC8H8K64U 单片机 I/O 口的最大灌电流驱动能力与拉电流驱动能力各是多少?

(3) STC8H8K64U 单片机 I/O 口的总线驱动与非总线扩展是什么含义?现代单片机应用系统设计,一般推荐哪种扩展模式?

(4) STC8H8K64U 单片机 I/O 口电路结构中,包含锁存器、输入缓冲器、输出驱动等3 部分,请说明锁存器、输入缓冲器、输出驱动在输入/输出端口中的作用。

(5) STC8H8K64U 单片机的 I/O 口用作输入时应注意什么?

(6) 一般情况下,驱动 LED 灯应加限流电阻,请问如何计算限流电阻?

(7) 数据类型隐式转换的优先顺序是什么?

(8) 位运算符的优先顺序是什么?

(9) 试说明下列语句的含义。

① unsigned char x;
　unsigned char y;
　k = (bit)(x + y);

② #define uchar unsigned char
　uchar a;
　uchar b;
　uchar min;

③ #define uchar unsigned char
　uchar tmp;
　P1 = 0xff;
　temp = P1;
　temp &= 0x0f;

(10) 简述逻辑运算与、或、非对应的 C 语言运算语句是什么？

(11) 如何实现异或运算？

(12) 如何实现对 I/O 口输出位置"1"、清零与取反操作？

项目4

STC8H8K64U单片机的存储器 与应用编程

本项目要达到的目标：一是理解 STC8H8K64U 单片机的存储结构与工作特性；二是掌握 C 语言对 STC8H8K64U 单片机存储器的访问方法；三是掌握 STC8H8K64U 单片机存储器的应用编程。

知识点

◇ STC8H8K64U 单片机的程序存储器。

◇ STC8H8K64U 单片机的基本 RAM。

◇ STC8H8K64U 单片机的扩展 RAM。

◇ STC8H8K64U 单片机的 EEPROM。

◇ C 语言变量存储类型的定义。

◇ C 语言的算术运算。

技能点

◇ STC8H8K64U 单片机的程序存储器的访问。

◇ STC8H8K64U 单片机基本 RAM 的访问。

◇ STC8H8K64U 单片机扩展 RAM 的访问。

◇ STC8H8K64U 单片机 EEPROM 的操作。

任务 4.1   STC8H8K64U 单片机的基本 RAM

任务说明

本任务结合 STC8H8K64U 单片机的算术运算学习 STC8H8K64U 单片机基本 RAM 的应用编程，分 3 个方面：一是学习 STC8H8K64U 单片机存储器的存储结构；二是学习 C 语言变量的定义、函数的定义及数组的定义；三是学习 C 语言的算术运算语句。

相关知识

1. STC8H8K64U 单片机的存储结构

STC8H8K64U 单片机存储器结构的主要特点是程序存储器与数据存储器是分开编址的,但没有提供访问外部程序存储器的总线,所有程序存储器只能是片内 Flash ROM 存储器。

STC8H8K64U 单片机内部集成了大容量的数据存储器,单片机内部的数据存储器在物理上和逻辑上都分为两个地址空间,即内部 RAM(256B)和内部扩展 RAM。其中内部 RAM 的高 128B 的数据存储器与特殊功能寄存器(SFRs)地址重叠,实际使用时通过不同的寻址方式加以区分。

STC8H8K64U 单片机片内在物理上有 3 个相互独立的空间,即 Flash ROM、基本 RAM 与扩展 RAM;在使用上有 4 个存储器空间,即程序存储器(程序 Flash)、片内基本 RAM、片内扩展 RAM 与 EEPROM(数据 Flash),如图 4.1.1 所示。

此外,STC8H8K64U 单片机可在片外扩展 RAM。

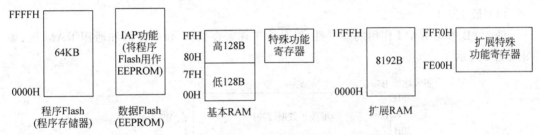

图 4.1.1　STC8H8K64U 单片机内部的存储器结构

1) 程序存储器(程序 Flash)

程序存储器用于存放用户程序、数据和表格等信息。STC8H8K64U 单片机片内集成了 64KB 的程序 Flash 存储器,其地址为 0000H~FFFFH。

在程序存储器中有些特殊的单元,在应用中应加以注意。

(1) 0000H 单元。系统复位后,PC 值为 0000H,单片机从 0000H 单元开始执行程序。一般在 0000H 开始的 3 个单元中存放一条无条件转移指令,让 CPU 去执行用户指定位置的主程序。

(2) 0003H~00DDH,这些单元用作 22 个中断的中断响应的入口地址(或称为中断向量地址)。其中

0003H:外部中断 0 中断响应的入口地址。

000BH:定时器/计数器 0(T0)中断响应的入口地址。

0013H:外部中断 1 中断响应的入口地址。

001BH:定时器/计数器 1(T1)中断响应的入口地址。

0023H:串行口 1 中断响应的入口地址。

以上为 5 个基本中断的中断向量地址,其他中断对应的中断向量地址详见中断系统章节内容。

每个中断向量间相隔8个存储单元。编程时,通常在这些入口地址开始处放入一条无条件转移指令,指向真正存放中断服务程序的入口地址。只有在中断服务程序较短时,才可以将中断服务程序直接存放在相应入口地址开始的几个单元中。

(3)特殊参数的存放。STC8H8K64U单片机内部的程序存储器中保存有与芯片相关的一些特殊参数,包括全球唯一ID号、32kHz掉电唤醒定时器的频率、内部Bandgap电压值以及IRC参数,详见表4.1.1。

表 4.1.1　STC8H8K64U 单片机内部程序存储器存放的特殊参数

参 数 名 称	保 存 地 址	参 数 说 明
全球唯一 ID 号	FDF9H～FDFFH	7B
内部 1.19V 参考信号源	FDF7H～FDF8H	单位:mV,存放格式:高字节在前
32kHz 掉电唤醒定时器的频率	FDF5H～FDF6H	单位:Hz,存放格式:高字节在前
22.1184MHz 的 IRC 参数	FDF4H	—
24MHz 的 IRC 参数	FDF3H	—

2)基本 RAM

片内基本 RAM 分为低 128B、高 128B 和特殊功能寄存器(SFR)。

(1)低 128B

低 128B 根据 RAM 作用的差异性,又分为工作寄存器区、位寻址区和通用 RAM 区,如图 4.1.2 所示。

图 4.1.2　低 128B 的功能分布

① 工作寄存器区(00H～1FH)。

STC8H8K64U 单片机片内基本 RAM 低端的 32B 分成 4 个工作寄存器组,每组占用 8 个单元。但程序运行时,只能有一个工作寄存器组为当前工作寄存器组,当前工作寄存器组的存储单元可用作寄存器,即用寄存器符号(R0、R1、…、R7)来表示。当前工作寄存器组的选择是通过程序状态字 PSW 中的 RS1、RS0 实现的。RS1、RS0 的状态与当前工作寄存器组的关系如表 4.1.2 所示。

表 4.1.2　STC8H8K64U 单片机工作寄存器地址表

组号	RS1	RS0	R0	R1	R2	R3	R4	R5	R6	R7
0	0	0	00H	01H	02H	03H	04H	05H	06H	07H
1	0	1	08H	09H	0AH	0BH	0CH	0DH	0EH	0FH
2	1	0	10H	11H	12H	13H	14H	15H	16H	17H
3	1	1	18H	19H	1AH	1BH	1CH	1DH	1EH	1FH

当前工作寄存器组从某一工作寄存器组切换到另一个工作寄存器组,原来工作寄存器组中各寄存器的内容相当于被屏蔽保护起来。利用这一特性可以方便地完成快速现场保护任务。

② 位寻址区(20H～2FH)。

片内基本 RAM 的 20H～2FH 共 16 字节是位寻址区,每字节 8 位,共 128 位。该区域不仅可按字节寻址,也可进行位寻址。从 20H 的 B0 位到 2FH 的 B7 位,其对应的位地址依次为 00H～7FH,位地址还可用字节地址加位号表示,如 20H 单元的 B5 位,其位地址可用 05H 表示,也可用 20H.5 表示。

提示:编程时一般用字节地址加位号的方法表示。

③ 通用 RAM 区(30H～7FH)。

30H～7FH 共 80B 为通用 RAM 区,即为一般 RAM 区域,无特殊功能特性。一般作数据缓冲区用,如显示缓冲区。通常将堆栈也设置在该区域。

(2) 高 128B

高 128B 的地址为 80H～FFH,属普通存储区域,但高 128B 的地址与特殊功能寄存器区的地址是相同的。为了区分这两个不同的存储区域,访问时规定了不同的寻址方式,高 128B 只能采用寄存器间接寻址方式访问;特殊功能寄存器只能采用直接寻址方式。此外,高 128B 也可用作堆栈区。

(3) 特殊功能寄存器区 1(SFR:80H～FFH)

特殊功能寄存器区 1 的地址也为 80H～FFH,但 STC8H8K64U 单片机中只有 99 个地址有实际意义,也就是说,STC8H8K64U 单片机在特殊功能寄存器区 1 实际上只有 99 个特殊功能寄存器。特殊功能寄存器是指该 RAM 单元的状态与某一具体的硬件接口电路相关,要么反映了某个硬件接口电路的工作状态,要么决定着某个硬件电路的工作状态。单片机内部 I/O 接口电路的管理与控制就是通过对其相应特殊功能寄存器进行操作与管理的。特殊功能寄存器根据其存储特性的不同又分为两类,即可位寻址特殊功能寄存器与不可位寻址特殊功能寄存器。凡字节地址能够被 8 整除的特殊功能寄存器是可位寻址的,对应可寻址位都有一个位地址,其位地址等于其字节地址加上位号,实际编程时大多采用其位功能符号表示,如 PSW 中的 CY、ACC 等。特殊功能寄存器与其可寻址位都是按直接地址进行寻址的。特殊功能寄存器的映像如表 4.1.3 所示,表中给出了各特殊功能寄存器的符号、地址与复位状态值。

提示:实际汇编语言或 C 语言编程时,用特殊功能寄存器的符号或位地址的符号来表示特殊功能寄存器的地址或位地址。

表 4.1.3　STC8H8K64U 单片机特殊功能寄存器字节地址与位地址表

地址	可位寻址	不可位寻址						
	+0	+1	+2	+3	+4	+5	+6	+7
80H	P0	SP	DPL	DPH	S4CON	S4BUF		PCON
88H	TCON	TMOD	TL0 (RL_TL0)	TL1 (RL_TL1)	TH0 (RL_TH0)	TH1 (RL_TH1)	AUXR	INTCLKO
90H	P1	P1M1	P1M0	P0M1	P0M0	P2M1	P2M0	
98H	SCON	SBUF	S2CON	S2BUF		IRCBAND	LIRTRIM	IRTRIM
A0H	P2	BUS_SPEED	P_SW1					
A8H	IE	SADDR	WKTCL (WKTCL_CNT)	WKTCH (WKTCH_CNT)	S3CON	S3BUF	TA	IE2
B0H	P3	P3M1	P3M0	P4M1	P4M0	IP2	IP2H	IPH
B8H	IP	SADEN	P_SW2		ADC_CONTR	ADC_RES	ADC_RESL	
C0H	P4	WDT_CONTR	IAP_DATA	IAP_ADDRH	IAP_ADDRL	IAP_CMD	IAP_TRIG	IAP_CONTR
C8H	P5	P5M1	P5M0	P6M1	P6M0	SPSTAT	SPCTL	SPDAT
D0H	PSW	T4T3M	T4H (RL_TH4)	T4L (RL_TL4)	T3H (RL_TH3)	T3L (RL_TL3)	T2H (RL_TH2)	T2L (RL_TL2)
D8H					USBCLK		ADCCFG	IP3
E0H	ACC	P7M1	P7M0	DPS	DPL1	DPH1	CMPCR1	CMPCR2
E8H	P6			USBDAT		IP3H	AUXINTIF	
F0H	B			USBCON	IAP_TPS			
F8H	P7			USBADR			RSTCFG	

注:各特殊功能寄存器地址等于行地址加列偏移量;加阴影的特殊功能寄存器是相对于传统 8051 单片机基础上新加的。

① 与运算器相关的寄存器(3 个)。

a. ACC:累加器,它是 STC8H8K64U 单片机中最繁忙的寄存器,用于向算术逻辑部件 ALU 提供操作数,同时许多运算结果也存放在累加器中。实际编程时,ACC 通常用 A 表示,表示寄存器寻址;若用 ACC 表示,则表示直接寻址(仅在 PUSH、POP 指令中使用)。

b. B:寄存器 B,主要用于乘、除法运算。也可作为一般 RAM 单元使用。

c. PSW:程序状态字。

② 指针类寄存器(3 个)。

a. SP:堆栈指针,它是始终指向栈顶。堆栈是一种遵循"先进后出,后进先出"原则存储的存储区域。入栈时,SP 先加 1,数据再压入(存入)SP 指向的存储单元;出栈操作时,先将 SP 指向单元的数据弹出到指定的存储单元中,SP 再减 1。STC8H8K64U 单片机复位时,SP 为 07H,即默认栈底是 08H 单元,实际应用中,为了避免堆栈区域与工作寄存器组、位寻址区域发生冲突,堆栈区域设置在通用 RAM 区域或高 128B 区域。堆栈区域主要用于存放中断或调用子程序时的断点地址和现场参数数据。

　　b. DPTR(16 位):增强型双数据指针,集成了两组 16 位的数据指针。DPTR0 由 DPL 和 DPH 组成,DPTR1 由 DPL1 和 DPH1 组成,用于存放 16 位地址,用于对 16 位地址的程序存储器和扩展 RAM 进行访问。

　　注:在指令中只能以 DPTR 出现,但通过程序控制可实现两组数据指针自动切换以及数据指针自动递增或递减。

　　其余特殊功能寄存器将在相关 I/O 接口章节中讲述。

　　提示:无论是基本 RAM 区的特殊功能寄存器,还是扩展 RAM 区的特殊功能寄存器,各寄存器对应的地址是固定的,但在学习与应用中,并不需要记住它,只需编程时将 STC8H8K64U 特殊功能寄存器地址定义的文件(STC8H. H)包含进去,即可直接使用各特殊功能寄存器符号与可寻址位符号。

　　3) 扩展 RAM(XRAM)

　　(1) 片内扩展 RAM 与片外扩展 RAM。

　　STC8H8K64U 单片机的片内扩展 RAM 空间为 8192B,地址范围为 0000H～1FFFH。扩展 RAM 类似于传统的片外数据存储器,采用访问片外数据存储器的访问指令(助记符为 MOVX)访问扩展 RAM 区域。

　　STC8H8K64U 单片机保留了传统 8051 单片机片外数据存储器(片外扩展 RAM)的扩展功能,但使用时,扩展 RAM 与片外数据存储器不能并存,可通过 AUXR 中的 EXTRAM 进行选择,当 AUXR. 1(EXTRAM)=0(默认状态)选择的是片内扩展 RAM;当 AUXR. 1(EXTRAM)=1 选择的是片外扩展 RAM。扩展片外数据存储器时,要占用 P0 口、P2 口以及 ALE、$\overline{\text{RD}}$ 与 $\overline{\text{WR}}$ 引脚,而使用片内扩展 RAM 时与它们无关。实际应用中,尽量使用片内扩展 RAM,不推荐扩展片外数据存储器。

　　(2) 特殊功能寄存器区 2。

　　特殊功能寄存器区 2 的特殊功能寄存器称为扩展特殊功能寄存器,其地址与扩展 RAM 地址是重叠的,是通过特殊功能寄存器位 P_SW2.7(EAXSFR)来选择的,当 P_SW2.7 (EAXSFR)位为 0 时,扩展 RAM 访问指令(MOVX)访问的是扩展 RAM 地址空间,当 P_SW2.7(EAXSFR)位为 1 时,扩展 RAM 访问指令(MOVX)访问的是扩展特殊功能寄存器空间。STC8H8K64U 单片机的扩展特殊功能寄存器的名称与地址详见表 4.1.4。

表 4.1.4　STC8H8K64U 单片机特殊功能寄存器区 2 寄存器(扩展特殊功能寄存器)与地址的一览表

地　址	+0	+1	+2	+3	+4	+5	+6	+7
FCF0H	MD3	MD2	MD1	MD0	MD5	MD4	ARCON	OPCON
FE00H	CKSEL	CLKDIV	HIRCCR	XOSCCR	IRC32KCR	MCLKOCR	IRCDB	IRC48MCR
FE08H	SPFUNC	RSTFLAG						
FE10H	P0PU	P1PU	P2PU	P3PU	P4PU	P5PU	P6PU	P7PU
FE18H	P0NCS	P1NCS	P2NCS	P3NCS	P4NCS	P5NCS	P6NCS	P7NCS
FE20H	P0SR	P1SR	P2SR	P3SR	P4SR	P5SR	P6SR	P7SR

续表

地　址	+0	+1	+2	+3	+4	+5	+6	+7
FE28H	P0DR	P1DR	P2DR	P3DR	P4DR	P5DR	P6DR	P7DR
FE30H	P0IE	P1IE						
FE80H	I2CCFG	I2CMSCR	I2CMSST	I2CSLCR	I2CSLST	I2CSLADR	I2CTxD	I2CRxD
FE88H	I2CMSAUX							
FE98H	SPFUNC	RSTFLAG						
FEA0H			TM2PS	TM3PS	TM4PS			
FEA8H	ADCTIM				T3T4PIN	ADCEXCFG	CMPEXCFG	
FEB0H	PWMA_ETRPS	PWMA_ENO	PWMA_PS	PWMA_IOAUX	PWMB_ETRPS	PWMB_ENO	PWMB_PS	PWMB_IOAUX
FEC0H	PWMA_CR1	PWMA_CR2	PWMA_SMCR	PWMA_ETR	PWMA_IER	PWMA_SR1	PWMA_SR2	PWMA_EGR
FEC8H	PWMA_CCMR1	PWMA_CCMR2	PWMA_CCMR3	PWMA_CCMR4	PWMA_CCER1	PWMA_CCER2	PWMA_CNTRH	PWMA_CNTRL
FED0H	PWMA_PSCRH	PWMA_PSCRL	PWMA_ARRH	PWMA_ARRL	PWMA_RCR	PWMA_CCR1H	PWMA_CCR1L	PWMA_CCR2H
FED8H	PWMA_CCR2L	PWMA_CCR3H	PWMA_CCR3L	PWMA_CCR4H	PWMA_CCR4L	PWMA_BKR	PWMA_DTR	PWMA_OISR
FEE0H	PWMB_CR1	PWMB_CR2	PWMB_SMCR	PWMB_ETR	PWMB_IER	PWMB_SR1	PWMB_SR2	PWMB_EGR
FEE8H	PWMB_CCMR1	PWMB_CCMR2	PWMB_CCMR3	PWMB_CCMR4	PWMB_CCER1	PWMB_CCER2	PWMB_CNTRH	PWMB_CNTRL
FEF0H	PWMB_PSCRH	PWMB_PSCRL	PWMB_ARRH	PWMB_ARRL	PWMB_RCR	PWMB_CCR1H	PWMB_CCR1L	PWMB_CCR2H
FEF8H	PWMB_CCR2L	PWMB_CCR3H	PWMB_CCR3L	PWMB_CCR4H	PWMB_CCR4L	PWMB_BKR	PWMB_DTR	PWMB_OISR

注：各特殊功能寄存器地址等于行地址加列偏移量。

4）数据 Flash 存储器（EEPROM）

STC8H8K64U 单片机的程序 Flash 存储器与数据 Flash 存储器在物理上是共用一个地址空间的，STC8H8K64U 单片机的数据 Flash 存储器空间理论上为 0000H～FFFFH，实际使用时，程序存放剩余的 Flash ROM 才能用作数据 Flash 存储器（EEPROM）。

数据 Flash 存储器被用作 EEPROM，用来存放一些应用时需要经常修改、掉电后又能保持不变的参数。数据 Flash 存储器的擦除操作是按扇区进行的，在使用时建议同一次修改的数据放在同一个扇区，不是同一次修改的数据放在不同的扇区。在程序中，用户可以对数据 Flash 存储器实现字节读、字节写与扇区擦除等操作。

2. C51 基础

1）C51 变量定义

在使用一个变量或常量之前，必须先对该变量或常量进行定义，指出它的数据类型和存储器类型，以便编译系统为它们分配相应的存储单元。

在 C51 中对变量的定义格式为：

[存储种类]数据类型[存储器类型]变量名表

例如:

```
1        auto      int     data        x;
2                  char    code        y = 0x22;
```

行号 1 中,变量 x 的存储种类、数据类型、存储器类型分别为 auto、int、data。行号 2 中,变量 y 只定义了数据类型和存储器类型,未直接给出存储种类。在实际应用中,对于"存储种类"和"存储器类型"是可选项,默认的存储种类是 auto(自动);如果省略存储器类型时,则按 Keil C 编译器编译模式 SMALL、COMPACT、LARGE 所规定的默认存储器类型确定存储器的存储区域。C 语言允许在定义变量的同时给变量赋初值,如行号 2 中对变量的赋值。

(1)变量的存储种类。

变量的存储种类有 4 种,分别为 auto(自动)、extern(外部)、static(静态)、register(寄存器)。默认变量的存储种类为 auto。

(2)变量的存储器类型。

Keil C 编译器完全支持 8051 系列单片机的硬件结构、可以访问其硬件系统的各个部分,对于各个变量可以准确地赋予其存储器类型,使之能够在单片机内准确定位。Keil C 编译器支持的存储器类型如表 4.1.5 所示。

表 4.1.5 Keil C 编译器支持的存储器类型

存储器类型	说　　明
data	变量分配在低 128B,采用直接寻址方式,访问速度最快
bdata	变量分配在 20H～2FH,采用直接寻址方式,允许位或字节访问
idata	变量分配在低 128B 或高 128B,采用间接寻址方式
pdata	变量分配在 XRAM,分页访问外部数据存储器(256B),用 MOVX @Ri 指令
xdata	变量分配在 XRAM,访问全部外部数据存储器(64KB),用 MOVX @DPTR 指令
code	变量分配在程序存储器(64KB),用 MOVC A,@A+ DPTR 指令访问

(3)Keil C 编译器的编译模式与默认存储器类型。

① SMALL。变量被定义在 8051 单片机的内部数据存储器(data)区中,因此对这种变量的访问速度最快。另外,所有对象,包括堆栈,都必须嵌入内部数据存储器。

② COMPACT。变量被定义在外部数据存储器(pdata)区中,外部数据段长度可达 256B。这时对变量的访问是通过寄存器间接寻址(MOVX @Ri)实现的。采用这种模式编译时,变量的高 8 位地址由 P2 口确定。因此,在采用这种模式的同时,必须适当改变启动程序 STARTUP. A51 中的参数 PDATASTART 和 PDATALEN,用 L51 进行连接时还必须采用控制命令 PDATA 来对 P2 口地址进行定位,这样才能确保 P2 口为所需要的高 8 位地址。

③ LARGE。变量被定义在外部数据存储器(xdata)区中,使用数据指针 DPTR 进行访问。这种访问数据的方法效率是不高的,尤其对于 2 字节或多字节的变量,用这种数据访问方法对程序的代码长度影响非常大。另一个不便之处是数据指针不能对称操作。

2)算术运算符

(1)算术运算符与表达式。

C 语言有以下算术运算符。

① ＋：加法或取正值运算符。

② －：减法或取负值运算符。

③ ＊：乘法运算符。

④ /：除法运算符。

⑤ ％：取余运算符。

(2) 自增和自减运算符与表达式。

① ＋＋：自增运算符。

② －－：自减运算符。

自增和自减运算符是 C 语言中特有的运算符,它们的作用分别是对运算对象作加 1 和减 1 运算,自增和自减运算符只能用于变量,不能用于常数和表达式,自增和自减运算符可以位于变量前面,也可以位于变量的后面,但其功能是不完全相同的。例如:

```
a++    //先使用 a 的值,再执行 a+1 操作
++a    //先执行 a+1 操作,再使用 a 的值
```

(3) 复合赋值运算符。

在赋值运算符"＝"的前面加上其他运算符,就构成了复合赋值运算符。复合赋值运算符首先对变量进行某种运算,然后将运算结果再赋值给该变量。复合运算的一般形式为:

变量　复合赋值运算符　表达式;

C 语言中有以下几种复合赋值运算符。

＋＝　　加法赋值运算符。例如,x＋＝3; 等效于 x＝x＋3;。

－＝　　减法赋值运算符。例如,x－＝3; 等效于 x＝x－3;。

＊＝　　乘法赋值运算符。例如,x＊＝3; 等效于 x＝x＊3;。

/＝　　除法赋值运算符。例如,x/＝3; 等效于 x＝x/3;。

％＝　　取模(余)赋值运算符。例如,x％＝3; 等效于 x＝x％3;。

＞＞＝　　右移位赋值运算符。例如,x＞＞＝3; 等效于 x＝x＞＞3;。

＜＜＝　　左移位赋值运算符。例如,x＜＜＝3; 等效于 x＝x＜＜3;。

＆＝　　逻辑与赋值运算符。例如,a＆＝b; 等效于 a＝a＆b;。

|＝　　逻辑或赋值运算符。例如,a|＝b; 等效于 a＝a|b;。

^＝　　逻辑异或赋值运算。例如,a^＝b; 等效于 a＝a^b;。

～＝　　逻辑非赋值运算符。例如,a～＝b; 等效于 a＝～b;。

3) 指定工作寄存器区

当需要指定函数中使用的工作寄存器区时,使用关键字 using 后跟一个 0～3 的数,对应工作寄存器组 0～3 区。例如:

```
unsigned char GetKey(void) using 2
{
    …                    //用户代码区
}
```

using 后面的数字是 2,说明使用工作寄存器组 2,R0～R7 对应地址为 10H～17H。

4) 函数的定义与调用

函数是 C 语言程序的基本模块,所有的函数在定义时是相互独立的,它们之间是平衡

关系,所以不能在一个函数中定义另一个函数,即不能嵌套定义。函数之间可以相互调用,但不能调用主函数。

　　C语言系统能够提供功能强大、资源丰富的标准函数库,作为使用者在进行程序设计时,应善于利用这些资源,以提高效率,节省开发时间。

　　(1) 函数定义的一般形式。

　　① 格式如下。

```
函数类型标识符 函数名(形式参数类型说明列表)
{
    局部变量定义
    函数体语句
}
```

　　② 说明。

　　函数类型标识符:说明了函数返回值的类型,当"函数类型标识符"缺省时默认为整型。

　　函数名:是程序设计人员自己设计的名字。

　　形式参数类型说明列表:是主调用函数与被调用函数之间传递数据的形式参数,如定义的是无参函数,形式参数类型说明列表用 void 来注明。

　　局部变量定义:是对在函数内部使用的局部变量进行定义。

　　函数体语句:是为完成该函数的特定功能而设置的各种语句。

　　(2) 函数的参数和函数的返回值。

　　① 函数的参数。C语言采用函数之间的参数传递方式,使一个函数能对不同变量进行处理,从而提高函数的通用性与灵活性。在函数调用时,通过主调函数的实际参数与被调函数的形式参数之间进行数据传递来实现函数间参数的传递。

　　② 函数的返回。在被调用函数最后,通过 return 语句返回函数的返回值给主调函数。其格式为:

```
return(表达式);
```

　　对于不需要有返回值的函数,可以将该函数的函数类型定义为 void 类型。为了使程序减少出错,保证函数的正确使用,凡是不要求有返回值的函数,都应将其定义为 void 类型。

　　③ 函数的分类。从函数定义的形式看,可分为无参数函数、有参数函数和空函数 3 种。

　　a. 无参数函数。此种函数在调用时无参数,主调函数并不将数据传送给被调用函数。无参数函数可以返回或不返回函数值,一般以不返回值的居多。

　　b. 有参数函数。调用此种函数时,在主调函数与被调函数之间有参数传递。主调函数可以将数据传送给被调函数使用,被调函数中的数据也可以返回供主调函数使用。

　　c. 空函数。如果定义函数时只给出一对花括号"{ }",不给出局部变量和函数体语句,即函数体内部是空的,则该函数称为空函数。

　　(3) 函数的声明与调用。

　　C语言程序中的函数是可以互相调用的,但不能调用主函数。所谓函数调用,就是在一个函数体中引用另一个已经定义的函数,前者称为主调用函数,后者称为被调用函数。

① 调用函数的一般形式为:

函数名(实际参数列表);

a. 函数名:指出被调用的函数。

b. 实际参数列表:实际参数的作用是将它的值传递给被调用函数中的形式参数,可以包含多个实际参数,各个参数之间用逗号分开。需要注意的是,函数调用中的实际参数与函数定义中的形式参数必须在个数、类型和顺序上严格保持一致,以便将实际参数的值正确地传送给形式参数。如果调用的是无参函数,则可以没有实际参数列表,但圆括号不能省略。

② 在实际编程中,可采用 3 种方式完成函数的调用。

a. 函数语句调用。在主调函数中,将函数调用作为一条语句,例如:

```
Funl();
```

这是无参调用,它不要求被调函数返回一个确定的值。

b. 函数表达式调用。在主调函数中将函数调用作为一个运算对象直接出现在表达式中,这种表达式称为函数表达式,例如:

```
d = power(x , n) + power(y , m);
```

它包括两个函数调用,每个函数调用都有一个返回值,将两个返回值相加的结果赋值给变量 d。因此,这种函数调用方式要求被调用函数返回一个确定的值。

c. 作为函数参数调用。在主调函数中将函数调用作为另一个函数调用的实际参数,例如:

```
m = max( a, max(b, c));
```

max(b, c)是一次函数调用,它的返回值作为函数 max()另一次调用的实参。这种在调用一个函数中又调用一个函数的方式,称为嵌套函数调用。

③ 调用函数必须满足"先声明、后调用"的原则。

a. 调用函数与被调函数应位于同一个程序文件中。

当被调用函数在调用函数前面定义的,可直接调用;当被调用函数在调用函数后面定义的,需要在调用前先声明被调用函数。例如:

```
# include < REG51.H >
# define x P1
void delay(void);              //语句3,声明延时子函数
/ * -------- LED 灯驱动函数 --------- * /
void light(void)
{
    x = ~x;
}

/ * -------- 主函数 --------- * /
void main(void)
{
    while(1)
    {
        light();       //light()位于主函数前面定义,因此可直接调用
```

```
        delay();         //delay()位于主函数后面定义,故调用前必须先声明,见语句3
    }
}
/ — — — — — — — — — — — — — — — — — — /
void delay(void)
{
    unsigned int i,j;
    for(i = 0; i < 500; i++)
    {
        for(j = 0; j < 121; j++)
        {; }
    }
}
```

b. 函数的连接。

当程序中子函数与主函数不在同一个程序文件时,要通过连接的方法实现有效的调用。一般有两种方法,即外部声明与文件包含。

i. 外部声明。设 delay()和 light()两个子函数与调用主函数不在同一个程序文件中,则当主函数要调用 delay()和 light()时,可在调用前进行外部声明。例如:

```
# include < reg51. h >
extern void delay(void);   // 声明该函数在其他文件中
extern void light(void);   //声明该函数在其他文件中
/ — — — — — — — — — — — — — — — — — — /
void main(void)
{
    while(1)
    {
        light();
        delay();
    }
}
```

ii. 文件包含。当主函数需要调用分属在其他程序文件中的子函数时,也可用包含语句将含有该子函数的程序文件包含进来,包含的意思可以理解为将包含文件的内容放在包含语句位置处。

设 delay()和 light()两个子函数是在 test. c 程序文件中定义的,主函数要调用 delay()和 light()时,可用包含语句将 test. c 程序文件包含进来,类似包含头文件的意义。例如:

```
# include < reg51. h >
# include "test.c"
void main(void)
{
    while(1)
    {
        light();
        delay();
    }
}
```

5）局部变量与全局变量

（1）局部变量。

局部变量是指在函数内部定义的变量,只在该函数内部有效。

（2）全局变量。

全局变量是指在程序开始处或各个功能函数的外面所定义的变量,在程序开始处定义的变量在整个程序中有效,可供程序中所有的函数共同使用;在各功能函数外面定义的全局变量只对定义处开始往后的各个函数有效,只有从定义处往后的各个功能函数可以使用该变量。

当有些变量是整个程序都需要使用的,如 LED 数码管的字形码或位码。这时,有关 LED 数码管的字形码或位码的定义就应放在程序开始处。

 任务实施

1. 任务要求

完成 $z=(x+y)\times C$ 的运算。

2. 硬件设计

设 x 数据从 P1 口输入,y 数据从 P3 口输入,运算结果 z 的高 8 位从 P2 口输出,运算结果的低 8 位从 P0 口输出(设运算结果不超过 16 位)。

3. 软件设计

1）程序说明

（1）从运算式可以看出,运算可能会超过 8 位数,变量 z 的数据类型必须是 16 位无符号整型数,存放在片内基本 RAM 中,即 z 变量的定义为“unsigned int data z;”。

（2）C 是常量,必须存放在程序存储器中,并同时赋值。若常量值为 2,即常量 C 的定义为“unsigned char code C=2;”。

2）源程序清单(项目四任务 1.c)

```
# include < stc8h. h >
# include < intrins. h >
# include < gpio. h >
# define uint unsigned int
# define uchar unsigned char
# define x P1
# define y P3
# define outh P2
# define outl P0
uint data z;
uchar code C = 2;
void main(void)
{
        gpio();
        x = 0xff;
        y = 0xff;
        while(1)
```

```
    {
        z = (x + y) * C;
        outl = z;
        outh = z >> 8;
    }
}
```

4. 硬件连线与调试

（1）用 Keil C 编辑、编译程序,生成机器代码文件。

（2）进入 Keil C 调试界面,调出 P0、P1、P2、P3 端口,单击全速运行按钮。

（3）P1 口输入 AAH,P3 口输入 88H,观察 P2、P0 口的输出状态,如图 4.1.3 所示。

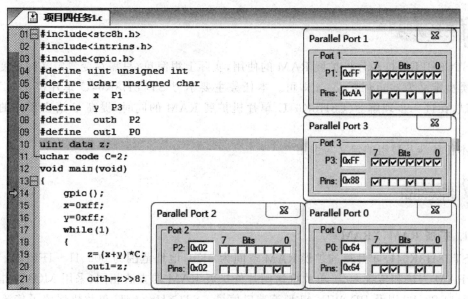

图 4.1.3　Keil C 算术运算调试

（4）按表 4.1.6 所示输入 x 和 y 数据,观察输出结果。

表 4.1.6　算术运算测试表

输　入		运算结果（z）	
x	y	计算值	运行结果值
55H	AAH		
BBH	33H		
F0H	0FH		

任务拓展

设 x、y 输入数据为 BCD 码,编写程序完成 x、y 的 BCD 码的加法运算,输出结果也为 BCD 码,并按表 4.1.7 所示进行调试。

表 4.1.7　BCD 码算术运算测试表

输　　入		运算结果(z)	
x	y	计算值	运行结果值
55	66		
23	82		
63	28		

任务 4.2　STC8H8K64U 单片机扩展 RAM 的测试

任务说明

STC8H8K64U 单片机扩展 RAM 的使用,实际上很简单,只需在变量定义时把变量的存储类型定义为 pdata 或 xdata 即可。本任务主要学习 STC8H8K64U 单片机扩展 RAM 的测试,在进一步理解 STC8H8K64U 单片机扩展 RAM 的同时,提高 C 语言程序的编程能力。

本任务涉及数组的定义与引用。

相关知识

1. 扩展 RAM(XRAM)

STC8H8K64U 单片机的扩展 RAM 空间为 8KB,地址范围为 0000H~1FFFH。访问扩展 RAM 方法和传统 8051 单片机访问片外扩展 RAM 的方法相同(采用 MOVX 指令),但不影响 P0、P2 以及 $\overline{RD}$、$\overline{WR}$、ALE 等端口信号。STC8H8K64U 单片机保留了传统 8051 单片机片外数据存储器的扩展功能,但片内扩展 RAM 与片外数据存储器不能同时使用,可通过 AUXR.1(EXTRAM)控制位进行选择,默认选择的是片内扩展 RAM。扩展片外数据存储器时,要占用 P0 口、P2 口以及 ALE、$\overline{RD}$ 与 $\overline{WR}$ 引脚,但实际应用时,不建议去扩展片外数据存储器,有关更多片外数据存储器扩展的知识就在此忽略了。

STC8H8K64U 单片机片内扩展 RAM 与片外可扩展 RAM 的关系如图 4.2.1 所示。

1) 内部扩展 RAM 的允许访问与禁止访问

内部扩展 RAM 的允许访问与禁止访问是通过 AUXR 的 EXTRAM 控制位进行选择的,AUXR 的格式如下:

	地址	B7	B6	B5	B4	B3	B2	B1	B0	复位值
AUXR	8EH	T0x12	T1x12	UART_M0x6	T2R	T2_C/T	T2x12	EXTRAM	S1ST2	0000 0000

AUXR.1(EXTRAM):内部扩展 RAM 访问控制位。AUXR.1(EXTRAM)=0,允许访问,推荐使用;AUXR.1(EXTRAM)=1,禁止访问,当扩展了片外 RAM 或 I/O 口,使用时应禁止访问内部扩展 RAM。

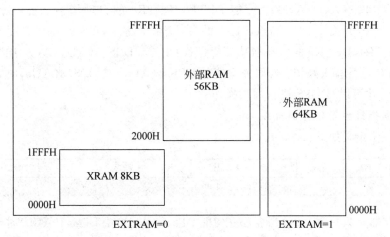

图 4.2.1　STC8H8K64U 单片机片内扩展 RAM 与片外可扩展 RAM 的关系

内部扩展 RAM 通过 MOVX 指令访问,即"MOVX A,@DPTR(或@Ri)"和"MOVX @DPTR(或@Ri),A"指令。在 C 语言中,可使用 xdata 声明存储类型即可,例如:

```
unsigned char xdata i = 0;
```

当超出片内地址时,自动指向片外 RAM。

2)增强型双数据指针的使用

集成了两组 16 位的数据指针。DPTR0 由 DPL 和 DPH 组成,DPTR1 由 DPL1 和 DPH1 组成,用于存放 16 位地址,用于对 16 位地址的程序存储器和扩展 RAM 进行访问。通过对 DPTR 指针控制寄存器 DPS 以及数据指针触发寄存器 TA 的操作,可实现两组数据指针自动切换以及数据指针自动递增或递减等操作。

(1)数据指针控制寄存器 DPS。

DPS 的各位定义如下:

	地址	B7	B6	B5	B4	B3	B2	B1	B0	复位值
DPS	E3H	ID1	ID0	TSL	AU1	AU0	—	—	SEL	0000 0000

DPS.0(SEL):目标 DPTR 的选择控制位,DPS.0(SEL)=0,选择 DPTR0 为目标 DPTR;DPS.0(SEL)=1,选择 DPTR1 为目标 DPTR。

DPS.5(TSL):使能 DPTR1/DPTR0 自动切换(自动对 SEL 取反)功能位,DPS.5(TSL)=0,关闭 DPTR1/DPTR0 自动切换(自动对 SEL 取反)功能;DPS.5(TSL)=1,使能 DPTR1/DPTR0 自动切换(自动对 SEL 取反)功能。

当 DPS.5(TSL)=1 时,每执行一条通过 DPTR 访问存储器的指令后,系统会对 SEL 自动取反。

DPS.7(ID1):选择 DPTR1 自动增减的工作方式,DPS.7(ID1)=0,DPTR1 自动递增;DPS.7(ID1)=1,DPTR1 自动递减。

DPS.6(ID0):选择 DPTR0 自动增减的工作方式,DPS.6(ID0)=0,DPTR0 自动递增;DPS.6(ID0)=1,DPTR0 自动递减。

DPS. 4/DPS. 3(AU1/AU0)：使能 DPTR1/DPTR0 的自动增减功能,DPS. 4/DPS. 3
(AU1/AU0)＝0/0,关闭 DPTR1/DPTR0 的自动增减功能; DPS. 4/DPS. 3(AU1/AU0)＝
1/1,使能 DPTR1/DPTR0 的自动增减功能。若 DPS. 4/DPS. 3(AU1/AU0)同时使能时,就
可直接对 DPS 进行写入操作;若要独立使能 DPS. 4(AU1)或 DPS. 3(AU0)时,就必须先利
用 TA 触发后才可以对 DPS 进行写入操作。

（2）数据指针触发寄存器 TA。

TA 的各位定义如下：

	地址	B7	B6	B5	B4	B3	B2	B1	B0	复位值
TA	AEH									0000 0000

TA 寄存器是只写寄存器,当要独立使能 DPS. 4(AU1)或 DPS. 3(AU0)时,必须按照以
下步骤进行操作。

```
EA = 0;          //关闭中断
TA = 0xAA;       //写入触发命令序列 1
TA = 0x55;       //写入触发命令序列 2
DPS = 0x10;      //独立使能 AU1,但下次独立使能 AU1 或 AU0 时,又需重新触发
EA = 1;          //开中断
```

2. 数组

数组是一组有序数据的集合,数组中每个数据同属一种数据类型。一组同类型的数据
共用一个变量名,数组中元素的次序由下标来确定,下标从 0 开始顺序编号。数组中的各个
元素可以用数组名和下标来唯一确定。数组可以是一维数组、二维数组或多维数组。在 C
语言中数组必须先定义,然后才能使用。

1）一维数组

一维数组的定义格式为：

数据类型[存储器类型]数组名[常量表达式];

其中,"数据类型"说明数组中各元素的数据类型;"存储器类型"是可选项,它指出定义
的数组所在的存储空间;"数组名"是整个数组的变量名;"常量表达式"说明了该数组的长
度,即数组中元素的个数,"常量表达式"必须用方括号"[]"括起来,而且其中不能含有变量。

例如：

```
char math[60];   //定义 math 数组的数据类型为字符型,数组元素个数为 60 个
```

2）二维数组

定义多维数组时,只要在数组名后面增加相应于维数的常量表达式即可。二维数组的
定义格式为：

数据类型[存储器类型]数组名[常量表达式 1][常量表达式 2];

例如,要定义一个 2 行 3 列的整数矩阵 first,就可以按以下定义：

```
int first[2][3];
```

二维数组常用来定义 LED 或 LCD 显示器显示的点阵码。

3）字符数组

基本类型为字符型的数组称为字符数组，字符数组是用来存放字符的。字符中每个元素都是字符，因此可以用字符数组来存放不同长度的字符串。一个一维的字符数组可以存放一个字符串，为了测定字符串的实际长度，C 语言规定以"\0"作为字符串的结束标志，对字符串常量也自动加一个"\0"作为结束符。因此，在定义字符数组时，应使数组长度大于它允许存放的最大字符串长度。

例如，假设要定义一个能存放 9 个字符的字符数组，那么数组的长度至少为 10：

```
char second[10];
```

对于字符数组的访问可以通过数组中的元素逐个访问，也可以对整个数组进行访问。

4）数组元素赋初值

数组的赋值可以通过输入或者赋值语句为单个数组元素赋值来实现，也可以在定义的同时给出元素的值，即数组的初始化：

数据类型[存储器类型]数组名[常量表达式] = {元素值列表};

其中，常量表达式表中按顺序给出了各个数组元素的初值。例如：

```
uchar code SEG7[10] = {0x3f, 0x06,0x5b, 0x4f, 0x66, 0x6d, 0x7d, 0x07, 0x7f, 0x6f};
```

这个数组定义是定义了一个共阴极数码管的显示字形码数组，并同时给出了 0～9 等 10 个数码的字形码数据。

元素值列表可以是数组所有元素的初值，也可以是前面部分元素的初值。

例如：

```
int a[5] = {1,6,9};
```

数组 a 的前 3 个元素 a[0]、a[1]、a[2]分别等于 1、6、9，后两个元素未说明。

当对全部数组元素赋值时，元素个数可以省略，但"[]"不能省略。

例如：

```
char x[] = {'a','b','c'};
```

数组 x 的长度为 3，即 x[0]、x[1]、x[2]分别为字符 a、b、c。

5）数组作为函数的参数

除了可以用变量作函数的参数外，还可以用数组名作函数的参数。一个数组的数组名表示该数组的首地址。数组名作为函数的参数时，此时形式参数和实际参数都是数组名，传递的是整个数组，即形式参数数组和实际参数数组完全相同，是存放在同一空间的同一个数组。这样调用的过程中参数传递方式实际上是地址传递，将实际参数数组的首地址传递给被调函数中形式参数数组。当形式参数数组修改时，实际参数数组也同时被修改了。

用数组作为函数的参数，应该在主调函数和被调函数中分别进行数组定义，而不能只在一方定义数组。而且在两个函数中定义的数组类型必须一致，如果类型不一致将导致编译出错。实参数组和形参数组的长度可以一致也可以不一致，编译器对形参数组的长度不作检查，只是将实参数组的首地址传递给形参数组。如果希望形参数组能得到实参数组的全部元素,则应使两个数组的长度一致。定义形参数组时可以不指定长度,只在数组名后面跟一个空的方括号"[]",但为了在被调函数中处理数组元素的需要,应另外设置一个参数来传递数组元素的个数。

任务实施

1. 任务功能

STC8H8K64U 单片机内部扩展 RAM 的测试,在内部扩展 RAM 选择 256 个单元依次存入 0~255 数据,然后依次读出并与 0~255 进行一一校验,若都相同,说明内部扩展 RAM 完好无损,正确指示灯亮;只要有一组数据不同,停止校验,错误指示灯亮。

2. 硬件设计

采用 LED4 与 LED11 作为测试指示灯,LED4 由 P6.0 控制,LED11 由 P6.1 控制,LED4、LED11 控制电路如附图 4.7 所示。测试正确时点亮 LED4;否则点亮 LED11。

3. 软件设计

(1) 程序说明。

STC8H8K64U 单片机共有 8192B 扩展 RAM,在此,仅对 256B 进行校验。先在指定的起始地址处依次写入数据 0~255,再从指定的起始地址处依次读出数据 0~255,若一致,说明 STC8H8K64U 单片机扩展 RAM 没问题;否则,表示有错。

(2) 源程序清单(项目四任务 2.c)。

```
# include < stc8h.h >        //包含支持 STC8H 系列单片机的头文件
# include < intrins.h >
# include < gpio.h >
# define uchar unsigned char
# define uint unsigned int
sbit ok_led = P6^0;          //LED4
sbit error_led = P6^1;       //LED11
sbit Strobe = P4^0;
uchar xdata ram256[256];     //定义片内 RAM,256B
/* ------------------ 主函数 --------------------- */
void main(void)
{
    uint i;
    gpio();
    Strobe = 0;              //选通 LED 灯
    for(i = 0; i < 256; i++) //先把 RAM 数组以 0~255 填满
    {
        ram256[i] = i;
    }
    for(i = 0; i < 256; i++) //校验
    {
        if(ram256[i]!= i) goto Error;
    }
    ok_led = 0;
```

```
    error_led = 1;
    while(1);                      //结束
Error:
    ok_led = 1;
    error_led = 0;
    while(1);
}
```

4. 系统调试

（1）用 USB 线将 PC 与 STC 大学计划实验箱（9.3）连接。

（2）用 Keil C 编辑、编译"项目四任务 2. c"程序，生成机器代码文件"项目四任务 2. hex"。

（3）运行 STC-ISP 在线编程软件，将"项目四任务 2. hex"下载到 STC 大学计划实验箱（9.3）STC8H8K64U 单片机中，下载完毕自动进入运行模式，观察 LED4、LED11 的运行结果。

（4）修改程序模拟扩展 RAM 出错，并上机调试验证。

 **任务拓展**

修改程序，当检查到扩展 RAM 出错，取出并显示出错扩展 RAM 的地址。

任务 4.3　STC8H8K64U 单片机 EEPROM 的测试

 **任务说明**

STC8H8K64U 单片机的 EEPROM，实际是用 Flash ROM 模拟使用的，本任务通过对 STC8H8K64U 单片机的 EEPROM 测试流程来学习使用 STC8H8K64U 单片机 EEPROM 的使用方法。

 **相关知识**

STC 单片机的 Flash ROM 分成程序 Flash 和数据 Flash 两部分，程序 Flash 就是程序存储器，用来存放程序代码和固定常数；数据 Flash 利用 ISP/IAP 技术用作 EEPROM，用于保存一些需要在应用过程中修改并且掉电不丢失的参数数据，EEPROM 可分为若干个扇区，每个扇区包含 512B，擦写次数在 10 万次以上。

STC 单片机内部 EEPROM 的访问方式有两种，即 IAP 方式和 MOVC 方式。IAP 方式可对 EEPROM 执行读、写、擦除操作，但 MOVC 只能对 EEPROM 进行读操作，而不能进行写和擦除操作。无论是使用 IAP 方式访问 EEPROM 还是使用 MOVC 方式访问 EEPROM，首先都需要设置正确的目标地址。IAP 方式时，目标地址与 EEPROM 实际规划的地址空间是一致的，均是从地址 0000H 开始访问，但若要使用 MOVC 指令读取 EEPROM 数据时，目标地址必须是 Flash ROM 的实际物理地址，即 EEPROM 实际的物理地址是程序存储空间加上 EEPROM 规划的地址空间。

1. STC8H8K64U 单片机内部 EEPROM 的大小与地址

STC8H 单片机的 EEPROM 的空间分配有两种方法：一种是固定分配法，如 STC8H1K16 单片机的 EEPROM 的地址空间固定为 12KB，紧接着是程序存储器空间的 12KB 地址空间；另一种是自定义法，用户可根据自己的需要在整个 Flash 空间中规划出任意不超过 Flash ROM 大小的 EEPROM 空间，但需要注意：EEPROM 总是从后向前进行规划的。

STC8H8K64U 单片机属于自定义的，在下载程序时可选择需要的 EEPROM 的大小，如图 4.3.1 所示，选择的空间为 1KB，EEPROM 的实际 Flash ROM 地址为 FC00H～FFFFH，IAP 访问时 EEPROM 的目标地址为 0000H～03FFH。

图 4.3.1　STC-ISP 选择 EEPROM 的大小

2. EEPROM IAP 访问相关的特殊功能寄存器

STC8H8K64U 单片机是通过一组特殊功能寄存器进行管理与应用 EEPROM 的，各 IAP 特殊功能寄存器格式见表 4.3.1。

表 4.3.1　IAP 功能相关的特殊功能寄存器

符号	名称	B7	B6	B5	B4	B3	B2	B1	B0	复位值
IAP_ DATA	IAP 数据寄存器									11111111
IAP_ ADDRH	IAP 高地址寄存器	高 8 位								00000000
IAP_ ADDRL	IAP 低地址寄存器	低 8 位								00000000
IAP_ CMD	IAP 命令寄存器	—	—	—	—	—	—	MS1	MS0	xxxxxx00
IAP_ TRIG	IAP 命令触发寄存器									00000000
IAP_ CONTR	IAP 控制寄存器	IAPEN	SWBS	SWRST	CMD_ FAIL	—	—	—	—	0000xxxx
IAP_ TPS	IAP 等待时间控制寄存器	—	—	IAPTPS[5：0]						xx000000

（1）IAP_DATA：EEPROM 数据寄存器。

① EEPROM 读操作时，命令执行完成后读出的 EEPROM 数据保存在 IAP_DATA 寄存器中。

② EEPROM 写操作时，在执行写命令前，必须将待写入的数据存放在 IAP_DATA 寄存器中，再发送写命令。

（2）IAP_ADDRH、IAP_ADDRL：IAP 地址寄存器。

IAP 操作的地址寄存器，IAP_ADDRH 用于存放操作地址的高 8 位，IAP_ADDRL 用于存放操作地址的低 8 位。

（3）IAP_CMD：IAP 命令寄存器。

IAP 操作命令模式寄存器，用于设置 IAP 的操作命令，但必须在命令触发寄存器实施触发后方可生效。

IAP_CMD.1(MS1)/IAP_CMD.0(MS0)＝0/0 时，为待机模式，无 IAP 操作。

IAP_CMD.1(MS1)/IAP_CMD.0(MS0)＝0/1 时，读 EEPROM；读取目标地址所在单元数据，并存放在 IAP_DATA 寄存器中。

IAP_CMD.1(MS1)/IAP_CMD.0(MS0)＝1/0 时，编程 EEPROM；将 IAP_DATA 寄存器中数据写入目标地址所在单元。

IAP_CMD.1(MS1)/IAP_CMD.0(MS0)＝1/1 时，EEPROM 扇区擦除，目标地址所在扇区的内容全部变为 FFH。

（4）IAP_TRIG：IAP 命令触发寄存器。

设置完成 EEPROM 读、写、擦除的命令寄存器、地址寄存器、数据寄存器以及控制寄存器后，需要向触发寄存器 IAP_TRIG 依次写入 5AH、A5H（顺序不能交换）两个触发命令来触发相应的读、写、擦除操作。

操作完成后，EEPROM 地址寄存器 IAP_ADDRH、IAP_ADDRL 和 EEPROM 命令寄存器 IAP_CMD 的内容不变。如果接下来要对下一个地址的数据进行操作，需手动更新地址寄存器 IAP_ADDRH 和寄存器 IAP_ADDRL 的值。

（5）IAP_CONTR：IAP Flash 控制寄存器。

IAP_CONTR.7(IAPEN)：IAP 功能允许位。IAP_CONTR.7(IAPEN)＝1，允许 IAP 操作改变 EEPROM；IAP_CONTR.7(IAPEN)＝0，禁止 IAP 操作改变 EEPROM。

IAP_CONTR.6(SWBS)、IAP_CONTR.5(SWRST)：软件复位控制位，在软件复位中已做说明。

IAP_CONTR.4(CMD_FAIL)：IAP 命令触发失败标志。当地址非法时，会引起触发失败，CMD_FAIL 标志为 1，需由软件清 0。

（6）IAP_TPS：EEPROM 擦除等待时间控制寄存器。

需要根据系统时钟频率进行设置，若系统时钟频率为 12MHz，则需要将 IAP_TPS 设置为 12；若系统时钟频率为 24MHz，则需要将 IAP_TPS 设置为 24，其他频率以此类推。当系统时钟频率位于两个档次之间时，IAP_TPS 的设置往系统时钟频率高的档次设置，如系统时钟频率为 18.324MHz，IAP_TPS 可设置为 24。

 任务实施

1. 任务功能

EEPROM 测试。当程序开始运行时，首先点亮工作指示灯，接着进行扇区擦除并检验，若擦除成功，再点亮擦除成功指示灯；然后从 EEPROM 0000H 开始写入数据，写完后再点亮编程成功指示灯；最后进行数据校验，若校验成功，再点亮校验成功指示灯，测试成

功；否则，校验成功指示灯闪烁，表示测试失败。

2. 硬件设计

采用 STC 大学计划实验箱(9.3)电路进行测试，LED17、LED16、LED15、LED14 灯分别用作工作指示灯、擦除成功指示灯、编程成功指示灯、校验成功指示灯(含测试失败指示灯)。

3. 软件设计

1) 程序说明

(1) STC8H8K64U 单片机 EEPROM 的测试，按照擦除、编程、读取与校验的流程进行。

(2) 对 EEPROM 的操作包括擦除、编程与读取，涉及的特殊功能寄存器较多，为了便于程序的阅读与管理，把对 EEPROM 擦除、编程与读取的操作函数放在一起，生成一个 C 文件，并命名为 EEPROM.h，使用时利用包含指令将 EEPROM.h 包含到主文件中，在主文件中就可以直接调用 EEPROM 的相关操作函数了。

2) EEPROM 操作函数源程序清单(EEPROM.h)

```
/* --------------------- 定义 IAP 操作模式字与测试地址 --------------------- */
#define CMD_IDLE    0      //无效模式
#define CMD_READ    1      //读命令
#define CMD_PROGRAM  2     //编程命令
#define CMD_ERASE   3      //擦除命令
#define WAIT_TIME   24     //设置 CPU 等待时间(18.324MHz)
#define IAP_ADDRESS  0x0000//EEPROM 操作起始地址

/* --------------------- 写 EEPROM 字节子函数 --------------------- */
void IapProgramByte(uint addr, uchar dat)    //对字节地址所在扇区擦除
{
    IAP_CONTR = 0x80;      //允许 IAP 操作
    IAP_TPS = WAIT_TIME;   //设置等待时间
    IAP_CMD = CMD_PROGRAM; //送编程命令 0x02
    IAP_ADDRL = addr;      //设置 IAP 编程操作地址
    IAP_ADDRH = addr >> 8;
    IAP_DATA = data;       //设置编程数据
    IAP_TRIG = 0x5a;       //对 IAP_TRIG 先送 0x5a,再送 0xa5 触发 IAP 启动
    IAP_TRIG = 0xa5;
    _nop_();               //稍等待操作完成
    IAP_CONTR = 0x00;      //关闭 IAP 功能
}
/* --------------------- 扇区擦除 --------------------- */
void IapEraseSector(uint addr)
{
    IAP_CONTR = 0x80;      //允许 IAP 操作
    IAP_TPS = WAIT_TIME;   //设置等待时间
    IAP_CMD = CMD_ERASE;   //送扇区删除命令 0x03
    IAP_ADDRL = addr;      //设置 IAP 扇区删除操作地址
    IAP_ADDRL = addr >> 8;
    IAP_TRIG = 0x5a;       //对 IAP_TRIG 先送 0x5a,再送 0xa5 触发 IAP 启动
```

```
    IAP_TRIG = 0xa5;
    _nop_();                   //稍等待操作完成
    IAP_CONTR = 0x00;          //关闭 IAP 功能
}
/* ----------------------- 读 EEPROM 字节子函数 --------------------- */
uchar IapReadByte(uint addr) //形参为高位地址和低位地址
{
    uchar data;
    IAP_CONTR = 0x80;          //允许 IAP 操作
    IAP_TPS = WAIT_TIME;       //设置等待时间
    IAP_CMD = CMD_READ;        //送读字节数据命令 0x01
    IAP_ADDRL = addr;          //设置 IAP 读操作地址
    IAP_ADDRH = addr >> 8;
    IAP_TRIG = 0x5a;           //对 IAP_TRIG 先送 0x5a,再送 0xa5 触发 IAP 启动
    IAP_TRIG = 0xa5;
    _nop_();                   //稍等待操作完成
    data = IAP_DATA;           //返回读出数据
    IAP_CONTR = 0x00;          //关闭 IAP 功能
    return data;
}
```

3) 主函数源程序清单(项目四任务 3.c)

```
# include < stc8h.h >         //包含支持 STC8H 系列单片机的头文件
# include < intrins.h >
# include < gpio.h >
# define uchar unsigned char
# define uint unsigned int
# include < EEPROM.h >        //EEPROM 操作函数文件
sbit Strobe = P4^0;
sbit LED17 = P6^7;
sbit LED16 = P6^6;
sbit LED15 = P6^5;
sbit LED14 = P6^4;
/* ---------- 延时子函数,从 STC - ISP 在线编程软件工具中获取 --------------- */
void Delay500ms()             //@24.000MHz
{
    unsigned char i, j, k;

    _nop_();
    _nop_();
    i = 61;
    j = 225;
    k = 62;
    do
    {
        do
        {
            while ( -- k);
        } while ( -- j);
    } while ( -- i);
```

```
    }

/* ---------------------- 主函数 ---------------------- */
void main()
{
    uint i;
    gpio();
    Strobe = 0;                      //选通 LED 灯
    LED17 = 0;                       //程序运行时,点亮 LED17
    Delay500ms();
    IapEraseSector(IAP_ADDRESS);     //扇区擦除
    for(i = 0; i < 512; i++)
    {
        if(IapReadByte (IAP_ADDRESS + i)!= 0xff)
        goto Error;                  //转错误处理
    }
    LED16 = 0;                       //扇区擦除成功,点亮 LED16
    Delay500ms();
    for(i = 0; i < 512; i++)
    {
        IapProgramByte (IAP_ADDRESS + i, (uchar)i);
    }
    LED15 = 0;                       //编程完成,点亮 LED15
    Delay500ms();
    for(i = 0; i < 512; i++)
    {
        if(IapReadByte(IAP_ADDRESS + i)!= (uchar)i)
        goto Error;                  //转错误处理
    }
    LED14 = 0;                       //编程校验成功,点亮 LED14
    while(1);
Error:                               //若扇区擦除不成功或编程校验不成功,LED14 闪烁
    while(1)
    {
        LED14 = ~LED14;
        Delay500ms();
    }
}
```

4. 硬件连线与调试

(1) 用 USB 线将 PC 与 STC 大学计划实验箱(9.3)连接。

(2) 用 Keil C 编辑 EEPROM.h 程序文件。

(3) 用 Keil C 编辑、编译"项目四任务 3.c"程序,生成机器代码文件"项目四任务3.hex"。

(4) 运行 STC-ISP 在线编程软件,将"项目四任务 3.hex"下载到 STC 大学计划实验箱(9.3)单片机中,下载完毕自动进入运行模式,观察 LED17、LED16、LED15、LED14 的运行结果。

(5) 修改程序,模拟 EEPROM 出错,编辑、编译与调试程序。

(6) 修改程序,将 EEPROM 操作起始地址改为 0200H,编辑、编译与调试程序。

任务拓展

　　将密码 1234 存入 EEPROM 的 0000H、0001H 中,从 P0、P2 读取数据与 EEPROM 的 0000H、0001H 中的数据进行比较,若相等,则 LED17 灯亮;否则,LED16 灯闪烁。试修改程序并上机调试。

习　　题

1. 填空题

　　(1) STC8H8K64U 单片机存储结构的主要特点是_____与数据存储器是分开编址的。

　　(2) 程序存储器用于存放_____、常数数据和_____数据等固定不变的信息。

　　(3) STC8H8K64U 单片机 CPU 中 PC 所指地址空间是_____。

　　(4) STC8H8K64U 单片机的用户程序是从_____单元开始执行的。

　　(5) 程序存储的 0003H～00DDH 单元地址,是 STC8H8K64U 单片机的_____地址。

　　(6) STC8H8K64U 单片机内部存储器在物理上有 3 个互相独立的存储空间:_____、_____和片内扩展的 RAM;在使用上可分为 4 个空间:_____、_____、片内扩展 RAM 和_____。

　　(7) STC8H8K64U 单片机片内基本 RAM 分为低 128B、_____和_____ 3 个部分。低 128B 根据 RAM 作用的差异性,又分为_____、_____和通用 RAM 区。

　　(8) 工作寄存器区的地址空间为_____,位寻址的地址空间为_____。

　　(9) 高 128B 与特殊功能寄存器的地址空间相同,当采用_____寻址方式访问时,访问的是高 128B 地址空间;当采用_____寻址方式访问时,访问的是特殊功能寄存的区域。

　　(10) 特殊功能寄存器中,凡字节地址可以被_____整除的,是可以位寻址的。对应可寻址位都有一个位地址,其位地址等于字节地址加上_____。但实际编程时,采用_____来表示,如 PSW 中的 CY、AC 等。

　　(11) STC 系列单片机的 EEPROM,实际上不是真正的 EEPROM,而是采用_____模拟使用的。STC8H 单片机的 EEPROM 的空间分配有两种方法:一种是固定分配法;另一种是自定义法,用户可根据自己的需要在整个 Flash 空间中规划出任意不超过 Flash ROM 大小的 EEPROM 空间,但需要注意:EEPROM 总是_____进行规划的。STC8H8K64U 单片机属于_____。

　　(12) STC8H8K64U 单片机扩展 RAM 分为内部扩展 RAM 和_____扩展 RAM,但不能同时使用,当 AUXR 中的 EXTRAM 为_____时,选择的是片外扩展 RAM,单片机复位时,EXTRAM＝_____,选择的是_____。

　　(13) STC8H8K64U 单片机程序存储空间的大小是_____,地址范围是_____。

　　(14) STC8H8K64U 单片机扩展 RAM 大小为_____,地址范围是_____。

2．选择题

（1）当 RS1RS0＝01 时，CPU 选择的工作寄存的组是（　　　）组。

    A．0   B．1   C．2   D．3

（2）当 CPU 需选择第 2 组工作寄存的组时，RS1RS0 应设置为（　　　）。

    A．00   B．01   C．10   D．11

（3）当 RS1RS0＝11 时，R0 对应的 RAM 地址为（　　　）。

    A．00H   B．08H   C．10H   D．18H

（4）当 IAP_CMD＝01H 时，ISP/IAP 的操作功能是（　　　）。

    A．无 ISP/IAP 操作   B．对数据 Flash 进行读操作

    C．对数据 Flash 进行编程操作   D．对数据 Flash 进行擦除操作

3．判断题

（1）STC8H8K64U 单片机保留扩展片外程序存储器与片外数据存储器的功能。（　　　）

（2）凡是字节地址能被 8 整除的特殊功能寄存的是可以位寻址的。（　　　）

（3）STC8H8K64U 单片机的 EEPROM 是与用户程序区统一编地址的，空闲的用户程序区可通过 IAP 技术用作 EEPROM。（　　　）

（4）高 128B 与特殊功能寄存器区域的地址是冲突的，当 CPU 采用直接寻址访问的是高 128B，采用寄存的间接寻址访问的是特殊功能寄存的。（　　　）

（5）片内扩展 RAM 和片外扩展 RAM 是可以同时使用的。（　　　）

（6）STC8H8K64U 单片机 EEPROM 是真正的 EEPROM，可按字节擦除数据与按字节读/写数据。（　　　）

（7）STC8H8K64U 单片机 EEPROM 是按扇区擦除数据的。（　　　）

（8）STC8H8K64U 单片机 EEPROM 操作的触发代码是先 A5H 后 5AH。（　　　）

（9）当变量的存储类型定义为 data 时，其访问速度是最快的。（　　　）

4．问答题

（1）高 128B 地址和特殊功能寄存的地址是冲突的，在应用中是如何区分的？

（2）特殊功能寄存器的可寻址位，在应用中其位地址是如何描述的？

（3）内部扩展 RAM 和片外扩展 RAM 是不能同时使用的，应用中是如何选择的？

（4）程序存储的 0000H 单元地址有什么特殊的含义？

（5）0023H 单元地址有什么特殊含义？

（6）简述 STC8H8K64U 单片机 EEPROM 读操作的工作流程。

（7）简述 STC8H8K64U 单片机 EEPROM 擦除操作的工作流程。

（8）简述数据运算与逻辑运算的区别。

（9）若输入是 BCD 码数据，如何实现 BCD 码数据的加法运算？

（10）若乘法的乘数与被乘数都是 8 位二进制数，那么结果的最大值是多少位二进制数？

（11）解释 x/y、x%y 的含义。简述算术运算结果送 LED 数码管显示时，如何分解个位数、十位数、百位数等数字位？

5．程序设计题

（1）在程序存储器中，定义存储共阴极数码管的字形数据：3FH、06H、5BH、4FH、

66H、6DH、7DH、07H、7FH、6FH,并编程将这些字形数据存储到 EEPROM 0000H～0009H 单元中。

（2）编程将数据100存入 EEPROM 0000H 单元和片内扩展 RAM 0100H 单元,读取 EEPROM 0000H 单元内容与片内扩展 RAM 0100H 单元内容比较,若相等,点亮 P6.0 控制的 LED 灯;否则,P6.1 控制的 LED 灯闪烁。

（3）编程读取 EEPROM 0001H 单元中数据,若数据中"1"的个数是奇数,点亮 P6.7 控制的 LED 灯;否则,点亮 P6.6 控制的 LED 灯。

项目5

STC8H8K64U单片机的定时器/计数器

在控制系统中,常常要求有一些定时或延时控制,如定时输出、定时检测和定时扫描等;也往往要求有计数功能,能对外部事件进行计数。

要实现上述功能,一般可用下面3种方法。

(1) 软件定时。让 CPU 循环执行一段程序,以实现软件定时。但软件定时占用了CPU 时间,降低了 CPU 的利用率,因此软件定时的时间不宜太长。

(2) 硬件定时。采用时基电路(如 555 定时芯片),外接必要的元器件(电阻和电容),即可构成硬件定时电路。这种定时电路在硬件连接好以后,定时值和定时范围不能由软件进行控制和修改,即不可编程。

(3) 可编程的定时器。这种定时器的定时值及定时范围可以很容易地用软件来确定和修改,因此功能强、使用灵活,如 8253 可编程芯片。

STC8H8K64U 单片机的硬件上集成有 5 个 16 位的可编程定时器/计数器,即定时器/计数器 0、1、2、3、4,简称 T0、T1、T2、T3 和 T4。

知识点

◇ 定时器/计数器的结构和功能。

◇ 定时器/计数器的初值计算。

◇ 工作方式控制寄存器的初始化。

◇ 可编程时钟输出的原理。

技能点

◇ 定时器/计数器的初值计算。

◇ 工作方式与控制寄存器的初始化。

◇ 定时应用程序的设计和实现。

◇ 计数应用程序的设计和实现。

◇ 可编程时钟输出的应用编程。

任务5.1　STC8H8K64U单片机的定时控制

任务说明

在单片机中的定时(延时)可以采用软件的方法实现,但软件延时完全占用CPU,大大降低了CPU的工作效率。采用单片机内部接口——定时器/计数器就能很好地解决定时的问题,本任务主要学习利用单片机定时器/计数器的定时功能。

相关知识

1. STC8H8K64U单片机定时器/计数器(T0/T1)的结构和工作原理

STC8H8K64U单片机内部有5个16位的定时器/计数器,即T0、T1、T2、T3和T4,但电路结构大同小异。在本章中重点学习T0、T1。

T0、T1的结构框图如图5.1.1所示。TL0、TH0是定时器/计数器T0的低8位、高8位状态值,TL1、TH1是定时器/计数器T1的低8位、高8位状态值。TMOD是T0、T1定时器/计数器的工作方式寄存器,由它确定定时器/计数器的工作方式和功能;TCON是T0、T1定时器/计数器的控制寄存器,用于控制T0、T1的启动与停止以及记录T0、T1的计满溢出标志;AUXR称为辅助寄存器,其中T0x12、T1x12用于设定T0、T1内部计数脉冲的分频系数。P3.4、P3.5分别为定时器/计数器T0、T1的外部计数脉冲输入端。

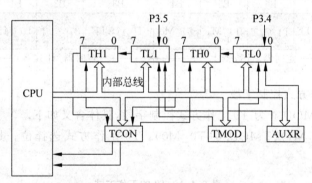

图5.1.1　T0、T1定时器/计数器结构框图

T0、T1定时器/计数器的核心电路是一个加1计数器,如图5.1.2所示。加1计数器的脉冲有两个来源:一个是外部脉冲源,即T0(P3.4)、T1(P3.5);另一个是系统的时钟信号。计数器对两个脉冲源之一进行输入计数,每输入一个脉冲,计数值加1。当计数到计数器为全1时,再输入一个脉冲就使计数值回零,同时使计数器计满溢出标志位TF0或TF1置1,并向CPU发出中断请求。

定时功能:当脉冲源为系统时钟(等间隔脉冲序列)时,由于计数脉冲为一时间基准,脉冲数乘以计数脉冲周期(系统周期或12倍系统周期)就是定时时间。即当系统时钟确定时,计数器的计数值就确定了时间。

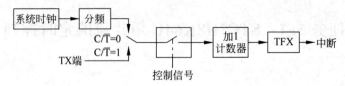

图 5.1.2 STC8H8K64U 单片机计数器电路框图

计数功能：当脉冲源为单片机外部引脚的输入脉冲时，就是外部事件的计数器。如定时器/计数器 T0，在其对应的计数输入端 T0(P3.4)有一个负跳变时，T0 计数器的状态值加 1。外部输入信号的速率是不受限制的，但必须保证给出的电平在变化前至少被采样一次。

可编程时钟输出功能：在图 5.1.2 中未体现出来，是指 T0、T1 的计满溢出脉冲可以通过编程从单片机的 I/O 端口引脚输出，具体详见任务 5.4。

2. STC8H8K64U 单片机定时器/计数器(T0/T1)的控制

STC8H8K64U 单片机内部定时器/计数器(T0/T1)的工作方式和控制由 TMOD、TCON 和 AUXR 这 3 个特殊功能寄存器进行管理。

TMOD：设置定时器/计数器(T0/T1)的工作方式与功能。

TCON：控制定时器/计数器(T0/T1)的启动与停止，并包含定时器/计数器(T0/T1)的计满溢出标志位。

AUXR：设置定时计数脉冲的分频系数。

1) 工作方式寄存器 TMOD

TMOD 为 T0、T1 的工作方式寄存器，其格式如下：

	地址	B7	B6	B5	B4	B3	B2	B1	B0	复位值
TMOD	89H	T1_GATE	T1_C/$\overline{T}$	T1_M1	T1_M0	T0_GATE	T0_C/$\overline{T}$	T0_M1	T0_M0	0000 0000

←———— 定时器/计数器 1 ————→ ←———— 定时器/计数器 0 ————→

(1) T0 的工作方式控制字段。

TMOD.3~TMOD.0 为 T0 工作方式控制字段，具体含义如下。

TMOD.1(T0_M1)、TMOD.0(T0_M0)：T0 工作方式选择位。其定义如表 5.1.1 所示。

表 5.1.1 T0 的工作方式

T0_M1	T0_M0	工作方式	功能 说明
0	0	方式 0	16 位自动重载模式(推荐)：当[TH0,TL0]中的 16 位计数值溢出时，系统会自动将内部 16 位重载寄存器[RL_TH0、RL_TL0]中的重载值装入[TH0,TL0]中
0	1	方式 1	16 位不自动重载模式：当[TH0,TL0]中的 16 位计数值溢出时，定时器 0 将从 0 开始计数
1	0	方式 2	8 位自动重载模式：当 TL0 中的 8 位计数值溢出时，系统会自动将 TH0 中的重载值装入 TL0 中

续表

T0_M1 T0_M0	工作方式	功能说明
1　　1	方式3	16位自动重载模式：与模式0相同，但其中断是不可屏蔽中断，中断优先级最高，高于其他所有中断的优先级，并且不可关闭，可用作操作系统的系统节拍定时器，或者系统监控定时器。唯一可停止的方法是关闭寄存器TCON中的TR0位，停止给定时器0供应时钟

TMOD.2(T0_C/$\overline{\text{T}}$)：T0定时与计数功能选择位。TMOD.2(T0_C/$\overline{\text{T}}$)＝0时，设置为定时工作模式；TMOD.2(T0_C/$\overline{\text{T}}$)＝1时，设置为计数工作模式。

TMOD.3(T0_GATE)：T0门控位。TMOD.3(T0_GATE)＝0时，软件控制位TR0置1即可启动T0定时器/计数器；当TMOD.3(T0_GATE)＝1时，软件控制位TR0置1，同时还需INT0(P3.2)引脚输入为高电平方可启动定时器/计数器，即允许外部中断INT0(P3.2)输入引脚信号参与控制定时器/计数器的启动与停止。

（2）T1的工作方式控制字段。

TMOD.7～TMOD.4为T1工作方式控制字段，具体含义如下。

TMOD.5(T1_M1)、TMOD.4(T1_M0)：T1工作方式选择位。其定义如表5.1.2所示。

表5.1.2　T1的工作方式

T1_M1 T1_M0	工作方式	功能说明
0　　0	方式0	16位自动重载模式（推荐）：当[TH1,TL1]中的16位计数值溢出时，系统会自动将内部16位重载寄存器[RL_TH1、RL_TL1]中的重载值装入[TH1,TL1]中
0　　1	方式1	16位不自动重载模式：当[TH1,TL1]中的16位计数值溢出时，定时器1将从0开始计数
1　　0	方式2	8位自动重载模式：当TL1中的8位计数值溢出时，系统会自动将TH1中的重载值装入TL1中
1　　1	方式3	停止计数

TMOD.6(T1_C/$\overline{\text{T}}$)：T1定时与计数功能选择位。TMOD.6(T1_C/$\overline{\text{T}}$)＝0时，设置为定时工作模式；TMOD.6(T1_C/$\overline{\text{T}}$)＝1时，设置为计数工作模式。

TMOD.7(T1_GATE)：T1门控位。当TMOD.7(T1_GATE)＝0时，软件控制位TR1置1即可启动T1定时器/计数器；当TMOD.7(T1_GATE)＝1时，软件控制位TR1置1，同时还需INT1(P3.3)引脚输入为高电平方可启动定时器/计数器，即允许外部中断INT1(P3.3)输入引脚信号参与控制定时器/计数器的启动与停止。

TMOD不能位寻址，只能用字节指令设置定时器工作方式，高4位定义T1，低4位定义T0。

比如需要设置定时器1工作于方式1定时模式，定时器1的启停与外部中断INT1(P3.3)输入引脚信号无关，则TMOD.5(T1_M1)＝0，TMOD.4(T1_M0)＝1，T1_C/$\overline{\text{T}}$＝0，T1_

GATE＝0,因此,高 4 位应为 0001；定时器 0 未用,低 4 位可随意置数,一般将其设为 0000。因此,设置语句为"TMOD＝0x10;"。

2) 定时器/计数器控制寄存器 TCON

TCON 的作用是控制定时器/计数器的启动与停止,记录定时器/计数器的计满溢出标志以及外部中断的控制。定时器/计数器控制字 TCON 的格式如下：

	地址	B7	B6	B5	B4	B3	B2	B1	B0	复位值
TCON	88H	TF1	TR1	TF0	TR0	IE1	IT1	IE0	IT0	0000 0000

(1) TF1：定时器/计数器 1 溢出标志位。当定时器/计数器 1 计满产生溢出时,由硬件自动置位 TF1,在中断允许时,向 CPU 发出中断请求,中断响应后,由硬件自动清除 TF1 标志。也可通过查询 TF1 标志来判断计满溢出时刻,查询结束后用软件清除 TF1 标志。

(2) TR1：定时器/计数器 1 运行控制位。由软件置 1 或清 0 来启动或关闭定时器/计数器 1。当 TMOD.7(T1_GATE)＝0 时,TR1 置 1 即可启动定时器/计数器 1；当 TMOD.7(T1_GATE)＝1 时,TR1 置 1 且 INT1(P3.3)输入引脚信号为高电平时,方可启动定时器/计数器 1。

(3) TF0：定时器/计数器 0 计满溢出标志位。当定时器/计数器 0 计满产生溢出时,由硬件自动置位 TF0,在中断允许时,向 CPU 发出中断请求,中断响应后,由硬件自动清除 TF0 标志。也可通过查询 TF0 标志来判断计满溢出时刻,查询结束后,用软件清除 TF0 标志。

(4) TR0：定时器/计数器 0 运行控制位。由软件置 1 或清 0 来启动或关闭定时器/计数器 0。当 TMOD.3(T0_GATE)＝0 时,TR0 置 1 即可启动定时器/计数器 0；当 TMOD.3(T0_GATE)＝1 时,TR0 置 1 且 INT0(P3.2)输入引脚信号为高电平时,方可启动定时器/计数器 0。

TCON 中的低 4 位用于控制外部中断,与定时器/计数器无关,留待下文介绍。

TCON 的字节地址为 88H,可以位寻址,清除溢出标志位或启动、停止定时器/计数器都可以用位操作指令实现。

3) 辅助寄存器 AUXR

辅助寄存器 AUXR 的 T0x12、T1x12 用于设定 T0、T1 定时计数脉冲的分频系数。格式如下：

	地址	B7	B6	B5	B4	B3	B2	B1	B0	复位值
AUXR	8EH	T0x12	T1x12	UART_M0x6	T2R	T2_C/T	T2x12	EXTRAM	S1ST2	00000000

(1) AUXR.7(T0x12)：用于设置定时器/计数器 0 定时计数脉冲的分频系数。当 AUXR.7(T0x12)＝0 时,定时计数脉冲完全与传统 8051 单片机的计数脉冲一样,计数脉冲周期为系统时钟周期的 12 倍,即 12 分频；当 AUXR.7(T0x12)＝1 时,计数脉冲为系统时钟脉冲,计数脉冲周期等于系统时钟周期,即无分频。

(2) AUXR.6(T1x12)：用于设置定时器/计数器 1 定时计数脉冲的分频系数。当

AUXR.6(T1x12)=0时,定时计数脉冲完全与传统8051单片机的计数脉冲一样,计数脉冲周期为系统时钟周期的12倍,即12分频;当AUXR.6(T1x12)=1时,计数脉冲为系统时钟脉冲,计数脉冲周期等于系统时钟周期,即无分频。

3. STC8H8K64U单片机定时器/计数器(T0/T1)的工作方式

通过对TMOD的方式字的设置,定时器/计数器有4种工作方式,分别为方式0、方式1、方式2和方式3。其中,定时器/计数器0可以工作在这4种工作方式中的任何一种,而定时器/计数器1只具备方式0、方式1和方式2。下面以定时器/计数器0为例,且考虑到方式0包含了方式1、方式2的功能,而方式3与方式0原理一致,故在此重点学习方式0。

1) 方式0

(1) 工作原理。

方式0是一个可自动重装初始值的16位定时器/计数器,其结构如图5.1.3所示,T0定时器/计数器有两个隐含的寄存器RL_TH0、RL_TL0,用于保存16位定时器/计数器的重装初始值,当TH0、TL0构成的16位计数器计满溢出时,RL_TH0、RL_TL0的值自动装入TH0、TL0中。RL_TH0与TH0共用同一个地址,RL_TL0与TL0共用同一个地址。当TR0=0时,对TH0、TL0寄存器写入数据时,也会同时写入RL_TH0、TL_TL0寄存器中;当TR0=1时,对TH0、TL0写入数据时,只写入RL_TH0、RL_TL0寄存器中,而不会写入TH0、TL0寄存器中,这样不会影响T0的正常计数。

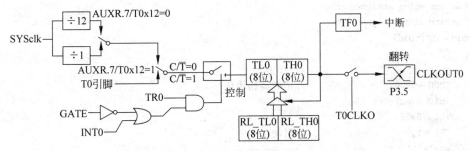

图5.1.3 定时器/计数器的工作方式0

当TMOD.2(T0_C/$\overline{T}$)=0时,多路开关连接系统时钟的分频输出,定时器/计数器0对定时计数脉冲计数,即定时工作方式。由AUXR.7(T0x12)决定如何对系统时钟进行分频,当AUXR.7(T0x12)=0时,使用12分频(与传统8051单片机兼容);当AUXR.7(T0x12)=1时,直接使用系统时钟(即不分频)。

当TMOD.2(T0_C/$\overline{T}$)=1时,多路开关连接外部输入脉冲引脚T0(P3.4),定时器/计数器0对T0引脚输入脉冲计数,即计数工作方式。

门控位TMOD.3(T0_GATE)的作用:一般情况下,应使TMOD.3(T0_GATE)为0,这样,定时器/计数器0的运行控制仅由TR0位的状态确定(TR0为1时启动,TR0为0时停止)。只有在启动计数要由外部输入引脚INT0(P3.2)控制时,才使TMOD.3(T0_GATE)为1。由图5.1.3可知,当TMOD.3(T0_GATE)=1时,TR0为1且INT0引脚输入高电平时,定时器/计数器0才能启动计数。利用TMOD.3(T0_GATE)的这一功能,可以很方便地测量脉冲宽度。

(2) 定时时间的计算。

当T0工作在定时方式时,定时时间的计算公式为

定时时间 $=(2^{16}-$ T0 定时器的初始值) $\times$ 系统时钟周期 $\times 12^{(1-T0\times12)}$

注：传统 8051 单片机定时器/计数器 T0 的方式 0 为 13 位定时器/计数器,没有 RL_TH0、RL_TL0 两个隐含的寄存器,新增的 RL_TH0、RL_TL0 也没有分配新的地址,同理,针对 T1 定时器/计数器增加了 RL_TH1、RL_TL1,用于保存 16 位定时器/计数器的重装初始值,当 TH1、TL1 构成的 16 位计数器计满溢出时,RL_TH1、RL_TL1 的值自动装入 TH1、TL1 中。RL_TH1 与 TH1 共用同一个地址,RL_TL1 与 TL1 共用同一个地址。

例 5.1.1　用 T1 方式 0 实现定时,在 P1.6 引脚输出周期为 10ms 的方波。

解：根据题意,采用 T1 方式 0 进行定时,因此,TMOD＝00H。

因为方波周期是 10ms,因此 T1 的定时时间应为 5ms,每 5ms 就对 P1.6 取反,就可实现在 P1.6 引脚输出周期为 10ms 的方波。系统采用 12MHz 晶振,分频系数为 12,即定时脉钟周期为 $1\mu s$,则 T1 的初值为

$X = 2^{16} -$ 计数值 $= 2^{16} -$ 定时时间/计数脉冲周期 $= 65536 - 5000 = 60536 = EC78H$

即 TH1＝ECH,TL1＝78H。

C 语言参考源程序如下：

```
# include < stc8h. h>          //包含支持 STC8H8K64U 单片机的头文件
# include < intrins. h>
# include < gpio. h>           //I/O 初始化文件
# define uchar unsigned char
# define uint unsigned int
void main(void)
{
    gpio( );                   //I/O 初始化
    TMOD = 0x00;               //定时器初始化
    TH1 = 0xec;
    TL1 = 0x78;
    TR1 = 1;                   //启动 T1
    while(1)
    {
        if(TF1 == 1)           //判断 5ms 定时是否到
        {
            TF1 = 0;
            P16 = !P16;        //5ms 定时,取反输出
        }
    }
}
```

例 5.1.2　用单片机定时器/计数器的定时功能,设计一个时间间隔为 1s 的流水灯电路。

解：设系统时钟为 12MHz,采用 12 分频脉冲为 T0 的计数周期,则计数周期大约为 $1\mu s$,T0 定时器最大定时时间为 65.536ms,远小于 1s,因此,需要采用累计 T0 定时的方法实现 1s 的定时。拟采用 T0 的定时时间为 50ms,累计 20 次,即为 1s。

设流水灯是低电平驱动,采用 P0 口输出进行驱动,初始值为 FEH。

源程序清单如下：

```
# include < stc8h. h>          //包含支持 STC8H8K64U 单片机的头文件
```

```
# include < intrins. h >
# include < gpio. h >              //I/O 初始化文件
# define uchar unsigned char
# define uint unsigned int
uchar cnt = 0;
uchar x = 0xfe;
void Timer0Init(void)    //50ms@12.000MHz,从 STC - ISP 在线编程软件定时器/计数器工具中获得
{
    AUXR & = 0x7F;            //定时器时钟 12T 模式
    TMOD & = 0xF0;            //设置定时器模式
    TL0 = 0xB0;               //设置定时初值
    TH0 = 0x3C;               //设置定时初值
    TF0 = 0;                  //清除 TF0 标志
    TR0 = 1;                  //定时器 0 开始计时
}
void main(void)
{
    gpio();
    Timer0Init();
    P0 = x;
    while(1)
    {
        if(TF0 == 1)
        {
            TF0 = 0;
            cnt++;
            if(cnt == 20)
            {
                cnt = 0;
                x = _crol_(x,1);
                P0 = x;
            }
        }
    }
}
```

2) 方式 1、方式 2、方式 3

(1) 方式 1 是 16 位定时器/计数器。

(2) 方式 2 是可重装初始值的 8 位定时器/计数器。

(3) 方式 3 的定时、计数功能同方式 0,只是用作中断时,是不可屏蔽中断。

方式 0 是可重装初始值的 16 位定时器/计数器,可实现方式 1、方式 2 的功能,而方式 3 的定时、计数功能同方式 0,为此这里仅学习方式 0。

4. STC8H8K64U 单片机定时器/计数器(T0/T1)的定时初始化

STC8H8K64U 单片机的定时器/计数器是可编程的。因此,在利用定时器/计数器进行定时或计数之前,先要通过软件对它进行初始化。

定时器/计数器初始化程序应完成以下工作。

(1) 对 TMOD 赋值,选择 T0、T1,以及选择 T0、T1 的工作状态(是定时还是计数)与工

作方式。

（2）对 AUXR 赋值，确定定时脉冲的分频系数，默认为 12 分频，与传统 8051 单片机兼容。

（3）根据定时时间计算初值，并将其写入 TH0、TL0 或 TH1、TL1。

（4）为中断方式时，对 IE 赋值，开放中断，必要时还需对 IP 操作，确定 T0、T1 中断源的中断优先等级。

（5）置位 TR0 或 TR1，启动 T0 和 T1 开始定时或计数。

提示：STC-ISP 在线编程工具中具有定时器计算功能，用于定时器定时的初始化设置。如图 5.1.4 所示，根据系统要求，输入系统时钟、选用的定时器、定时器模式、定时器时钟以及所需要的定时时间，系统就会自动生成定时器对应的初始化程序（默认是 C 语言程序，若需要汇编程序，单击"生成 ASM 代码"按钮），单击"复制代码"按钮，再粘贴到应用程序中即可。

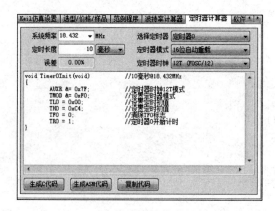

图 5.1.4　STC-ISP 在线编程软件中的定时器生成工具

 **任务实施**

1. 任务要求

用 T0 定时器设计一个秒表。设置一个开关，当开关合上时，定时器停止计时；当开关断开时，开始计时，计到 100 时自动归 0，采用 LED 数码管显示秒表的计时值。

2. 硬件设计

采用 STC 大学计划实验箱（9.3）实现，SW17 用作控制按钮，SW17 按钮电路如附图 4.6 所示，SW17 按钮电路输出连接 P3.2；LED 数码管显示电路如附图 4.8、附图 4.9 所示，P6 输出段码，P7 输出位控制码。

3. 软件设计

1）程序说明

秒信号实现参照例 5.1.2，显示函数详见项目 3 任务 3.4，将 LED 数码管的显示程序 LED_display.h 复制到本项目文件夹，在主程序文件中采用包含命令将 LED_display.h 包含进来，显示缓冲区为 Dis_buf[0]～Dis_buf[7]，Dis_buf[0]为最高位，Dis_buf[7]为最低位,显示函数为 LED_display()。需要显示时,将要显示的数据送到对应显示位的显示缓冲区中,再调用显示函数即可。

注意:STC 大学计划实验箱(9.3)LED 数码管是采用动态显示方式,需要不断地周期性调用显示函数。

2) 主文件(项目五任务 1.c)

```c
# include < stc8h. h>           //包含支持 STC8H8K64U 单片机的头文件
# include < intrins. h>         //I/O 初始化文件
# include < gpio. h>
# define uchar unsigned char
# define uint unsigned int
# include < LED_display. h>
uchar cnt = 0;
uchar second = 0;
sbit SW17 = P3^2;
/* -------------- T0 50ms 初始化函数 ------------------------------ */
void Timer0Init(void)   //50ms@12.000MHz,从 STC - ISP 在线编程软件定时器/计数器工具中获得
{
    AUXR &= 0x7F;            //定时器时钟 12T 模式
    TMOD &= 0xF0;            //设置定时器模式
    TL0 = 0xB0;              //设置定时初值
    TH0 = 0x3C;              //设置定时初值
    TF0 = 0;                 //清除 TF0 标志
    TR0 = 1;                 //定时器 0 开始计时
}
void start(void)
{
    if(SW17 == 1)            //SW17 松开时计时
    {
        TR0 = 1;
    }
    else
        TR0 = 0;             //SW17 合上时停止计时
}
void main(void)
{
    gpio();
    Timer0Init();            //定时器初始化
    while(1)
    {
        LED_display();       //数码管显示
        start();             //启/停控制
        if(TF0 == 1)         //50ms 到了,清零 TF0,50ms 计数变量加 1
        {
            TF0 = 0;
            cnt++;
            if(cnt == 20)    //1s 到了,清零 50ms 计数变量,秒计数变量加 1
            {
                cnt = 0;
                second++;
```

```
                    if(second == 100)    second = 0;      //100s 到了,秒计数变量清 0
                    Dis_buf[7] = second % 10;              //秒计数变量值送显示缓冲区
                    Dis_buf[6] = second/10 % 10;
                }
            }
        }
    }
```

4. 系统调试

(1) 用 USB 线将 PC 与 STC 大学计划实验箱(9.3)连接。

(2) 用 Keil C 编辑、编译程序"项目五任务 1.c",生成机器代码文件"项目五任务 1.hex"。

(3) 运行 STC-ISP 在线编程软件,将"项目五任务 1.hex"下载到 STC 大学计划实验箱(9.3)单片机中,下载完毕自动进入运行模式,观察数码管的显示结果并记录。

当 SW17 松开时,秒表的运行状态。

当 SW17 按住(压下)时,秒表的运行状态。

(1) 计时量程扩展到 1000,并增加高位灭零功能,试修改程序并调试。

(2) 用 T1 定时器设计一个秒表。设置一个开关,当开关断开时,定时器停止计时;当开关从断开到合上时,秒表归零,并从 0 开始计时,计到 100 时自动归 0,增加高位灭零功能。试编写程序,编辑、编译与调试程序。

任务 5.2　STC8H8K64U 单片机的计数控制

本任务主要理解 STC8H8K64U 单片机的定时器/计数器的计数功能,掌握 STC8H8K64U 单片机的定时器/计数器计数的应用编程。

STC8H8K64U 单片机的定时器/计数器的计数一般有两种情况:一是从 0 开始计数,统计脉冲事件的个数,这时计数的初始值为 0;二是计数的循环控制,这种计数控制与定时控制一样,要用到计数溢出标志,计数器的初始值为计满状态值减去循环控制次数。

定时器/计数器计数初始化程序应完成以下工作。

(1) 对 TMOD 赋值,确定 T0 和 T1 为计数状态,推荐采用方式 0。

(2) 置"0"TH0、TL0 或 TH1、TL1。

(3) 置位 TR0 或 TR1,启动 T0 和 T1 开始计数。

 **任务实施**

1. 任务要求

使用 T1 定时器/计数器设计一个脉冲计数器,采用 LED 数码管显示。

2. 硬件设计

采用 STC 大学计划实验箱(9.3)实现,计数脉冲从 T1 引脚(P3.5)输入。

3. 软件设计

(1) 程序说明:T1 采用方式 0 进行计数,计数最大值为 65535,计数值分成万位、千位、百位、十位、个位,送数码管显示,当计数到 65536 时,计数器值返回到 0。

(2) 源程序清单(项目五任务 2.c)。

```
# include < stc8h. h>                //包含支持 STC8H8K64U 单片机的头文件
# include < intrins. h>             //I/O 初始化文件
# include < gpio. h>
# define uchar unsigned char
# define uint unsigned int
# include < LED_display. h>
uint counter = 0;
/ * ---------- 计数器的初始化 ----------------- * /
void Timer1_init(void)
{
    TMOD = 0x40;                      //T1 为方式 0 计数状态
    TH1 = 0x00;
    TL1 = 0x00;
    TR1 = 1;
}


/ * ---------- 主函数(显示程序) ----------- * /
void main(void)
{
    uint temp1,temp2;
    P_SW2 = P_SW2|0x80;               //使能访问扩展特殊功能寄存器
    P3PU = P3PU|0x20;                 //使能 P3.5 引脚的上拉电阻
    P_SW2 = P_SW2&0x7f;
    gpio();
    Timer1_init ();                   //调用计数器初始化子函数
    while(1)                          //用于实现无限循环
    {
        Dis_buf[7] = counter % 10;
        Dis_buf[6] = counter/10 % 10;
        Dis_buf[5] = counter/100 % 10;
        Dis_buf[4] = counter/1000 % 10;
        Dis_buf[3] = counter/10000 % 10;
        LED_display();                //调用显示子函数
        temp1 = TL1;
        temp2 = TH1;                  //读取计数值
        counter = (temp2 << 8) + temp1;  //高、低 8 位计数值合并在 counter 变量中
    }
}
```

4. 硬件连线与调试

（1）用 USB 线将 PC 与 STC 大学计划实验箱（9.3）连接。

（2）用 Keil C 编辑、编译程序"项目五任务 2.c"，生成机器代码文件"项目五任务 2.hex"。

（3）运行 STC-ISP 在线编程软件，将"项目五任务 2.hex"文件下载到 STC 大学计划实验箱（9.3）单片机中，下载完毕自动进入运行模式，观察数码管的显示结果并记录。

① 利用 SW22 按键输入脉冲信号。

② 从 J1 插座的 P3.5 引脚输入通用信号发生器输出的方波信号，J1 插座电路如附图 4.3 所示。

 知识延伸

1. STC8H8K64U 单片机的定时器 T2 的电路结构

T2 是准 24 位定时器，T2 定时时钟源是系统时钟的 8 位预分频器输出。STC8H8K64U 定时器/计数器 T2 的电路结构如图 5.2.1 所示。T2 的电路结构与 T0、T1 基本一致，但 T2 的工作模式固定为 16 位自动重装初始值模式。T2 可以当定时器/计数器用，也可以当串行口的波特率发生器和可编程时钟输出源。

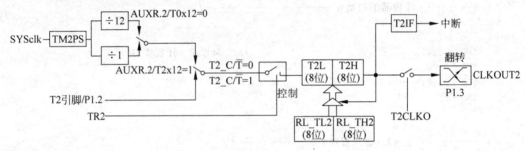

图 5.2.1　定时器 T2 的原理框图

2. STC8H8K64U 单片机的定时器/计数器 T2 的控制寄存器

STC8H8K64U 单片机内部定时器/计数器 T2 状态寄存器是 T2H、T2L，T2 的控制与管理由特殊功能寄存器 AUXR、INTCLKO、IE2 承担。与定时器/计数器 T2 有关的特殊功能寄存器如表 5.2.1 所示。

表 5.2.1　与定时器/计数器 T2 有关的特殊功能寄存器

符　号	名　称	B7	B6	B5	B4	B3	B2	B1	B0	复位值
T2H	T2 状态寄存器	T2 的高 8 位								00000000
T2L	T2 状态寄存器	T2 的低 8 位								00000000
AUXR	辅助寄存器	T0x12	T1x12	UART_M0x6	T2R	T2_C/$\overline{\text{T}}$	T2x12	EXTRAM	S1ST2	00000000

续表

符　号	名　称	B7	B6	B5	B4	B3	B2	B1	B0	复位值
INTCLKO	可编程时钟控制寄存器	—	EX4	EX3	EX2	—	T2CLKO	T1CLKO	T0CLKO	x000x000
IE2	中断允许寄存器2	EUSB	ET4	ET3	ES4	ES3	ET2	ESPI	ES2	00000000
AUXINTIF	中断标志辅助寄存器	—	INT4IF	INT3IF	INT2IF	—	T4IF	T3IF	T2IF	x000x000
TM2PS	T2预分频寄存器									00000000

　　STC8H8K64U单片机内部定时器/计数器T2只有一种工作方式,T0、T1的方式0: 16位自动重装初始值。

　　AUXR.4(T2R):定时器/计数器T2启停控制位,AUXR.4(T2R)=0,定时器/计数器T2停止计数;AUXR.4(T2R)=1,定时器/计数器T2计数。

　　AUXR.3(T2_C/$\overline{T}$):定时、计数工作模式选择控制位,AUXR.3(T2_C/$\overline{T}$)=0,定时器/计数器T2为定时状态,计数脉冲为T2定时时钟或T2定时时钟的12分频信号;AUXR.3(T2_C/$\overline{T}$)=1,定时器/计数器T2为定时状态,计数脉冲为P1.2引脚输入的脉冲信号。

　　AUXR.2(T2x12):定时工作模式时计数脉冲的选择控制位,AUXR.2(T2x12)=0,定时状态时计数脉冲为T2定时时钟的12分频信号;AUXR.2(T2x12)=1,定时状态时计数脉冲为T2定时时钟。

　　INTCLKO.2(T2CLKO)是T2可编程时钟输出控制位,IE2.2(ET2)是T2的中断允许控制位,AUXINTIF.0(T2IF)是T2的中断请求标志位(计数计满溢出标志位)。

　　TM2PS:T2预分频寄存器。T2定时时钟=系统时钟/(TM2PS+1)。

任务拓展

　　使用T2定时器/计数器设计一个脉冲计数器,采用LED数码管显示。

任务5.3　简易频率计的设计与实践

任务描述

　　综合应用STC8H8K64U单片机的定时功能与计数功能,设计与实践一个简易频率计。

相关知识

1. 频率的测量原理

　　频率是指单位时间内通过脉冲的个数。

频率的测量方法：将单片机定时器/计数器 T0、T1 分别用作定时器、计数器，从定时开始，让计数器从 0 开始计数，定时时间到，读取计数器值，计数值除以定时时间则为测量频率值。若定时时间为 1s，则计数器值即为频率值。

2. 定时时间与频率测量范围

设定时时间为 t，计数器计数值为 N，则

$$f = N/t$$

当 $t = 1s$ 时，$f = N$，则测量范围为 $1 \sim 65535\,\text{Hz}$；

当 $t = 0.1s$ 时，$f = N$，则测量范围为 $10 \sim 655350\,\text{Hz}$；

……

但最大的测量值，受单片机计数电路硬件的限制。

 任务实施

1. 简易频率计的硬件设计

采用 STC 大学计划实验箱(9.3)实现，8 位 LED 数码管显示频率值，计数脉冲从 T1 引脚(P3.5)输入。

2. 软件设计

(1) 程序说明。

T0 用作定时器，50ms 作为基本定时，累计 20 次产生 1s 的信号；T1 用作计数器，每 1s 读取 T1 计数器计数值，并转换为十进制送 LED 数码管显示。

(2) 源程序清单(项目五任务 3.c)。

```
# include < stc8h. h >              //包含支持 STC8H 系列单片机的头文件
# include < intrins. h >            //I/O 初始化文件
# include < gpio. h >
# define uchar unsigned char
# define uint unsigned int
# include < LED_display. h >
uint counter = 0;
uchar cnt = 0;
void T0_T1_ini(void)                //T0、T1 的初始化
{
    TMOD = 0x40;                     //T0 方式 0 定时、T1 方式 0 计数
    TH0 = (65536 − 50000)/256;
    TL0 = (65536 − 50000) % 256;
    TH1 = 0x00;
    TL1 = 0x00;
    TR0 = 1;
    TR1 = 1;
}
/ * ---------- 主函数 --------------- * /
void main(void)
{
    uint temp1,temp2;
```

```
    gpio();
    P_SW2 = P_SW2|0x80;
    P3PU = P3PU|0x20;                       //使能 P3.5 引脚的上拉电阻
    P_SW2 = P_SW2&0x7f;
    T0_T1_ini();
    while(1)
    {
        Dis_buf[7] = counter % 10;          //频率值送显示缓冲区
        Dis_buf[6] = counter/10 % 10;
        Dis_buf[5] = counter/100 % 10;
        Dis_buf[4] = counter/1000 % 10;
        Dis_buf[3] = counter/10000 % 10;
        LED_display();                      //数码管显示
        if(TF0 == 1)
        {
            TF0 = 0;
            cnt++;
            if(cnt == 20)                   //1s 到了,清 50ms 计数变量,读 T1 值
            {
                cnt = 0;
                temp1 = TL1;
                temp2 = TH1;                //读取计数值
                TR1 = 0;                    //计数器停止计数后才能对计数器赋值
                TL1 = 0;
                TH1 = 0;
                TR1 = 1;
                counter = (temp2 << 8) + temp1;//高、低 8 位计数值合并在 counter 变量中
            }
        }
    }
}
```

3. 硬件连线与调试

(1) 用 USB 线将 PC 与 STC 大学计划实验箱(9.3)连接。

(2) 用 Keil C 编辑、编译程序"项目五任务 3.c",生成机器代码文件"项目五任务 3.hex"。

(3) 运行 STC-ISP 在线编程软件,将"项目五任务 3.hex"文件下载到 STC 大学计划实验箱(9.3)单片机中,下载完毕自动进入运行模式,观察数码管的显示结果并记录。

① 利用 SW22 按键输出计数脉冲信号。

② 从 J1 插座的 P3.5 引脚输入通用信号发生器输出的方波信号,J1 插座电路如附图 4.3 所示。

 知识延伸

1. STC8H8K64U 单片机的定时器 T3、T4 的电路结构

T3、T4 都是准 24 位定时器,T3、T4 定时时钟源都是系统时钟的 8 位预分频器输出。STC8H8K64U 定时器/计数器 T3、T4 的电路结构如图 5.3.1 和图 5.3.2 所示。T3、T4 的电路结构与 T2 完全一致,其工作模式固定为 16 位自动重装初值模式。T3、T4 可以当定

时器/计数器用,也可以当串行口的波特率发生器和可编程时钟输出源。

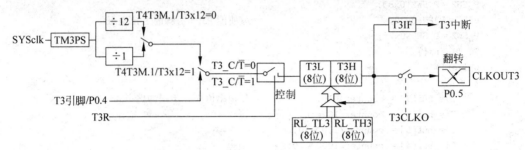

图 5.3.1 定时器/计数器 T3 的原理框图

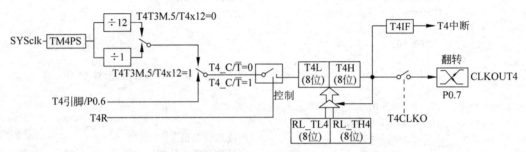

图 5.3.2 定时器/计数器 T4 的原理框图

2. STC8H8K64U 单片机的定时器/计数器 T3、T4 的控制寄存器

STC8H8K64U 单片机内部定时器/计数器 T3 的状态寄存器是 T3H、T3L,T4 的状态寄存器是 T4H、T4L,T3、T4 的控制与管理主要由特殊功能寄存器 T4T3M、IE2 承担。与定时器/计数器 T3、T4 有关的特殊功能寄存器如表 5.3.1 所示。

表 5.3.1 定时器/计数器 T3、T4 有关的特殊功能寄存器

符 号	名 称	B7	B6	B5	B4	B3	B2	B1	B0	复位值
T3H	T3 状态寄存器				T3 的高 8 位					00000000
T3L	T3 状态寄存器				T3 的低 8 位					00000000
T4H	T4 状态寄存器				T4 的高 8 位					00000000
T4L	T4 状态寄存器				T4 的低 8 位					00000000
T4T3M	T3、T4 控制寄存器	T4R	—	T4x12	T4CLKO	T3R	—	T3x12	T3CLKO	00000000
IE2	中断允许寄存器 2	EUSB	ET4	ET3	ES4	ES3	ET2	ESPI	ES2	000000000
AUXINTIF	中断标志辅助寄存器	—	INT4IF	INT3IF	INT2IF	—	T4IF	T3IF	T2IF	x000x000

续表

符　号	名　称	B7	B6	B5	B4	B3	B2	B1	B0	复位值
TM3PS	T3 预分频寄存器									00000000
TM4PS	T4 预分频寄存器									00000000

（1）定时器/计数器 T3 的运行控制。

T4T3M.3(T3R)：定时器/计数器 T3 的启停控制位，T4T3M.3(T3R)＝0，定时器/计数器 T3 停止计数；T4T3M.3(T3R)＝1，定时器/计数器 T3 计数。

T4T3M.2(T3_C/$\overline{T}$)：定时、计数工作模式选择控制位，T4T3M.2(T3_C/$\overline{T}$)＝0，定时器/计数器 T3 为定时状态，计数脉冲为 T3 定时时钟或 T3 定时时钟的 12 分频信号；T4T3M.2(T3_C/$\overline{T}$)＝1，定时器/计数器 T3 为计数状态，计数脉冲为 P0.4 输入引脚的脉冲信号。

T4T3M.1(T3x12)：定时工作模式时计数脉冲的选择控制位，T4T3M.1(T3x12)＝0，定时状态时计数脉冲为 T3 定时时钟的 12 分频信号；T4T3M.1(T3x12)＝1，定时状态时计数脉冲为 T3 定时时钟。

T4T3M.0(T3CLKO)是 T3 可编程时钟输出控制位；IE2.5(ET3)是 T3 的中断允许控制位，AUXINTIF.1(T3IF)是 T3 的中断请求标志位(计数计满溢出标志位)。

TM3PS：T3 预分频寄存器。T3 定时时钟＝系统时钟/(TM3PS＋1)。

（2）定时器/计数器 T4 的运行控制。

T4T3M.7(T4R)：定时器/计数器 T4 的启停控制位，T4T3M.7(T4R)＝0，定时器/计数器 T4 停止计数；T4T3M.7(T4R)＝1，定时器/计数器 T4 计数。

T4T3M.6(T4_C/$\overline{T}$)：定时、计数工作模式选择控制位，T4T3M.6(T3_C/$\overline{T}$)＝0，定时器/计数器 T4 为定时状态，计数脉冲为 T4 定时时钟或 T4 定时时钟的 12 分频信号；T4T3M.6(T4_C/$\overline{T}$)＝1，定时器/计数器 T4 为计数状态，计数脉冲为 P0.6 输入引脚的脉冲信号。

T4T3M.5(T4x12)：定时工作模式时计数脉冲的选择控制位，T4T3M.5(T4x12)＝0，定时状态时计数脉冲为 T4 定时时钟的 12 分频信号；T4T3M.5(T4x12)＝1，定时状态时计数脉冲为 T4 定时时钟。

T4T3M.4(T4CLKO)是 T4 可编程时钟输出控制位；IE2.6(ET4)是 T4 的中断允许控制位，AUXINTIF.2(T4IF)是 T4 的中断请求标志位(计数计满溢出标志位)。

TM4PS：T4 预分频寄存器。T4 定时时钟＝系统时钟/(TM4PS＋1)。

任务拓展

修改"项目五任务 3.c"程序，将计数器改为 T3 或 T4 实现，并增加高位灭零功能。

任务 5.4　STC8H8K64U 单片机的可编程时钟输出

任务说明

STC8H8K64U 单片机除主时钟可编程输出外，STC8H8K64U 单片机的 T0、T1、T2、

T3、T4 定时器也可编程输出时钟信号。本任务主要学习可编程时钟输出的原理及应用编程。

 相关知识

很多实际应用系统需要给外围器件提供时钟,如果单片机能提供可编程时钟输出功能,不但可以降低系统成本,缩小 PCB 板的面积,当不需要时钟输出时还可关闭时钟输出。这样不但降低了系统的功耗,而且减轻时钟对外的电磁辐射。STC8H8K64U 单片机增加了 CLKOUT0(P3.5)、CLKOUT1(P3.4)、CLKOUT2(P1.3)、CLKOUT3(P0.5)和 CLKOUT4(P0.7)这 5 个可编程时钟输出引脚。CLKOUT0(P3.5)的输出时钟频率由定时器/计数器 T0 控制,CLKOUT1(P3.4)的输出时钟频率由定时器/计数器 T1 控制,相应地 T0、T1 定时器需要工作在方式 0、方式 2 或方式 3(自动重装数据模式),CLKOUT2(P1.3)的输出时钟频率由定时器/计数器 T2 控制、CLKOUT3(P0.5)的输出时钟频率由定时器/计数器 T3 控制、CLKOUT4(P0.7)的输出时钟频率由定时器/计数器 T4 控制。

1. 可编程时钟输出的控制

5 个定时器的可编程时钟输出由 INTCLKO 和 T4T3M 特殊功能寄存器进行控制,INTCLKO、T4T3M 的相关控制位定义如表 5.4.1 所示。

表 5.4.1　INTCLKO、T4T3M 特殊功能寄存器

符　　号	名　称	B7	B6	B5	B4	B3	B2	B1	B0	复位值
INTCLKO	可编程时钟控制寄存器	—	EX4	EX3	EX2	—	T2CLKO	T1CLKO	T0CLKO	x000x000
T4T3M	T3、T4控制寄存器	T4R	—	T4x12	T4CLKO	T3R	—	T3x12	T3CLKO	0x000x00

INTCLKO.0(T0CLKO):定时器/计数器 T0 可编程时钟输出控制位,INTCLKO.0(T0CLKO)=0,定时器/计数器 T0 可编程时钟禁止输出;INTCLKO.0(T0CLKO)=1,定时器/计数器 T0 可编程时钟从 P3.5 引脚输出,当 T0 计数计满溢出时,P3.5 端口的电平自动发生翻转。

INTCLKO.1(T1CLKO):定时器/计数器 T1 可编程时钟输出控制位,INTCLKO.1(T1CLKO)=0,定时器/计数器 T1 可编程时钟禁止输出;INTCLKO.1(T1CLKO)=1,定时器/计数器 T1 可编程时钟从 P3.4 引脚输出,当 T1 计数计满溢出时,P3.4 端口的电平自动发生翻转。

INTCLKO.2(T2CLKO):定时器/计数器 T2 可编程时钟输出控制位,INTCLKO.2(T2CLKO)=0,定时器/计数器 T2 可编程时钟禁止输出;INTCLKO.2(T2CLKO)=1,定时器/计数器 T2 可编程时钟从 P1.3 引脚输出,当 T2 计数计满溢出时,P1.3 端口的电平自

动发生翻转。

T4T3M.0(T3CLKO)：定时器/计数器 T3 可编程时钟输出控制位,T4T3M.0(T3CLKO)=0,定时器/计数器 T3 可编程时钟禁止输出；T4T3M.0(T3CLKO)=1,定时器/计数器 T3 可编程时钟从 P0.5 引脚输出,当 T3 计数计满溢出时,P0.5 端口的电平自动发生翻转。

T4T3M.4(T4CLKO)：定时器/计数器 T4 可编程时钟输出控制位,T4T3M.4(T4CLKO)=0,定时器/计数器 T4 可编程时钟禁止输出；T4T3M.4(T4CLKO)=1,定时器/计数器 T4 可编程时钟从 P0.7 引脚输出,当 T4 计数计满溢出时,P0.7 端口的电平自动发生翻转。

2. 可编程时钟输出频率的计算

可编程时钟输出频率为定时器/计数器溢出率的二分频信号。

下面以定时器 T0 为例,分析定时器可编程时钟输出频率的计算方法：

$$P3.5 \text{ 输出时钟频率}(CLKOUT0) = \frac{1}{2} T0 \text{ 溢出率}$$

T0 的溢出率就是 T0 定时时间的倒数,调整可编程时钟输出频率实际上就是设置定时器的定时时间,因此,进一步可推断出 T0 定时时间就是可编程时钟的输出周期的 1/2,T0 定时时间的设置可利用 STC-ISP 在线编程软件中定时器计算工具进行计算与设置。

 **任务实施**

1. 任务要求

利用 STC8H8K64U 单片机的 T0 输出一个 10Hz 的脉冲信号。

2. 硬件设计

采用 LED4 显示 T0 输出的可编程时钟,LED4 的控制输出端是 P6.0,T0 的可编程时钟输出端是 P3.5,直接用软件将 P3.5 的输出送 P6.0 输出。

3. 软件设计

(1) 程序说明。

T0 可编程时钟输出频率是 T0 溢出率的 1/2。T0 工作在方式 0 定时状态,当 T0 定时时间为 0.05s 时,T0 输出的可编程时钟频率为 10Hz。T0 的初始化程序采用 STC-ISP 在线编程工具获得。

(2) 源程序清单(项目五任务 4.c)。

```c
# include < stc8h. h>                    //包含支持 STC8H 系列单片机的头文件
# include < intrins. h>
# include < gpio. h>
# define uchar unsigned char
# define uint unsigned int
sbit LED4 = P6^0;
sbit Strobe = P4^0;
/* --------- T0 的初始化 --------------- */
void Timer0Init(void)                    //50ms@11.0592MHz
```

```
{
    AUXR &= 0x7F;                          //定时器时钟 12T 模式
    TMOD &= 0xF0;                          //设置定时器模式
    TL0 = 0x00;                            //设置定时初始值
    TH0 = 0x4C;                            //设置定时初始值
    TF0 = 0;                               //清除 TF0 标志
    TR0 = 1;                               //定时器 0 开始计时
}
/* ---------- 主函数 ------------ */
void main(void)
{
    gpio();
    Strobe = 0;                            //使能 LED 指示灯电源
    Timer0Init();                          //调用 T0 初始化子函数
    INTCLKO = INTCLKO|0x01;                //允许 T0 输出时钟信号
    while(1)LED4 = P35;
}
```

4. 系统调试

（1）用 USB 线将 PC 与 STC 大学计划实验箱（9.3）连接。

（2）用 Keil C 编辑、编译程序"项目五任务 4.c"，生成机器代码文件"项目五任务 4.hex"。

（3）运行 STC-ISP 在线编程软件，将"项目五任务 4.hex"文件下载到 STC 大学计划实验箱（9.3）单片机中，下载完毕自动进入运行模式，观察 LED 灯的状态并记录。

① J1 插座的 P3.5 引脚（J1 插座电路如附图 4.3 所示）连接示波器，测量 T0 定时器的输出时钟频率。

② 修改程序，采用 T1 输出时钟信号，并测试。

③ 修改程序，采用 T2 输出时钟信号，并测试。

任务拓展

综合任务 5.3 和任务 5.4 的内容。利用 T0、T1 设计一个频率计，采用数码管显示频率值，T2 输出可编程时钟，利用自己频率计测量 T2 输出的可编程时钟。设置两个开关 K1、K2，当 K1、K2 都断开时，T2 输出 10Hz 信号；当 K1 断开、K2 合上时，T2 输出 100Hz 信号；当 K1 合上、K2 断开时，T2 输出 1000Hz 信号；当 K1、K2 都合上时，T2 输出 10kHz 信号。画出硬件电路图，编写程序并上机调试。

习   题

1. 填空题

（1）STC8H8K64U 单片机有＿＿＿＿个 16 位定时器/计数器。

（2）T0 定时器/计数器的外部计数脉冲输入引脚是＿＿＿＿，可编程序时钟输出引脚是＿＿＿＿。

（3）T1 定时器/计数器的外部计数脉冲输入引脚是＿＿＿＿，可编程序时钟输出引脚是_____。

（4）T2 定时器/计数器的外部计数脉冲输入引脚是_____,可编程序时钟输出引脚是_____。

（5）STC8H8K64U 单片机定时器/计数器的核心电路是_____,T0 工作于定时状态时,计数电路的计数脉冲是_____,T0 工作于计数状态时,计数电路的计数脉冲是_____。

（6）T0 定时器/计数器计满溢出标志是_____,启停控制位是_____。

（7）T1 定时器/计数器计满溢出标志是_____,启停控制位是_____。

（8）T0 有_____种工作方式,T1 有_____种工作方式,工作方式选择字是_____,无论是 T0 还是 T1,当处于工作方式 0 时,它们是_____位定时器/计数器。T0 工作在方式 3 时,它是_____位_____初始值的定时器/计数器。

2. 选择题

（1）当 TMOD=25H 时,T0 工作于方式（　　）状态。

　　A. 2,定时　　　　　　B. 1,定时　　　　　　C. 1,计数　　　　　　D. 0,定时

（2）当 TMOD=01H 时,T1 工作于方式（　　）状态。

　　A. 0,定时　　　　　　B. 1,定时　　　　　　C. 0,计数　　　　　　D. 1,计数

（3）当 TMOD=00H、T0x12 为 1 时,T0 的计数脉冲是（　　）。

　　A. 系统时钟　　　　　　　　　　　　B. 系统时钟的 12 分频信号

　　C. P3.4 引脚输入信号　　　　　　　　D. P3.5 引脚输入信号

（4）当 TMOD=04H、T1x12 为 0 时,T1 的计数脉冲是（　　）。

　　A. 系统时钟　　　　　　　　　　　　B. 系统时钟的 12 分频信号

　　C. P3.4 引脚输入信号　　　　　　　　D. P3.5 引脚输入信号

（5）当 TMOD=80H 时,（　　）,T1 启动。

　　A. TR1=1

　　B. TR0=1

　　C. TR1 为 1 且 INT0 引脚(P3.2)输入为高电平

　　D. TR1 为 1 且 INT1 引脚(P3.3)输入为高电平

（6）在 TH0=01H,TL0=22H,TR0=1 的状态下,执行"TH0=0x3c；TL0=0xb0";语句后,TH0、TL0、RL_TH0、RL_TL0 的值分别为（　　）。

　　A. 3CH,B0H,3CH,B0H　　　　　　B. 01H,22H,3CH,B0H

　　C. 3CH,B0H,不变,不变　　　　　　D. 01H,22H,不变,不变

（7）在 TH0=01H、TL0=22H、TR0=0 的状态下,执行"TH0=0x3c；TL0=0xb0;"语句后,TH0、TL0、RL_TH0、RL_TL0 的值分别为（　　）。

　　A. 3CH,B0H,3CH,B0H　　　　　　B. 01H,22H,3CH,B0H

　　C. 3CH,B0H,不变,不变　　　　　　D. 01H,22H,不变,不变

（8）INTCLKO 可设置 T0、T1、T2 的可编程脉冲的输出。当 INTCLKO=05H 时,（　　）。

　　A. T0、T1 允许可编程脉冲输出,T2 禁止

　　B. T0、T2 允许可编程脉冲输出,T1 禁止

  C. T1、T2 允许可编程脉冲输出,T0 禁止

  D. T1 允许可编程脉冲输出,T0、T2 禁止

3. 判断题

(1) STC8H8K64U 单片机定时器/计数器的核心电路是计数器电路。(　　)

(2) STC8H8K64U 单片机定时器/计数器定时状态时,其计数脉冲是系统时钟。(　　)

(3) STC8H8K64U 单片机 T0 定时器/计数器的中断请求标志是 TF0。(　　)

(4) STC8H8K64U 单片机定时器/计数器的计满溢出标志与中断请求标志是不同的标志位。(　　)

(5) STC8H8K64U 单片机 T0 定时器/计数器的启停仅受 TR0 控制。(　　)

(6) STC8H8K64U 单片机 T1 定时器/计数器的启停不仅受 TR0 控制,还与其 GATE 控制位有关。(　　)

4. 问答题

(1) STC8H8K64U 单片机定时器/计数器的定时与计数工作模式,有什么相同点和不同点?

(2) STC8H8K64U 单片机定时器/计数器的启停控制原理是什么?

(3) STC8H8K64U 单片机 T0 定时器/计数器方式 0 时,定时时间的计算公式是什么?

(4) 当 TMOD=00H 时,T0x12 为 1 时,T0 定时 10ms 时,T0 的初始值应是多少?

(5) TR0=1 与 TR0=0 时,对 TH0、TL0 的赋值有什么不同?

(6) T2 定时器/计数器与 T0、T1 有什么不同?

(7) T0、T1、T2 定时器/计数器都可以编程输出时钟,简述如何设置且从哪个端口输出时钟信号?

(8) T0、T1、T2 定时器/计数器可编程输出时钟是如何计算的? 如果不使用可编程时钟,建议关闭可编程时钟输出,这是基于什么考虑的?

(9) 简述 T0 方式 3 工作模式的工作特性与应用。

(10) TM2PS、TM3PS、TM4PS 分别称作什么特殊功能寄存器? 其作用分别是什么?

5. 程序设计题

(1) 利用 T0 进行定时设计一个 LED 闪烁灯,高电平时间为 600ms,低电平时间为 400ms,编写程序并上机调试。

(2) 利用 T1 定时设计一个 LED 流水灯,时间间隔为 500ms,编写程序并上机调试。

(3) 利用 T0 测量脉冲宽度,脉宽时间采用 LED 数码管显示。画出硬件电路图,编写程序并上机调试。

(4) 利用 T2 的可编程时钟输出功能,输出频率为 1000Hz 的时钟信号。编写程序并上机调试。

(5) 利用 T1 设计一个倒计时秒表,采用 LED 数码管显示。

① 倒计时时间可设置为 60s 和 90s。

② 具备启停控制功能。

③ 倒计时归零,声光提示。

画出硬件电路图,编写程序并上机调试。

STC8H8K64U单片机的中断系统

中断的概念是在20世纪50年代中期提出的,是计算机中一项很重要的技术,它既和硬件有关也和软件有关。正是因为有了中断技术,才使计算机的工作更加灵活、效率更高。现代计算机中操作系统实现的管理调度,其物质基础就是丰富的中断功能和完善的中断系统。一个CPU资源要面向多个任务,出现资源竞争,而中断技术实质上是一种资源共享技术。中断技术的出现使计算机的发展和应用大大推进了一步。所以,中断功能的强弱已成为衡量一台计算机功能完善与否的重要指标。

中断系统是为使CPU具有对外界紧急事件的实时处理能力而设置的。

实时控制、故障自动处理往往采用中断系统,单片机与外围设备间传送数据及实现人机联系也常采用中断方式。中断系统的应用使单片机的功能更强、效率更高,使用更加方便灵活。

知识点

◇ 中断的基本概念。

◇ 中断源、中断控制、中断响应过程的基本概念。

◇ 中断系统的功能和使用方法。

技能点

◇ 定时中断的应用与编程。

◇ 外部中断的应用与编程。

任务6.1 定时器中断的应用编程

任务说明

中断技术是计算机的重要技术,定时器又是实时测量、实时控制的重要组成部分。本任务主要学习中断的概念、中断工作过程以及STC8H8K64U单片机中断的控制与管理,侧重学习定时中断的应用编程。

 相关知识

1. 中断系统概述

1) 中断系统的几个概念

(1) 中断。

中断是指程序执行过程中,允许外部或内部事件通过硬件打断程序的执行,使其转向为处理外部或内部事件的中断服务程序中去,完成中断服务程序后,CPU 返回继续执行被打断的程序。图 6.1.1 所示为中断响应过程的示意图,一个完整的中断过程包括 4 个步骤,即中断请求、中断响应、中断服务与中断返回。

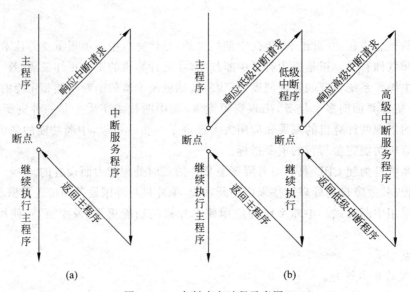

图 6.1.1 中断响应过程示意图

打个比方,当一位经理正处理文件时,电话铃响了(中断请求),他不得不在文件上做一个记号(断点地址,即返回地址),暂停工作,去接电话(响应中断),并处理"电话请求"(中断服务),然后,再静下心来(恢复中断前状态),接着处理文件(中断返回)……

(2) 中断源。

引起 CPU 中断的根源或原因称为中断源。中断源向 CPU 提出的处理请求称为中断请求或中断申请。

(3) 中断优先级。

当有几个中断源同时申请中断时,就存在 CPU 先响应哪个中断请求的问题。为此,CPU 要对各中断源确定一个优先顺序,称为中断优先级。此外,为了能灵活调整各中断源的优先顺序,以及实现中断嵌套功能,可编程指定各中断源的中断优先等级,中断优先级高的中断请求优先得到响应。

(4) 中断嵌套。

中断优先级高的中断请求可以中断 CPU 正在处理的优先级更低的中断服务程序,待完成了中断优先级高的中断服务程序之后,再继续执行被打断的优先级低的中断服务程序,

这就是中断嵌套,如图 6.1.1(b)所示。

2) 中断的技术优势

(1) 解决了快速 CPU 和慢速外设之间的矛盾,可使 CPU 和外设并行工作。

由于计算机应用系统的许多外部设备速度较慢,可以通过中断的方法来协调快速 CPU 与慢速外部设备之间的工作。

(2) 可及时处理控制系统中许多随机参数和信息。

依靠中断技术能实现实时控制。实时控制要求计算机能及时完成被控对象随机提出的分析和计算任务。在自动控制系统中,要求各控制参量随机地在任何时刻都可向计算机发出请求,CPU 必须做出快速响应并及时处理。

(3) 具备了处理故障的能力,提高了机器自身的可靠性。

由于外界的干扰、硬件或软件设计中存在问题等因素,在实际运行中会出现硬件故障、运算错误、程序运行故障等问题,有了中断技术,计算机就能及时发现故障并自动处理。

(4) 实现人机联系。

比如通过键盘向计算机发出中断请求,可以实时干预计算机的工作。

3) 中断系统需要解决的问题

中断技术的实现依赖于一个完善的中断系统,中断系统需要解决的问题主要有以下几个。

(1) 当有中断请求时,需要有一个寄存器能把中断源的中断请求记录下来。

(2) 能够对中断请求信号进行屏蔽,灵活地对中断请求信号实现屏蔽与允许的管理。

(3) 当有中断请求时,CPU 能及时响应中断,停下正在执行的任务,自动转去处理中断服务子程序,中断服务处理后能返回到断点处继续处理原先的任务。

(4) 当有多个中断源同时申请中断时,应能优先响应优先级高的中断源,实现中断优先级的控制。

(5) 当 CPU 正在执行低优先级中断源中断服务程序时,若这时优先级比它高的中断源也提出中断请求,要求能暂停执行低优先级中断源的中断服务程序转去执行更高优先级中断源的中断服务程序,从而实现中断嵌套,并能逐级正确返回原断点处。

2. STC8H8K64U 单片机的中断系统

一个中断的工作过程包括中断请求、中断响应、中断服务与中断返回 4 个阶段,下面按照中断系统工作过程介绍 STC8H8K64U 单片机的中断系统。

1) STC8H8K64U 单片机的中断请求

如图 6.1.2 所示,STC8H8K64U 单片机的中断系统有 22 个中断源,除外部中断 2、外部中断 3、定时器 2 中断、定时器 3 中断、定时器 4 中断固定是最低优先级中断外,其他的中断都具有 4 个中断优先级可以设置,可实现四级中断服务嵌套。由 IE、IE2、INTCLKO 等特殊功能寄存器控制 CPU 是否响应中断请求;由中断优先级寄存器 IP、IPH 和 IP2、IP2H 安排各中断源的优先级;同一优先级内 2 个以上中断同时提出中断请求时,由内部的查询逻辑确定其响应次序。STC8H8K64U 单片机的中断资源如表 6.1.1 所示。

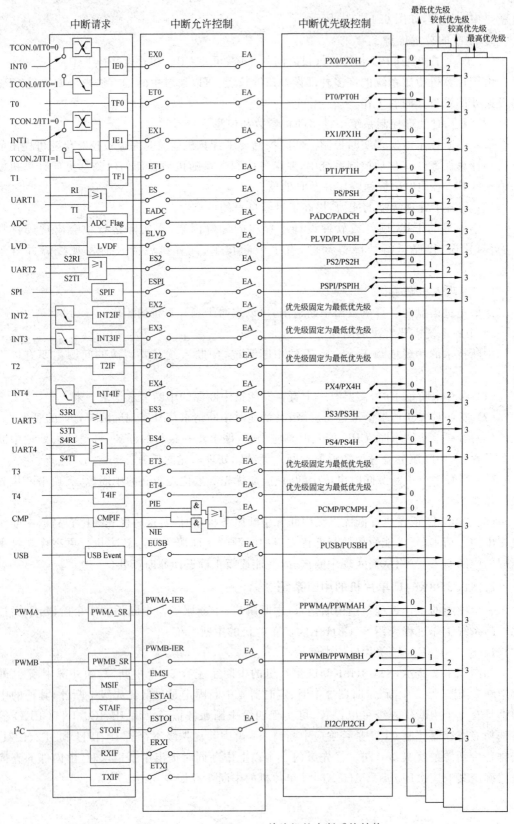

图 6.1.2 STC8H8K64U 单片机的中断系统结构

表 6.1.1 STC8H8K64U 单片机的中断资源表

中断源	中断向量	中断号	中断请求标志位	中断允许位	中断优先级设置位	中断优先级
INT0(P3.2)	0003H	0	IE0	EX0	PX0H、PX0	0/1/2/3
Timer0	000BH	1	TF0	ET0	PT0H、PT0	0/1/2/3
INT1(P3.3)	0013H	2	IE1	EX1	PX1H、PX1	0/1/2/3
Timer1	001BH	3	TF1	ET1	PT1H、PT1	0/1/2/3
UART1	0023H	4	TI+RI	ES	PSH、PS	0/1/2/3
ADC	002BH	5	ADC_FLAG	EADC	PADCH、PADC	0/1/2/3
LVD	0033H	6	LVDF	ELVD	PLVDH、PLVD	0/1/2/3
UART2	0043H	8	S2TI+S2RI	ES2	PS2H、PS2	0/1/2/3
SPI	004BH	9	SPIF	ESPI	PSPIH、PSPI	0/1/2/3
INT2(P3.6)	0053H	10	INT2F	EX2	—	0
INT3(P3.7)	005BH	11	INT3F	EX3	—	0
Timer2	0063H	12	T2IF	ET2	—	0
INT4(P3.0)	0083H	16	INT4IF	EX4	PX4H、PX4	0/1/2/3
UART3	008BH	17	S3TI+S3RI	ES3	PS3H、PS3	0/1/2/3
UART4	0093H	18	S4TI+S4RI	ES4	PS4H、PS4	0/1/2/3
Timer3	009BH	19	T3IF	ET3	—	0
Timer4	00A3H	20	T4IF	ET4	—	0
CMP	00ABH	21	CMPIF	PIE‖NIE	PCMPH、PCMP	0/1/2/3
I²C	00C3H	24	MSIF	EMSI	PI2CH、PI2C	0/1/2/3
			STAIF	ESTAI		
			RXIF	ERXI		
			TXIF	ETXI		
			STOIF	ESTOI		
USB	00CBH	25	USB Event	EUSB	PUSBH、PUSB	0/1/2/3
PWMA	00D3H	26	PWMA_SR	PWMA_IER	PPWMAH、PPWMA	0/1/2/3
PWMB	00DDH	27	PWMB_SR	PWMB_IER	PPWMBH、PPWMB	0/1/2/3

　　STC8H8K64U 单片机有 22 个中断源,为降低学习难度,提高学习效率,下面仅介绍通用中断,包括外部中断、定时器中断、串口中断及低压检测中断,其他接口电路中断将在相应的接口技术章节中学习。

　　(1)中断源。

　　① 外部中断。包括外部中断 0、外部中断 1、外部中断 2、外部中断 3 和外部中断 4。

　　a. 外部中断 0(INT0):中断请求信号由 P3.2 引脚输入。通过 IT0 来设置中断请求的触发方式。当 IT0 为"1"时,外部中断 0 为下降沿触发;当 IT0 为"0"时,无论是上升沿还是下降沿,都会引发外部中断 0。一旦输入信号有效,则置位 IE0 标志,向 CPU 申请中断。

　　b. 外部中断 1(INT1):中断请求信号由 P3.3 引脚输入。通过 IT1 来设置中断请求的触发方式。当 IT1 为"1"时,外部中断 1 为下降沿触发;当 IT1 为"0"时,无论是上升沿还是下降沿,都会引发外部中断1。一旦输入信号有效,则置位 IE1 标志,向 CPU 申请中断。

c. 外部中断 2($\overline{INT2}$):中断请求信号由 P3.6 引脚输入,下降沿触发,一旦输入信号有效,则向 CPU 申请中断。

d. 外部中断 3($\overline{INT3}$):中断请求信号由 P3.7 引脚输入,下降沿触发,一旦输入信号有效,则向 CPU 申请中断。

e. 外部中断 4($\overline{INT4}$):中断请求信号由 P3.0 引脚输入,下降沿触发,一旦输入信号有效,则向 CPU 申请中断。

② 定时器中断。

a. 定时器/计数器 T0 溢出中断:当定时器/计数器 T0 计数产生溢出时,定时器/计数器 T0 中断请求标志位 TF0 置位,向 CPU 申请中断。

b. 定时器/计数器 T1 溢出中断:当定时器/计数器 T1 计数产生溢出时,定时器/计数器 T1 中断请求标志位 TF1 置位,向 CPU 申请中断。

c. 定时器/计数器 T2 中断:当定时器/计数器 T2 计数产生溢出时,即向 CPU 申请中断。

d. 定时器/计数器 T3 中断:当定时器/计数器 T3 计数产生溢出时,即向 CPU 申请中断。

e. 定时器/计数器 T4 中断:当定时器/计数器 T4 计数产生溢出时,即向 CPU 申请中断。

③ 串行口中断。

a. 串行口 1 中断:当串行口 1 接收完一串行帧时置位 RI 或发送完一串行帧时置位 TI,向 CPU 申请中断。

b. 串行口 2 中断:当串行口 2 接收完一串行帧时置位 S2CON.0(S2RI)或发送完一串行帧时置位 S2CON.1(S2TI),向 CPU 申请中断。

c. 串行口 3 中断:当串行口 3 接收完一串行帧时置位 S3CON.0(S3RI)或发送完一串行帧时置位 S3CON.1(S3TI),向 CPU 申请中断。

d. 串行口 4 中断:当串行口 4 接收完一串行帧时置位 S4CON.0(S4RI)或发送完一串行帧时置位 S4CON.1(S4TI),向 CPU 申请中断。

④ 片内电源低压检测中断。当检测到电源电压为低电压时,则置位 PCON.5(LVDF)。上电复位时,由于电源电压上升有一个过程,低压检测电路会检测到低电压,置位 PCON.5(LVDF),向 CPU 申请中断。单片机上电复位后,PCON.5(LVDF)=1,若需应用 PCON.5(LVDF),则需先对 PCON.5(LVDF)清 0,若干个系统时钟后,再检测 PCON.5(LVDF)。

(2) 中断请求标志。

STC8H8K64U 单片机外部中断 0、外部中断 1、定时器 T0 中断、定时器 T1 中断、串行口 1 中断、低压检测中断等中断源的中断请求标志分别寄存在 TCON、SCON、PCON 中,详见表 6.1.2。此外,外部中断 2($\overline{INT2}$)、外部中断 3($\overline{INT3}$)和外部中断 4($\overline{INT4}$)的中断请求标志位以及定时器 T2、T3、T4 的中断请求标志位位于 AUXINTIF 中。

表 6.1.2　STC8H8K64U 单片机常用中断源的中断请求标志位

符　号	名　称	B7	B6	B5	B4	B3	B2	B1	B0	复位值
TCON	定时器控制寄存器	TF1	TR1	TF0	TR0	IE1	IT1	IE0	IT0	00000000
AUXINTIF	辅助中断请求标志寄存器	—	INT4IF	INT3IF	INT2IF	—	T4IF	T3IF	T2IF	x000x000
SCON	串行口1控制寄存器	SM0/FE	SM1	SM2	REN	TB8	RB8	TI	RI	00000000
S2CON	串行口2控制寄存器	S2SM0	—	S2SM2	S2REN	S2TB8	S2RB8	S2TI	S2RI	0x000000
S3CON	串行口3控制寄存器	S3SM0	S3ST3	S3SM2	S3REN	S3TB8	S3RB8	S3TI	S3RI	00000000
S4CON	串行口4控制寄存器	S4SM0	S4ST4	S4SM2	S4REN	S4TB8	S4RB8	S4TI	S4RI	00000000
PCON	电源控制寄存器	SMOD	SMOD0	LVDF	POF	GF1	GF0	PD	IDL	00000000

① 外部中断的中断请求标志。

a. 外部中断 0。

IE0：外部中断 0 的中断请求标志。当 INT0(P3.2)引脚的输入信号满足中断触发要求(由 IT0 控制)时,置位 IE0,外部中断 0 向 CPU 申请中断。中断响应后中断请求标志会自动清 0。

IT0：外部中断 0 的中断触发方式控制位。

当 IT0=1 时,外部中断 1 为下降沿触发方式。在这种方式下,若 CPU 检测到 INT0 (P3.2)出现下降沿信号,则认为有中断申请,随即使 IE0 标志置位。

当 IT0=0 时,外部中断 0 为上升沿触发和下降沿触发这一触发方式。在这种方式下,无论 CPU 检测到 INT0(P3.2)引脚出现下降沿信号还是上升沿信号,都认为有中断申请,随即使 IE0 标志置位。

b. 外部中断 1。

IE1：外部中断 1 的中断请求标志。当 INT1(P3.3)引脚的输入信号满足中断触发要求(由 IT1 控制)时,置位 IE1,外部中断 1 向 CPU 申请中断。中断响应后中断请求标志会自动清 0。

IT1：外部中断 1(INT1)中断触发方式控制位。

当 IT1=1 时,外部中断 1 为下降沿触发方式。在这种方式下,若 CPU 检测到 INT1 (P3.3)输入端出现下降沿信号,则认为有中断申请,随即使 IE1 标志置位。

当 IT1=0 时,外部中断 1 为上升沿触发和下降沿触发这一触发方式。在这种方式下,无论 CPU 检测到 INT1 引脚出现下降沿信号还是上升沿信号,都认为有中断申请,随即使

IE1 标志置位。

c. 外部中断 2、外部中断 3 与外部中断 4。

AUXINTIF.4(INT2IF)：外部中断 2 的中断请求标志。若 CPU 检测到 INT2(P3.6)输入端出现下降沿信号，则认为有中断申请，随即使 INT2IF 标志置 1。中断响应后中断请求标志会自动清 0。

AUXINTIF.5(INT3IF)：外部中断 3 的中断请求标志。若 CPU 检测到 INT3(P3.7)输入端出现下降沿信号，则认为有中断申请，随即使 INT3IF 标志置 1。中断响应后中断请求标志会自动清 0。

AUXINTIF.6(INT4IF)：外部中断 4 的中断请求标志。若 CPU 检测到 INT3(P3.0)输入端出现下降沿信号，则认为有中断申请，随即使 INT4IF 标志置 1。中断响应后中断请求标志会自动清 0。

② 定时器中断的中断请求标志。

TF0：T0 的溢出中断请求标志。T0 被启动计数后，从初值做加 1 计数，计满溢出后由硬件置位 TF0，同时向 CPU 发出中断请求，此标志一直保持到 CPU 响应中断后才由硬件自动清 0。

TF1：T1 的溢出中断请求标志。T1 被启动计数后，从初值做加 1 计数，计满溢出后由硬件置位 TF1，同时向 CPU 发出中断请求，此标志一直保持到 CPU 响应中断后才由硬件自动清 0。

AUXINTIF.0(T2IF)：T2 的溢出中断请求标志。T2 被启动计数后，从初值做加 1 计数，计满溢出后由硬件置位 T2IF，同时向 CPU 发出中断请求，此标志一直保持到 CPU 响应中断后才由硬件自动清 0。

AUXINTIF.1(T3IF)：T3 的溢出中断请求标志。T3 被启动计数后，从初值做加 1 计数，计满溢出后由硬件置位 T3IF，同时向 CPU 发出中断请求，此标志一直保持到 CPU 响应中断后才由硬件自动清 0。

AUXINTIF.2(T3IF)：T4 的溢出中断请求标志。T4 被启动计数后，从初值做加 1 计数，计满溢出后由硬件置位 T4IF，同时向 CPU 发出中断请求，此标志一直保持到 CPU 响应中断后才由硬件自动清 0。

③ 串行口的中断请求标志。

a. 串行口 1 的中断请求标志。

TI：串行口 1 发送中断请求标志。CPU 将数据写入发送缓冲器 SBUF 时就启动发送，每发送完一个串行帧，硬件将使 TI 置位。但 CPU 响应中断时并不清除 TI，必须由软件清除。

RI：串行口 1 接收中断请求标志。在串行口允许接收时，每接收完一个串行帧，硬件将使 RI 置位。同样，CPU 在响应中断时不会清除 RI，必须由软件清除。

b. 串行口 2 的中断请求标志。

S2CON.1(S2TI)：串行口 2 发送中断请求标志。CPU 将数据写入发送缓冲器 S2BUF 时就启动发送，每发送完一个串行帧，硬件将使 S2CON.1(S2TI)置位。但 CPU 响应中断时并不清除 S2CON.1(S2TI)，必须由软件清除。

S2CON.0(S2RI)：串行口 2 接收中断请求标志。在串行口 2 允许接收时，每接收完一个串行帧，硬件将使 S2CON.0(S2RI)置位。同样，CPU 在响应中断时不会清除 S2CON.0(S2RI)，必须由软件清除。

c. 串行口 3 的中断请求标志。

S3CON.1(S3TI)：串行口 3 发送中断请求标志。CPU 将数据写入发送缓冲器 S3BUF 时就启动发送，每发送完一个串行帧，硬件将使 S3TI 置位。但 CPU 响应中断时并不清除 S3TI，必须由软件清除。

S3CON.0(S3RI)：串行口 3 接收中断请求标志。在串行口 3 允许接收时，每接收完一个串行帧，硬件将使 S3CON.0(S3RI)置位。同样，CPU 在响应中断时不会清除 S3CON.0 (S3RI)，必须由软件清除。

d. 串行口 4 的中断请求标志。

S4CON.1(S4TI)：串行口 4 发送中断请求标志。CPU 将数据写入发送缓冲器 S4BUF 时就启动发送，每发送完一个串行帧，硬件将使 S4CON.1(S4TI)置位。但 CPU 响应中断时并不清除 S4CON.1(S4TI)，必须由软件清除。

S4CON.0(S4RI)：串行口 4 接收中断请求标志。在串行口 4 允许接收时，每接收完一个串行帧，硬件将使 S4CON.0(S4RI)置位。同样，CPU 在响应中断时不会清除 S4CON.0 (S4RI)，必须由软件清除。

④ 低压检测中断。

PCON.5(LVDF)：片内电源低电压检测中断请求标志。当检测到低电压时，置位 PCON.5(LVDF)，但 CPU 响应中断时并不清除 PCON.5(LVDF)，必须由软件清除。

（3）中断允许的控制。

计算机中断系统有两种不同类型的中断：一类称为非屏蔽中断；另一类称为可屏蔽中断。对非屏蔽中断，用户不能用软件的方法加以禁止，一旦有中断申请，CPU 必须予以响应，定时器 T0 工作在方式 3 时就属于非屏蔽中断。对可屏蔽中断，用户可以通过软件方法来控制是否允许某中断源的中断请求，允许中断称中断开放，不允许中断称中断屏蔽。STC8H8K64U 单片机的 22 个中断除定时器 T0 工作在方式 3 时为非屏蔽中断外，其他都属于可屏蔽中断。常用中断源的中断允许控制位如表 6.1.3 所示。

表 6.1.3　STC8H8K64U 单片机的中断允许控制位

符　号	名　称	B7	B6	B5	B4	B3	B2	B1	B0	复位值
IE	中断允许寄存器	EA	ELVD	EADC	ES	ET1	EX1	ET0	EX0	00000000
IE2	中断允许寄存器 2	EUSB	ET4	ET3	ES4	ES3	ET2	ESPI	ES2	00000000
INTCLKO	可编程时钟控制寄存器	—	EX4	EX3	EX2	—	T2CLKO	T1CLKO	T0CLKO	x000x000

① EA：总中断允许控制位。

EA＝1，开放 CPU 中断，各中断源的允许和禁止需再通过相应的中断允许位单独加以控制。

EA＝0，禁止所有中断。

② EX0：外部中断 0(INT0)中断允许位。

EX0＝1，允许外部中断 0 中断。

EX0＝0，禁止外部中断 0 中断。

③ ET0：定时器/计数器 T0 中断允许位。

ET0=1,允许 T0 中断。

ET0=0,禁止 T0 中断。

注意：当 T0 工作在方式 3 时，T0 中断是不可屏蔽中断。

④ EX1：外部中断 1(INT1)中断允许位。

EX1=1,允许外部中断 1 中断。

EX1=0,禁止外部中断 1 中断。

⑤ ET1：定时器/计数器 T1 中断允许位。

ET1=1,允许 T1 中断。

ET1=0,禁止 T1 中断。

⑥ ES：串行口 1 中断允许位。

ES=1,允许串行口 1 中断。

ES=0,禁止串行口 1 中断。

⑦ ELVD：片内电源低压检测中断(LVD)的中断允许位。

ELVD=1,允许 LVD 中断。

ELVD=0,禁止 LVD 中断。

⑧ INTCLKO.4(EX2)：外部中断 2($\overline{\text{INT2}}$)中断允许位。

INTCLKO.4(EX2)=1,允许外部中断 2 中断。

INTCLKO.4(EX2)=0,禁止外部中断 2 中断。

⑨ INTCLKO.5(EX3)：外部中断 3($\overline{\text{INT3}}$)中断允许位。

INTCLKO.5(EX3)=1,允许外部中断 3 中断。

INTCLKO.5(EX3)=0,禁止外部中断 3 中断。

⑩ INTCLKO.6(EX4)：外部中断 4($\overline{\text{INT4}}$)中断允许位。

INTCLKO.6(EX4)=1,允许外部中断 4 中断。

INTCLKO.6(EX4)=0,禁止外部中断 4 中断。

⑪ IE2.2(ET2)：定时器/计数器 T2 中断允许位。

IE2.2(ET2)=1,允许 T2 中断。

IE2.2(ET2)=0,禁止 T2 中断。

⑫ IE2.5(ET3)：定时器/计数器 T3 中断允许位。

IE2.5(ET3)=1,允许 T3 中断。

IE2.5(ET3)=0,禁止 T3 中断。

⑬ IE2.6(ET4)：定时器/计数器 T4 中断允许位。

IE2.6(ET4)=1,允许 T4 中断。

IE2.6(ET4)=0,禁止 T4 中断。

⑭ IE2.0(ES2)：串行口 2 中断允许位。

IE2.0(ES2)=1,允许串行口 2 中断。

IE2.0(ES2)=0,禁止串行口 2 中断。

⑮ IE2.3(ES3)：串行口 3 中断允许位。

IE2.3(ES3)=1,允许串行口 3 中断。

IE2.3(ES3)=0,禁止串行口 3 中断。

⑯ IE2.4(ES4)：串行口 4 中断允许位。

IE2.4(ES4)＝1,允许串行口 4 中断。

IE2.4(ES4)＝0,禁止串行口 4 中断。

STC8H8K64U 单片机系统复位后,所有中断源的中断允许控制位以及 CPU 中断控制位(EA)均被清 0,即禁止所有中断。

一个中断要处于允许状态必须满足两个条件:一是总中断(CPU 中断)允许位 EA 为 1;二是该中断的中断允许位为 1。

(4) 中断优先的控制。

STC8H8K64U 单片机常用中断中除外部中断 2($\overline{\text{INT2}}$)、外部中断 3($\overline{\text{INT3}}$)、T2 中断、T3 中断、T4 中断的中断优先级固定为低优先级以外,其他中断都具有 4 个中断优先级,可实现四级中断服务嵌套。各中断的中断优先级设置控制位分布在 IPH/IP、IPH2/IP2、IPH3/IP3 3 组寄存器中,详见表 6.1.4。下面着重介绍常见(与 8051 单片机兼容)的 5 个中断的中断优先级设置,其他以此类推。

表 6.1.4 STC8H8K64U 单片机的中断优先级控制寄存器

符号	名称	B7	B6	B5	B4	B3	B2	B1	B0	复位值
IPH	高中断优先寄存器	PPCAH	PLVDH	PADCH	PSH	PT1H	PX1H	PT0H	PX0H	00000000
IP	中断优先寄存器	PPCA	PLVD	PADC	PS	PT1	PX1	PT0	PX0	00000000
IP2H	高中断优先寄存器 2	PUSBH	PI2CH	PCMPH	PX4H	PPWM2H	PPWM1H	PSPIH	PS2H	00000000
IP2	中断优先寄存器 2	PUSB	PI2C	PCMP	PX4	PPWMB	PPWMA	PSPI	PS2	00000000
IP3H	高中断优先寄存器 3	—	—	—	—	—	—	PS4H	PS3H	xxxxxx00
IP3	中断优先寄存器 2	—	—	—	—	—	—	PS4	PS3	xxxxxx00

① IPH.0(PX0H)、PX0:外部中断 0 中断优先级控制位。

IPH.0(PX0H)/PX0＝0/0,外部中断 0 为 0 级(最低优先级)。

IPH.0(PX0H)/PX0＝0/1,外部中断 0 为 1 级。

IPH.0(PX0H)/PX0＝1/0,外部中断 0 为 2 级。

IPH.0(PX0H)/PX0＝1/1,外部中断 0 为 3 级(最高优先级)。

② IPH.1(PT0H)、PT0:定时器/计数器 T0 中断的中断优先级控制位。

IPH.1(PT0H)/PT0＝0/0,定时器/计数器 T0 中断为 0 级(最低优先级)。

IPH.1(PT0H)/PT0＝0/1,定时器/计数器 T0 中断为 1 级。

IPH.1(PT0H)/PT0＝1/0,定时器/计数器 T0 中断为 2 级。

IPH.1(PT0H)/PT0＝1/1,定时器/计数器 T0 中断为 3 级(最高优先级)。

③ IPH.2(PX1H)、PX1:外部中断 1 中断优先级控制位。

IPH.2(PX1H)/PX1＝0/0,外部中断 1 为 0 级(最低优先级)。

IPH.2(PX1H)/PX1＝0/1,外部中断1为1级。

IPH.2(PX1H)/PX1＝1/0,外部中断1为2级。

IPH.2(PX1H)/PX1＝1/1,外部中断1为3级(最高优先级)。

④ IPH.3(PT1H)、PT1:定时器/计数器T1中断优先级控制位。

IPH.3(PT1H)/PT1＝0/0,定时器/计数器T1中断为0级(最低优先级)。

IPH.3(PT1H)/PT1＝0/1,定时器/计数器T1中断为1级。

IPH.3(PT1H)/PT1＝1/0,定时器/计数器T1中断为2级。

IPH.3(PT1H)/PT1＝1/1,定时器/计数器T1中断为3级(最高优先级)。

⑤ IPH.3(PSH)、PS:串行口1中断的优先级控制位。

IPH.3(PSH)/PS＝0/0,串行口1中断为0级(最低优先级)。

IPH.3(PSH)/PS＝0/1,串行口1中断为1级。

IPH.3(PSH)/PS＝1/0,串行口1中断为2级。

IPH.3(PSH)/PS＝1/1,串行口1中断为3级(最高优先级)。

当系统复位后,所有的中断优先管理控制位全部清0,所有中断源均设定为低优先级中断。

如果几个同一优先级的中断源同时向CPU申请中断,CPU通过内部硬件查询逻辑,按自然优先级顺序确定先响应哪个中断请求。自然优先级由内部硬件电路形成,排列如下:

中断源	同级自然优先顺序
外部中断0	最高
定时器T0中断	
外部中断1	
定时器T1中断	
串行口1中断	
A/D转换中断	
LVD中断	
串行口2中断	
SPI中断	
外部中断2	
外部中断3	
定时器T2中断	
外部中断4	
串行口3中断	
串行口4中断	
定时器T3中断	
定时器T4中断	
比较器中断	
I^2C中断	
USB中断	
PWMA中断	
PWMB中断	最低

2) STC8H8K64U 单片机的中断响应

中断响应是 CPU 对中断源中断请求的响应,包括保护断点和将程序转向中断响应后的入口地址(也称为中断向量地址)。CPU 并非任何时刻都响应中断请求,而是在中断响应条件满足之后才会响应。

(1) 中断响应时间问题。

当中断源在中断允许的条件下,中断源发出中断请求后,CPU 肯定会响应中断,但若有下列任何一种情况存在,则中断响应会受到阻断,会不同程度地增加 CPU 响应中断的时间。

① CPU 正在执行同级或高优先级的中断。

② 正在执行 RETI 中断返回指令或访问与中断有关的寄存器指令,如访问 IE 和 IP 的指令。

③ 当前指令未执行完。

若存在上述任何一种情况,中断查询结果即被取消,CPU 不响应中断请求而在下一指令周期继续查询,若条件满足,CPU 在下一指令周期响应中断。

在每个指令周期的最后时刻,CPU 对各中断源采样,并设置相应的中断标志位:CPU 在下一个指令周期的最后时刻按优先级顺序查询各中断标志,如查到某个中断标志为 1,将在下一个指令周期按优先级的高低顺序进行处理。

(2) 中断响应过程。

中断响应过程包括保护断点和将程序转向中断服务程序的入口地址。

CPU 响应中断时,将相应的优先级状态触发器置 1,然后由硬件自动产生一个长调用指令 LCALL,此指令首先把断点地址压入堆栈保护,再将中断服务程序的入口地址送入程序计数器 PC,使程序转向相应的中断服务程序。

STC8H8K64U 单片机各中断源中断响应的入口地址由硬件事先设定,如表 6.1.5 所示。

表 6.1.5 STC8H8K64U 单片机各中断源中断响应的入口地址与中断号

中 断 源	入口地址(中断向量)	中断号
外部中断 0	0003H	0
定时器/计数器 T0 中断	000BH	1
外部中断 1	0013H	2
定时器/计数器 T1 中断	001BH	3
串行口中断	0023H	4
A/D 转换中断	002BH	5
LVD 中断	0033H	6
PCA 中断	003BH	7
串行口 2 中断	0043H	8
外部中断 2	0053H	10
外部中断 3	005BH	11
定时器 T2 中断	0063H	12
预留中断	006BH、0073H、007BH	13、14、15
外部中断 4	0083H	16

中　断　源	入口地址(中断向量)	中断号
串行口 3 中断	008BH	17
串行口 4 中断	0093H	18
定时器 T3 中断	009BH	19
定时器 T4 中断	00A3H	20
比较器中断	00ABH	21
I^2C 中断	00C3H	24
USB 中断	00CBH	25
PWMA 中断	00D3H	26
PWMB 中断	00DDH	27

使用时,通常在这些中断响应的入口地址处存放一条无条件转移指令,使程序跳转到用户安排的中断服务程序的起始地址上去。

例如:

```
ORG 001BH          ; T1 中断响应的入口
LJMP T1_ISR        ; 转向 T1 中断服务程序
```

其中,中断号是在 C 语言程序中编写中断函数使用的,在中断函数中中断号与各中断源是一一对应的,不能混淆。例如:

```
void  INT0_Routine(void)      interrupt 0;   //外部中断 0
void  T0_Routine(void)        interrupt 1;   //T0 中断
void  IT1_Routine(void)       interrupt 2;   //外部中断 1
void  T1_Routine(void)        interrupt 3;   //T1 中断
void  UART1_Routine(void)     interrupt 4;   //串口 1 中断
```

其中,中断函数名是可任意的,只要符合 C 语言字符名称的规则即可,关键是中断号,它决定了中断源是谁。

(3) 中断请求标志的撤除问题。

CPU 响应中断请求后即进入中断服务程序。在中断返回前应撤除该中断请求,否则会重复引起中断而导致错误。STC8H8K64U 单片机各中断源中断请求撤除的方法不尽相同,分别如下。

① 定时器中断请求的撤除。对于定时器/计数器 T0 或 T1 溢出中断,CPU 在响应中断后即由硬件自动清除其中断标志位 TF0 或 TF1,无须采取其他措施;定时器 T2、T3、T4 中断的中断请求标志位,在相应的中断服务程序执行后也会自动清零。

② 外部中断请求的撤除。外部中断 0 和外部中断 1 的触发方式可由 $ITx(x=0,1)$ 设置,无论 $ITx(x=0,1)$ 设置为"0"还是为"1",都属于边沿触发,CPU 在响应中断后由硬件自动清除其中断请求标志位 IE0 或 IE1,无须采取其他措施。外部中断 2、外部中断 3、外部中断 4 的中断请求标志,CPU 在响应中断后也会自动清零。

③ 串口 1 中断请求的撤除。对于串行口 1 中断,CPU 在响应中断后,硬件不会自动清除中断请求标志位 TI 或 RI,必须在中断服务程序中,判别出是 TI 还是 RI 引起的中断后,再用软件将其清除。

对于串行口 2、串行口 3、串行口 4 中断,同串行口 1 一样,CPU 在响应中断后,硬件不会自动清除中断请求标志位(发送中断请求标志,或接收中断请求标志),必须在中断服务程序中判别出是发送中断请求标志还是接收中断请求标志后,再用软件将其清除。

④ 电源低电压检测中断。电源低电压检测中断的中断请求标志位,在中断响应后,不会自动清零,需要用软件清除。

3) 中断服务与中断返回

中断服务与中断返回就是通过执行中断服务程序完成的。中断服务程序从中断入口地址开始执行,到返回指令 RETI 为止,一般包括以下四部分内容。

(1) 保护现场:通常主程序和中断服务程序都会用到累加器 A、状态寄存器 PSW 及其他一些寄存器,当 CPU 进入中断服务程序用到上述寄存器时,会破坏原来存储在寄存器中的内容,一旦中断返回,将会导致主程序的混乱。因此,在进入中断服务程序后,一般要先保护现场,即用入栈操作指令将需保护寄存器的内容压入堆栈。

(2) 中断服务:中断服务程序的核心部分,是中断源中断请求之所在。

(3) 恢复现场:在中断服务结束后,中断返回之前,用出栈操作指令将保护现场中压入堆栈的内容弹回到相应的寄存器中,注意弹出顺序必须与压入顺序相反。

(4) 中断返回:中断返回是指中断服务完成后,计算机返回原来断开的位置(即断点),继续执行原来的程序。中断返回由中断返回指令 RETI 来实现。该指令的功能是把断点地址从堆栈中弹出,送回到程序计数器 PC。此外,还通知中断系统已完成中断处理,并同时清除优先级状态触发器。特别要注意,不能用"RET"指令代替"RETI"指令。

编写中断服务程序时的注意事项如下。

(1) 各中断源的中断响应入口地址之间只相隔 8B,中断服务程序的字节数往往都大于8B,因此,在中断响应入口地址单元通常存放的是一条无条件转移指令,通过无条件转移指令转向执行存放在其他位置的中断服务程序。

(2) 若要在执行当前中断服务程序时禁止其他更高优先级中断,需先用软件关闭 CPU中断,或用软件禁止相应高优先级的中断,在中断返回前再开放中断。

(3) 在保护和恢复现场时,为了不使现场数据遭到破坏或造成混乱,一般规定此时CPU 不再响应新的中断请求。因此,在编写中断服务程序时,要注意在保护现场前关中断,在保护现场后若允许高优先级中断,则再开中断。同样,在恢复现场前也应先关中断,恢复之后再开中断。

注: 上述描述是按照汇编语言流程介绍的,而对于 C 语言编程,中断函数是一种特殊的函数,每一种中断的服务函数对应一个固定的中断号,如表 6.1.6 所示。

3. 中断服务函数

1) 中断服务函数的定义

中断服务函数定义的一般形式为:

函数类型　函数名(形式参数表)[interrupt n][using m]

其中,关键字 interrupt 后面的 n 是中断号,n 的取值范围为 0～31。编译器从 8n+3 处产生中断向量,具体的中断号 n 和中断向量取决于不同的单片机芯片。

关键字 using 用于选择工作寄存器组,m 为对应的寄存器组号,m 取值为 0～3,对应 51

单片机的 0～3 寄存器组。

2）单片机的常用中断源和中断向量

传统 8051 单片机各中断源的中断号如表 6.1.6 所示,STC8H8K64U 单片机各中断源的中断号如表 6.1.5 所示。

表 6.1.6　8051 单片机的常用中断源与中断向量表

中　断　源	中断号 n	中断向量 8n+3
外部中断 0	0	0003H
定时器/计数器中断 0	1	000BH
外部中断 1	2	0013H
定时器/计数器中断 1	3	001BH
串行口中断	4	0023H

3）中断服务函数的编写规则

（1）中断服务函数不能进行参数传递,如果中断服务函数中包含任何参数声明都将导致编译出错。

（2）中断服务函数没有返回值,如果企图定义一个返回值将得到不正确的结果。因此,最好在定义中断服务函数时将其定义为 void 类型,以明确说明没有返回值。

（3）在任何情况下都不能直接调用中断服务函数；否则会产生编译错误。因为中断服务函数的返回是由 8051 单片机指令 RETI 完成的,RETI 指令影响 8051 单片机的硬件中断系统。

（4）如果中断服务函数中用到浮点运算,必须保存浮点寄存器的状态,当没有其他程序执行浮点运算时可以不保存。

（5）如果在中断服务函数中调用了其他函数,则被调用函数所使用的寄存器组必须与中断服务函数相同。用户必须保证按要求使用相同的寄存器组；否则会产生不正确的结果。如果定义中断服务函数时没有使用 using 选项,则由编译器选择一个寄存器组作绝对寄存器组访问。

 **任务实施**

1. 任务要求

将项目 5 任务 5.3 频率计中 T0 定时功能由查询方式改成中断方式实现。

2. 硬件设计

项目 5 任务 5.2 硬件电路,用 8 位 LED 数码管显示频率值,计数脉冲从 T1 引脚（P3.5）输入。

3. 软件设计

（1）程序说明：一是开放 T0 中断；二是将查询 TF0 为 1 的工作转换为由中断服务函数实现。

（2）简易频率计程序（项目六任务 1.c）

```
#include < stc8h.h >           //包含支持 STC8H 系列单片机的头文件
#include < intrins.h >         //I/O 初始化文件
#include < gpio.h >
#define uchar unsigned char
#define uint unsigned int
#include < LED_display.h >
uint counter = 0;
uchar cnt = 0;
uint temp1,temp2;
void T0_T1_ini(void)           //T0、T1 的初始化
{
    TMOD = 0x40;               //T0 方式 0 定时、T1 方式 0 计数
    TH0 = (65536 - 50000)/256;
    TL0 = (65536 - 50000) % 256;
    TH1 = 0x00;
    TL1 = 0x00;
    TR0 = 1;
    TR1 = 1;
}
/ * --------- 主函数 ---------------- * /
void main(void)
{
    gpio();
    P_SW2 = P_SW2|0x80;
    P3PU = P3PU|0x20;          //使能 P3.5 引脚的上拉电阻
    P_SW2 = P_SW2&0x7F;
    T0_T1_ini();
    ET0 = 1;
    EA = 1;
    while(1)
    {
        Dis_buf[7] = counter % 10;        //频率值送显示缓冲区
        Dis_buf[6] = counter/10 % 10;
        Dis_buf[5] = counter/100 % 10;
        Dis_buf[4] = counter/1000 % 10;
        Dis_buf[3] = counter/10000 % 10;
        LED_display();         //数码管显示
    }
}
void T0_ISR()interrupt 1
{
    //TF0 = 0;
    cnt++;
    if(cnt == 20)              //1s 到了,清 50ms 计数变量,读 T1 值
    {
        cnt = 0;
        temp1 = TL1;
        temp2 = TH1;           //读取计数值
        TR1 = 0;               //计数器停止计数后才能对计数器赋值
        TL1 = 0;
        TH1 = 0;
```

```
        TR1 = 1;
        counter = (temp2 << 8) + temp1;    //高、低 8 位计数值合并在 counter 变量中
    }
}
```

4. 系统调试

（1）用 USB 线将 PC 与 STC 大学计划实验箱（9.3）连接。

（2）用 Keil C 编辑、编译程序"项目六任务 1. c"，生成机器代码文件"项目六任务 1. hex"。

（3）运行 STC-ISP 在线编程软件，将"项目六任务 1. hex"文件下载到 STC 大学计划实验箱（9.3）单片机中，下载完毕自动进入运行模式，观察数码管的显示结果并记录。

① 利用 SW22 按键输出计数脉冲信号。

② 从 J1 插座的 P3.5 引脚输入通用信号发生器输出的方波信号，J1 插座电路如附图 4.3 所示。

（4）修改程序，T1 由计数方式改为定时方式，并调试程序。

任务拓展

利用 T0 定时器的中断控制方式设计一个倒计时秒表。倒计时时间分两档，即 60s 和 100s。当倒计时为 0 时，声光报警；设置两个开关：一个用于设置倒计时时间，另一个用于启动和复位。

任务 6.2　外部中断的应用编程

任务说明

外部中断是由外部事件或人为产生的，本任务主要学习外部中断的应用编程方法。

相关知识

STC8H8K64U 单片机的外部中断的初始化

STC8H8K64U 单片机有 5 个外部中断，其中外部中断 2、外部中断 3、外部中断 4 只有一种触发方式，即下降沿触发；而外部中断 0、外部中断 1 有两种中断触发方式。

（1）当 IT0(IT1)＝0，外部中断 0(外部中断 1)是上升沿、下降沿都会触发，引发中断。

（2）当 IT0(IT1)＝1，外部中断 0(外部中断 1)是下降沿触发。

因此，在使用外部中断 0、外部中断 1 时，除要设置中断允许位和中断优先级外，还要设置中断请求信号的触发方式。

外部中断 2、外部中断 3 无中断优先控制位，固定为低级优先级。在初始化时，只需开

放中断即可。

1. 任务要求

当外部中断 0 输入时，点亮 LED17 和 LED16；当外部中断 1 输入时，熄灭 LED17 和 LED16。

2. 硬件设计

采用 STC 大学计划实验箱(9.3)实现，SW17 用于输入外部中断 0 请求信号，SW18 用于输入外部中断 1 请求信号，SW17、SW18 电路如附图 4.6 所示。

3. 软件设计

(1) 程序说明：本任务程序主要内容为：设置外部中断 0 和外部中断 1 的触发方式为下降沿触发，开放外部中断 0 和外部中断 1，编写外部中断 0 函数与外部中断 1 函数。

(2) 源程序清单(项目六任务 2.c)。

```
# include < stc8h. h >          //包含支持 STC8H8K64U 单片机的头文件
# include < intrins. h >
# include < gpio. h >           //I/O 初始化文件
# define uchar unsigned char
# define uint unsigned int
sbit LED17 = P6^7;
sbit LED16 = P6^6;
sbit Strobe = P4^0;
void main(void)
{
    gpio();
    Strobe = 0;                //选通 LED 灯
    IT0 = 1;
    IT1 = 1;
    EX0 = 1;
    EX1 = 1;
    EA = 1;
    while(1);
}
void INT0_ISR(void) interrupt 0
{
    LED17 = 0;
    LED16 = 0;
    while(P32 == 0);           //按键释放
}
void INT1_ISR(void) interrupt 2
{
    LED17 = 1;
    LED16 = 1;
    while(P33 == 0);           //按键释放
}
```

4．系统调试

（1）用 USB 线将 PC 与 STC 大学计划实验箱(9.3)连接。

（2）用 Keil C 编辑、编译程序"项目六任务 2.c"，生成机器代码文件"项目六任务 2.hex"。

（3）运行 STC-ISP 在线编程软件，将"项目六任务 2.hex"文件下载到 STC 大学计划实验箱(9.3)单片机中，下载完毕自动进入运行模式。

① 按动 SW17，观察 LED17、LED16 的显示状态并记录。

② 按动 SW18，观察 LED17、LED16 的显示状态并记录。

修改"项目一任务 3.c"程序，利用外部中断 0 增加流水灯的间隔时间，利用外部中断 1 减小流水灯的间隔时间。流水灯间隔时间的调整步长是 500ms。

外部中断源的扩展

STC8H8K64U 单片机虽然有 5 个外部中断请求输入端，即 INT0、INT1、$\overline{INT2}$、$\overline{INT3}$、$\overline{INT4}$，但在实际应用中，若处理的外部事件比较多，则需扩充外部中断源，这里介绍两种简单可行的方法。

1．用定时器作外部中断源

STC8H8K64U 单片机有 5 个通用定时器/计数器，具有 5 个内置中断标志和外置计数引脚，如在某些应用中定时器不使用时，则它们的中断可作为外部中断请求使用。此时，可将定时器设置成计数方式，计数初值可设为满量程，则它们的计数输入端引脚上发生负跳变时，计数器加 1 便产生溢出中断。利用此特性，可把 T0、T1、T2、T3 和 T4 引脚用作外部中断请求输入线，此时计数器的溢出标志即为外部中断请求标志。

2．中断和查询相结合

利用外部中断的中断请求与查询相结合的方法，可以实现一根中断请求输入线扩展为多根外部中断的中断请求输入线。即将多个外部中断的中断请求信号通过或非门或者与门后接入单片机的中断请求输入端，同时将各中断请求信号分别接到某个端口的引脚上。

当外部中断源的中断请求信号是上升沿有效时，拟采用或非门，如图 6.2.1 所示。当无外部中断请求时，外部中断的中断请求输入信号为低电平，或非门的输出（外部中断 0 的中断请求电平）为高电平；当外部中断中任一中断源有中断请求时，该中断请求信号为高电平，即或非门的输出（外部中断 0 的中断请求电平）为低电平，即产生一个下降沿，引发外部中断 0，然后在外部中断 0 函数中依次查询各中断源的中断请求信号，即可判断出是哪一个中断源有中断请求，进而执行该中断源的中断服务程序。

当外部中断源的中断请求信号是下降沿有效时，拟采用与门，如图 6.2.2 所示。当无外部中断请求时,外部中断的中断请求输入信号为高电平,与门的输出(外部中断 0 的中断请求电平)为高电平;当外部中断中任一中断源有中断请求时,该中断请求信号为低电平,即与门的输出(外部中断 0 的中断请求电平)为低电平,产生一个下降沿,引发外部中断 0,然后在外部中断 0 函数中,依次查询各中断源的中断请求信号,即可判断出是哪一个中断源有中断请求,进而执行该中断源的中断服务程序。

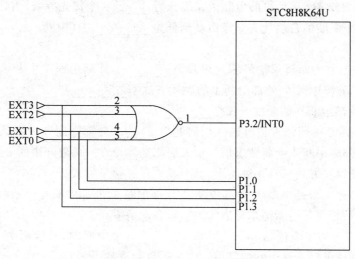

图 6.2.1　利用或非门扩展多个外中断的原理图

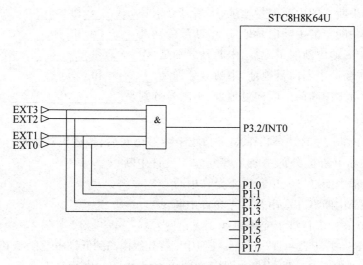

图 6.2.2　利用与门扩展多个外中断的原理图

习　题

1. 填空题

(1) CPU 面向 I/O 口的服务方式包括_____、_____与 DMA 通道 3 种方式。

（2）中断过程包括中断请求、_____、_____与中断返回4个工作过程。

（3）中断服务方式中,CPU与I/O设备是_____工作的。

（4）根据中断请求能否被CPU响应,可分为非屏蔽中断和_____两种类型。STC8H8K64U单片机的所有中断,除T0方式3外,都属于_____。

（5）若要求T0中断,除对ET0置1外,还需对_____置1。

（6）STC8H8K64U单片机的中断优先级分为_____个优先等级,当处于同一个中断优先级时,前5个中断的自然优先顺序由高到低是_____、T0中断、_____、_____、串行口1中断。

（7）外部中断0中断请求信号输入引脚是_____,外部中断1中断请求信号输入引脚是_____。外部中断0、外部中断1的触发方式有_____和_____两种类型。当IT0=1时,外部中断0的触发方式是_____。

（8）外部中断2中断请求信号输入引脚是_____,外部中断3中断请求信号输入引脚是_____,外部中断4中断请求信号输入引脚是_____。外部中断2、外部中断3、外部中断4的中断触发方式只有1种类型,属于_____触发方式。

（9）外部中断0、外部中断1、外部中断2、外部中断3、外部中断4中断源的中断请求标志,在中断响应后相应的中断请求标志_____自动清零。

（10）串行口1的中断包括_____和_____两个中断源,对应两个中断请求标志,串行口1的中断请求标志在中断响应后_____自动清零。

（11）中断服务函数定义的关键字是_____。

（12）外部中断0的中断向量地址、中断号分别是_____和_____。

（13）外部中断1的中断向量地址、中断号分别是_____和_____。

（14）T0中断的中断向量地址、中断号分别是_____和_____。

（15）T1中断的中断向量地址、中断号分别是_____和_____。

（16）串行口1中断的中断向量地址、中断号分别是_____和_____。

2. 选择题

（1）执行"EA=1; EX0=1; EX1=1; ES=1;"语句后,叙述正确的是(　　)。

　　A. 外部中断0、外部中断1、串行口1允许中断

　　B. 外部中断0、T0、串行口1允许中断

　　C. 外部中断0、T1、串行口1允许中断

　　D. T0、T1、串行口1允许中断

（2）执行"PS=1; PT1=1;"语句后,按照中断优先级由高到低排序,叙述正确的是(　　)。

　　A. 外部中断0→T0中断→外部中断1→T1中断→串行口1中断

　　B. 外部中断0→T0中断→T1中断→外部中断1→串行口1中断

　　C. T1中断→串行口1中断→外部中断0→T0中断→外部中断1

　　D. T1中断→串行口1→T0中断→外部中断0→外部中断1

（3）执行"PS=1; PT1=1;"语句后,叙述正确的是(　　)。

　　A. 外部中断1能中断正在处理的外部中断0

　　B. 外部中断0能中断正在处理的外部中断1

　　C. 外部中断1能中断正在处理的串行口1中断

D. 串行口 1 中断能中断正在处理的外部中断 1

(4) 现要求允许 T0 中断,并设置为高优先级,下列编程正确的是(　　　)。

A. ET0＝1；EA＝1；PT0＝1；

B. ET0＝1；IT0＝1；PT0＝1；

C. ET0＝1；EA＝1；IT0＝1；

D. IT0＝1；EA＝1；PT0＝1；

(5) 当 IT0＝1 时,外部中断 0 的触发方式是(　　　)。

A. 高电平触发　　　　　　　　　　　B. 低电平触发

C. 下降沿触发　　　　　　　　　　　D. 上升沿、下降沿皆触发

(6) 当 IT1＝1 时,外部中断 1 的触发方式是(　　　)。

A. 高电平触发　　　　　　　　　　　B. 低电平触发

C. 下降沿触发　　　　　　　　　　　D. 上升沿、下降沿皆触发

3. 判断题

(1) STC8H8K64U 单片机中,只要中断源有中断请求,CPU 一定会响应该中断请求。(　　　)

(2) 当某中断请求允许位为 1 且 CPU 中断允许位(EA)为 1 时,该中断源有中断请求,CPU 一定会响应该中断。(　　　)

(3) 当某中断源在中断允许的情况下,若有中断请求,CPU 会立马响应该中断请求。(　　　)

(4) CPU 响应中断的首要事情是保护断点地址,然后自动转到该中断源对应的中断向量地址处执行程序。(　　　)

(5) 外部中断 0 的中断号是 1。(　　　)

(6) T1 中断的中断号是 3。(　　　)

(7) 在同级中断中,外部中断 0 能中断正在处理的串行口 1 中断。(　　　)

(8) 高优先级中断能中断正在处理的低优先级中断。(　　　)

(9) 中断服务函数中能传递参数。(　　　)

(10) 中断服务函数能返回任何类型的数据。(　　　)

(11) 中断服务函数定义的关键字是 using。(　　　)

(12) 当 T0 工作在方式 3 时,T0 中断是不可屏蔽中断。(　　　)

(13) 在主函数中,能主动调用中断函数。(　　　)

4. 问答题

(1) 影响 CPU 响应中断时间的因素有哪些?

(2) 相比查询服务方式,中断服务有哪些优势?

(3) 一个中断系统应具备哪些功能?

(4) 什么叫断点地址?

(5) 要开放一个中断,应如何编程?

(6) STC8H8K64U 单片机有哪几个中断源? 各中断标志是如何产生的? 当中断响应后,中断标志是如何清除的? 当 CPU 响应各中断时,其中断向量地址以及中断号各是

多少？

(7) 外部中断 0 和外部中断 1 有哪两种触发方式？这两种触发方式所产生的中断过程有何不同？怎样设定？

(8) STC8H8K64U 单片机的中断系统中有几个中断优先级？如何设定？当中断优先级相同时，其自然优先级顺序是怎样的？

(9) 简述 STC8H8K64U 单片机中断响应的过程。

(10) CPU 响应中断有哪些条件？在什么情况下中断响应会受阻？

(11) STC8H8K64U 单片机中断响应时间是否固定不变？为什么？

(12) 简述 STC8H8K64U 单片机扩展外部中断源的方法。

(13) 简述 STC8H8K64U 单片机中断嵌套的规则。

(14) 简述 T0 中断在什么情况属于不可屏蔽中断。

5. 程序设计题

(1) 设计一个流水灯，流水灯初始时间间隔为 500ms。用外部中断 0 增加时间间隔，上限值为 2s；用外部中断 1 减小时间间隔，下限值为 100ms，调整步长为 100ms。画出硬件电路图，编写程序并上机调试。

(2) 利用外部中断 2、外部中断 3 设计加、减计数器，计数值采用 LED 数码管显示。每产生一次外部中断 2，计数值加 1；每产生一次外部中断 3，计数值减 1。画出硬件电路图，编写程序并上机调试。

项目 7

STC8H8K64U单片机的串行通信

串口通信是单片机与外界交换信息的一种基本通信方式。串口通信对单片机而言意义重大,不但可以实现将单片机的数据传输到计算机端,而且也能实现计算机对单片机的控制。由于其所需电缆线少、接线简单,所以在较远距离传输中得到了广泛的运用。

本项目通过实现单片机双机通信及单片机与 PC 的通信,以实例学习单片机串口通信的基础知识和应用编程。

知识点
◇ 串行通信的分类和制式。
◇ 异步通信的字符帧结构与波特率。
◇ 串行通信的总线标准和接口。
◇ STC8H8K64U 单片机串行口的工作方式与控制寄存器。
◇ STC8H8K64U 单片机双机通信与多机通信。

技能点
◇ STC8H8K64U 单片机串行口控制寄存器的设置。
◇ 串行口通信波特率的选择与设计。
◇ STC8H8K64U 单片机双机通信与多机通信设计。

任务 7.1   STC8H8K64U 单片机的双机通信

任务说明

在本任务中,一是掌握微型计算机串行通信的基础知识;二是掌握 STC8H8K64U 单片机的串行通信技术及应用编程。STC8H8K64U 单片机有 4 个串行口,4 个串行口的基本原理与控制原理大体一致,在此,主要通过串行口 1 来学习与实践。

相关知识

1. 串行通信基础

通信是人们传递信息的方式。计算机通信是将计算机技术和通信技术相结合,完成计算机与外部设备或计算机与计算机之间的信息交换。信息交换方式可分为两种,即并行通信与串行通信。

并行通信是将数据字节的各位用多条数据线同时进行传送,如图7.1.1(a)所示。并行通信的特点是控制简单、传送速度快。但由于传输线较多,长距离传送时成本较高,因此仅适用于短距离传送。

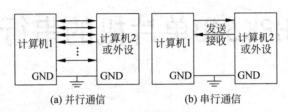

(a) 并行通信　　　　(b) 串行通信

图 7.1.1　并行通信与串行通信工作示意图

串行通信是将数据字节分成一位一位的形式在一条传输线上逐个传送,如图7.1.1(b)所示。串行通信的特点是传送速度慢。但传输线少,长距离传送时成本较低,因此,串行通信适用于长距离传送。

1) 串行通信的分类

按照串行通信数据的时钟控制方式,串行通信可分为异步通信和同步通信两类。

(1) 异步通信(asynchronous communication)。

在异步通信中,数据通常是以字符(或字节)为单位组成字符帧传送的。字符帧由发送端一帧一帧地发送,通过传输线为接收设备一帧一帧地接收。发送端和接收端可以有各自的时钟来控制数据的发送和接收,这两个时钟源彼此独立、互不同步,但要求传送速率一致。在异步通信中,两个字符之间的传输间隔是任意的,所以,每个字符的前后都要用一些数位作为分隔位。

发送端和接收端依靠字符帧格式来协调数据的发送和接收,在通信线路空闲时,发送线为高电平(逻辑"1"),当接收端检测到传输线上发送过来的低电平逻辑"0"(字符帧中的起始位)时就知道发送端已开始发送,当接收端接收到字符帧中停止位(实际上是按一个字符帧约定的位数来确定的)时就知道一帧字符信息已发送完毕。

在异步通信中,字符帧格式和波特率是两个重要指标,可由用户根据实际情况选定。

① 字符帧(character frame)。字符帧也叫数据帧,由起始位、数据位(纯数据或数据加校验位)、奇偶校验位和停止位四部分组成,如图7.1.2所示。

a. 起始位:位于字符帧开头,只占一位,始终为逻辑"0"(低电平),用于向接收设备表示发送端开始发送一帧信息。

b. 数据位:紧跟起始位之后,用户根据情况可取5位、6位、7位或8位,低位在前高位在后(即先发送数据的最低位)。通常以数据字节(B)为单位,即取8位。

c. 奇偶校验位:位于数据位后,仅占一位,通常用于对串行通信数据进行奇偶校验。可以由用户定义为其他控制含义,也可以没有。

d. 停止位:位于字符帧末尾,为逻辑"1"(高电平),通常可取1位、1.5位或2位,用于向接收端表示一帧字符信息已发送完毕,也为发送下一帧字符做准备。发送空闲之间维持高电平。

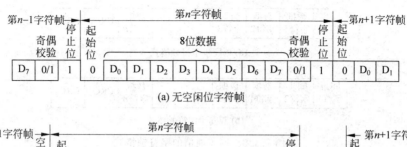

(a) 无空闲位字符帧

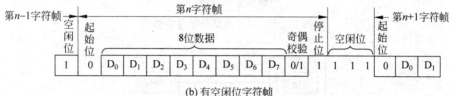

(b) 有空闲位字符帧

图 7.1.2　异步通信的字符帧格式

在串行通信中,发送端一帧一帧发送信息,接收端一帧一帧接收信息。两相邻字符帧之间可以无空闲位,也可以有若干空闲位,这由用户根据需要决定。图 7.1.2(b)所示为有3个空闲位时的字符帧格式。

② 波特率(baud rate)。异步通信的另一个重要指标为波特率。

波特率为每秒传送二进制数码的位数,也叫比特数,单位为 b/s,即位/秒。波特率用于表征数据传输的速度,波特率越高,数据传输速度越快。但波特率和字符的实际传输速率不同,字符的实际传输速率是每秒内所传字符帧的帧数,而字符的实际传送速率和字符帧格式有关。例如,波特率为 1200b/s 的通信系统,若采用图 7.1.2(a)所示的字符帧,每一字符帧包含 11 位数据,则字符的实际传输速率为 1200/11=109.09 帧/s;若改用图 7.1.2(b)的字符帧,每一字符帧包含 14 位数据,其中含 3 位空闲位,则字符的实际传输速率为 1200/14=85.71 帧/s。

异步通信的优点是不需要传送同步时钟,字符帧长度不受限制,故设备简单。缺点是字符帧中因包含起始位和停止位而降低了有效数据的传输速率。

(2) 同步通信(synchronous communication)。

同步通信是一种连续串行传送数据的通信方式,一次通信传输一组数据(包含若干个字符数据)。同步通信时要建立发送方时钟对接收方时钟的直接控制,使双方达到完全同步。在发送数据前要先发送同步字符,再连续地发送数据。同步字符有单同步字符和双同步字符之分,如图 7.1.3(a)和图 7.1.3(b)所示。同步通信的字符帧结构,是由同步字符、数据字符和校验字符 CRC 三部分组成。在同步通信中,同步字符可以采用统一的标准格式,也可以由用户约定。

同步通信的数据传输速率较高,其缺点是要求发送时钟和接收时钟必须保持严格同步,硬件电路较为复杂。

2) 串行通信的传输方向

在串行通信中,数据是在两个站之间进行传送的,按照数据传送方向及时间关系,串行通信可分为单工(simplex)、半双工(half duplex)和全双工(full duplex)3 种制式,如图 7.1.4所示。

(1) 单工制式。通信线路的一端接发送器,另一端接接收器,数据只能按照一个固定的

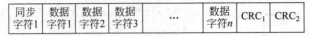

(a) 单同步字符帧格式

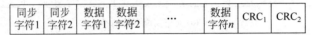

(b) 双同步字符帧格式

图 7.1.3　同步通信的字符帧格式

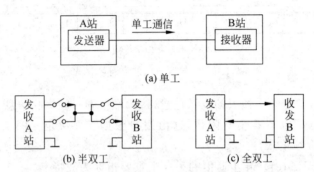

(a) 单工

(b) 半双工　　　　　　　　　(c) 全双工

图 7.1.4　单工、半双工和全双工 3 种传输制式

方向传送,如图 7.1.4(a)所示。

(2) 半双工制式。系统的每个通信设备都由一个发送器和一个接收器组成,如图 7.1.4(b) 所示。在这种制式下,数据能从 A 站传送到 B 站,也可以从 B 站传送到 A 站,但是不能同时在两 个方向上传送,即只能一端发送,一端接收。其收发开关一般是由软件控制的电子开关。

(3) 全双工制式。通信系统的每端都有发送器和接收器,且可以同时发送和接收,即数 据可以在两个方向上同时传送,如图 7.1.4(c)所示。

2. STC8H8K64U 单片机的串行口 1

与单片机串行口 1 有关的特殊功能寄存器如表 7.1.1 所示,包括单片机串行口 1 的控 制寄存器、与波特率设置有关的定时器/计数器(T1/T2)的相关寄存器、与中断控制相关的 寄存器。STC-ISP 在线编程软件中有专门的用于计算使用定时器作为波特率发生器的计 算工具,为了降低难度,提高学习效率,对与使用定时器为波特率发生器的相关寄存器就不 介绍了。因此,学习的核心就是 SCON、SBUF。

表 7.1.1　与单片机串行口 1 有关的特殊功能寄存器

符号	名　　称	B7	B6	B5	B4	B3	B2	B1	B0	复位值
SCON	串行口 1 控制寄存器	SM0/FE	SM1	SM2	REN	TB8	RB8	TI	RI	00000000
SBUF	串行口 1 数据缓冲器	包含串行口 1 发送数据缓冲器与接收数据缓冲器								xxxxxxxx
PCON	电源控制寄存器	SMOD	SMOD0	LVDF	POF	GF1	GF0	PD	IDL	00110000

符号	名　称	B7	B6	B5	B4	B3	B2	B1	B0	复位值
AUXR	辅助寄存器	T0x12	T1x12	UART_M0x6	T2R	T2_C/$\overline{T}$	T2x12	EXTRAM	S1ST2	00000001
IE	中断允许寄存器	EA	ELVD	EADC	ES	ET1	EX1	ET0	EX0	00000000
IP	中断优先寄存器	PPCA	PLVD	PADC	PS	PT1	PX1	PT0	PX0	00000000
IPH	中断优先寄存器	PPCAH	PLVDH	PADCH	PSH	PT1H	PX1H	PT0H	PX0H	00000000
SADDR	串行口1从机地址寄存器									00000000
SADEN	串行口1从机地址屏蔽寄存器									00000000

1）串行口1相关知识

（1）串行口1工作方式的选择与控制。

串行口1工作方式的选择与控制主要通过 SCON（串行口1控制寄存器），具体内容如下：

SM0/FE、SM1：

① PCON 寄存器中的 PCON.6（SMOD0）位为1时，SM0/FE 用于帧错误检测，当检测到一个无效停止位时，通过 UART 接收器设置该位，它必须由软件清零。

② PCON 寄存器中的 PCON.6（SMOD0）位为0时，SM0/FE 和 SM1 一起指定串行通信的工作方式，如表 7.1.2 所示（其中，f_{SYS} 为系统时钟频率）。

表 7.1.2　串行方式选择位

SM0 SM1	工作方式	功　能	波　特　率
0　　0	方式0	8位同步移位寄存器	$f_{SYS}/12$ 或 $f_{SYS}/2$
0　　1	方式1	10位 UART	可变，取决于 T1 或 T2 溢出率
1　　0	方式2	11位 UART	$f_{SYS}/64$ 或 $f_{SYS}/32$
1　　1	方式3	11位 UART	可变，取决于 T1 或 T2 的溢出率

SM2：多机通信控制位，用于方式2和方式3中。在方式2和方式3处于接收方式时，若 SM2＝1，且接收到的第9位数据 RB8 为0时，不激活串行接收中断（不置位 RI）；若 SM2＝1，且 RB8＝1时，则置位 RI 标志。在方式2、方式3处于接收方式时，若 SM2＝0，不论接收到第9位 RB8 为0还是为1，RI 都以正常方式被置位。

REN：允许串行接收控制位。由软件置位或清零。REN＝1时，允许串行接收；REN＝0时，禁止串行接收。

TB8：在方式2和方式3中，串行发送数据的第9位，由软件置位或复位。可作奇偶校验位,在多机通信中,可作为区别地址帧或数据帧的标识位,一般约定地址帧时 TB8 为 1,约定数据帧时 TB8 为 0。

RB8:在方式 2 和方式 3 中,是串行接收到的第 9 位数据,作为奇偶校验位或地址帧、数据帧的标识位。

TI:发送中断标志位。在方式 0 中,发送完 8 位数据后,由硬件置位;在其他方式中,发送停止位之初由硬件置位。TI 是发送完一帧数据的标志,既可以用查询的方法,也可以用中断的方法来响应该标志,然后在相应的查询服务程序或中断服务程序中由软件清除 TI。

RI:接收中断标志位。在方式 0 中,接收完 8 位数据后,由硬件置位;在其他方式中,在接收停止位的中间由硬件置位。RI 是接收完一帧数据的标志,同 TI 一样,既可以用查询的方法,也可以用中断的方法来响应该标志,然后在相应的查询服务程序或中断服务程序中由软件清除 RI。

(2) 串行口 1 波特率的选择与控制。

使用串行口 1 方式 1 和方式 3 时,串行口 1 的波特率发生器是使用定时器为波特率发生器,可使用 STC-ISP 在线编程软件中的"波特率计算器"来生成波特率发生器的设置程序。

PCON.7(SMOD):波特率倍增系数选择位。在方式 1~方式 3 时,串行通信的波特率与 SMOD 有关。在此,忽略方式 1 与方式 3。当 PCON.7(SMOD)=0 时,串行口 1 方式 2 的波特率为:系统时钟/64($f_{SYS}/64$);当 PCON.7(SMOD)=1 时,串行口 1 方式 2 的波特率为:系统时钟/32($f_{SYS}/32$)。

AUXR.5(UART_M0x6):串行口 1 方式 0 波特率设置位。AUXR.5(UART_M0x6)=0,串行口 1 方式 0 的波特率为:系统时钟/12($f_{SYS}/12$);(UART_M0x6)=1,串行口 1 方式 0 的波特率为:系统时钟/2 分频($f_{SYS}/2$)。

(3) 串行口 1 发送的启动。

SBUF 是串行口 1 的发送数据缓冲器与接收数据缓冲器。

当需要发送某个数据时,将该数据写入(传送)SBUF,即启动了串行口 1 的发送。

当串行接收完一个数据时,接收到的数据存储在 SBUF 中,直接读取即可。

(4) 串行口 1 的中断管理。

ES:串行口 1 中断允许位,ES=0,禁止串行口 1 中断;ES=1,允许串行口 1 中断。

IPH.4(PSH)、PS:串行口 1 中断优先级设置位。

IPH.4(PSH)/PS=0/0,串行口 1 的中断优先级为 0 级(最低)。

IPH.4(PSH)/PS=0/1,串行口 1 的中断优先级为 1 级。

IPH.4(PSH)/PS=1/0,串行口 1 的中断优先级为 2 级。

IPH.4(PSH)/PS=1/1,串行口 1 的中断优先级为 3 级(最高)。

串行口 1 的中断号为 4。

(5) 串行口 1 从机地址的管理。

STC8H8K64U 单片机专门为串行口 1 多机通信应用时设置了一个从机地址寄存器和一个从机地址屏蔽寄存器。

SADDR:串行口 1 从机地址寄存器。在多机通信中的从机中,用于存放该从机预先定义好的地址。

SADEN：串行口 1 从机地址屏蔽寄存器。与 SADDR 一一对应，当 SADEN 控制位为"0"时，SADDR 对应的地址位屏蔽；当 SADEN 控制位为"1"时，SADDR 对应的地址位保留。当多机通信中，主机发出的从机地址与从机地址保留位相同时视为匹配。

2）串行口 1 的工作方式

STC8H8K64U 单片机串行通信有 4 种工作方式，当 PCON.6（SMOD0）＝0 时，通过设置 SCON 中的 SM0、SM1 位来选择。

（1）方式 0（SM0/SM1＝0/0）。

在方式 0 下，串行口作同步移位寄存器用，其波特率为 $f_{SYS}/12$（UART_M0x6 为 0 时）或 $f_{SYS}/2$（UART_M0x6 为 1 时）。串行数据从 RxD（P3.0）端输入或输出，同步移位脉冲由 TxD（P3.1）送出。这种方式常用于扩展 I/O 口。

① 发送。当 TI＝0，一个数据写入串行口发送缓冲器 SBUF 时，串行口将 8 位数据以 $f_{SYS}/12$ 或 $f_{SYS}/2$ 的波特率从 RxD 引脚输出（低位在前），发送完毕置位中断请求标志 TI，并向 CPU 请求中断。在再次发送数据之前，必须由软件清零 TI 标志。方式 0 发送时序如图 7.1.5 所示。

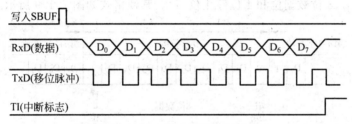

图 7.1.5　以方式 0 发送的时序

方式 0 发送时，串行口可以外接串行输入并行输出的移位寄存器，如 74LS164、CD4094、74HC595 等芯片，用来扩展并行输出口，其逻辑电路如图 7.1.6 所示。

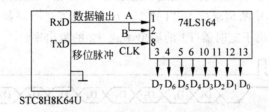

图 7.1.6　以方式 0 扩展输出口

② 接收。当 RI＝0 时，置位 REN，串行口即开始从 RxD 端以 $f_{SYS}/12$ 或 $f_{SYS}/2$ 的波特率输入数据（低位在前），当接收完 8 位数据后，置位中断请求标志 RI，并向 CPU 请求中断。在再次接收数据之前，必须由软件清零 RI 标志。方式 0 接收时序如图 7.1.7 所示。

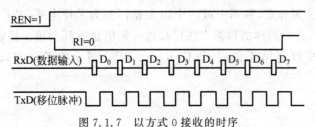

图 7.1.7　以方式 0 接收的时序

方式 0 接收时,串行口可以外接并行输入串行输出的移位寄存器,如 74LS165 芯片,用来扩展并行输入口,其逻辑电路如图 7.1.8 所示。

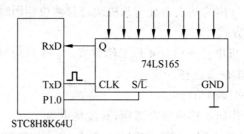

图 7.1.8　方式 0 扩展输入口

值得注意的是,每当发送或接收完 8 位数据后,硬件会自动置位 TI 或 RI,CPU 响应 TI 或 RI 中断后,必须由用户用软件清 0。方式 0 时,SM2 必须为 0。

（2）方式 1(SM0/SM1=0/1)。

串行口工作在方式 1 下时,串行口为波特率可调的 10 位通用异步 UART,一帧信息包括 1 位起始位(0)、8 位数据位和 1 位停止位(1)。其帧格式如图 7.1.9 所示。

图 7.1.9　10 位的帧格式

① 发送。当 TI=0 时,数据写入发送缓冲器 SBUF 后,就启动了串行口发送过程。在发送移位时钟的同步下,从 TxD 引脚先送出起始位,然后是 8 位数据位,最后是停止位。一帧 10 位数据发送完后,中断请求标志 TI 置 1。方式 1 的发送时序如图 7.1.10 所示。方式 1 数据传输的波特率取决于定时器 T1 的溢出率或 T2 的溢出率。

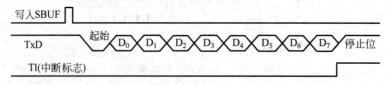

图 7.1.10　以方式 1 发送的时序

② 接收。当 RI=0 时,置位 REN,启动串行口接收过程。当检测到 RxD 引脚输入电平发生负跳变时,接收器以所选择波特率的 16 倍速率采样 RxD 引脚电平,以 16 个脉冲中的 7、8、9 这 3 个脉冲为采样点,取两个或两个以上相同值为采样电平,若检测电平为低电平,则说明起始位有效,并以同样的检测方法接收这一帧信息的其余位。接收过程中,8 位数据装入接收 SBUF,接收到停止位时,置位 RI,向 CPU 请求中断。方式 1 的接收时序如图 7.1.11 所示。

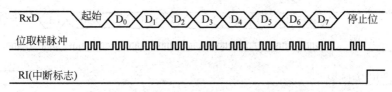

图 7.1.11　以方式 1 接收的时序

（3）方式 2（SM0/SM1＝1/0）。

串行口工作在方式 2，串行口为 11 位 UART。一帧数据包括 1 位起始位（0）、8 位数据位、1 位可编程位（TB8）和 1 位停止位（1），其帧格式如图 7.1.12 所示。

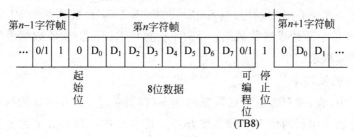

图 7.1.12　11 位 UART 帧格式

① 发送。发送前，先根据通信协议由软件设置好可编程位（TB8）。当 TI＝0 时，用指令将要发送的数据写入 SBUF，则启动发送器的发送过程。在发送移位时钟的同步下，从 TxD 引脚先送出起始位，依次是 8 位数据位和 TB8，最后是停止位。一帧 11 位数据发送完毕后，置位发送中断标志 TI，并向 CPU 发出中断请求。在发送下一帧信息之前，TI 必须由中断服务程序或查询程序清 0。

方式 2 的发送时序如图 7.1.13 所示。

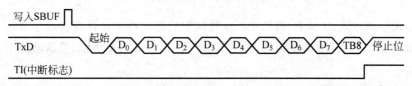

图 7.1.13　以方式 2 发送的时序

② 接收。当 RI＝0 时，置位 REN，启动串行口接收过程。当检测到 RxD 引脚输入电平发生负跳变时，接收器以所选择波特率的 16 倍速率采样 RxD 引脚电平，以 16 个脉冲中的 7、8、9 这 3 个脉冲为采样点，取两个或两个以上相同值为采样电平，若检测电平为低电平，则说明起始位有效，并以同样的检测方法接收这一帧信息的其余位。接收过程中，8 位数据装入接收 SBUF，第 9 位数据装入 RB8，接收到停止位时，若 SM2＝0 或 SM2＝1 且接收到的 RB8＝1，则置位 RI，向 CPU 请求中断；否则不置位 RI 标志，接收数据丢失。方式 2 的接收时序如图 7.1.14 所示。

（4）方式 3（SM0/SM1＝1/1）。

串行口 1 工作在方式 3，串行口同方式 2 一样为 11 位 UART。方式 2 与方式 3 的区别在于波特率的设置方法不同，方式 2 的波特率为 $f_{SYS}/64$（SMOD 为 0）或 $f_{SYS}/32$（SMOD

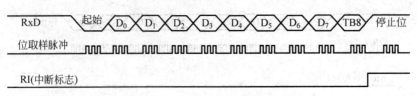

图 7.1.14　以方式 2 接收的时序

为 1)；方式 3 数据传输的波特率同方式 1 一样，取决于定时器 T1 的溢出率或 T2 的溢出率。

方式 3 的发送过程与接收过程，除发送、接收速率不同外，其他过程和方式 2 完全一致。因方式 2 和方式 3 在接收过程，只有当 SM2＝0 或 SM2＝1 且接收到的 RB8＝1 时，才会置位 RI，向 CPU 申请中断请求接收数据；否则不会置位 RI 标志，接收数据丢失，因此，方式 2 和方式 3 常用于多机通信中。

3）串行口 1 的波特率

在串行通信中，收、发双方对传送数据的速率（即波特率）要有一定的约定，才能进行正常的通信。单片机的串行通信有 4 种工作方式。其中方式 0 和方式 2 的波特率是固定的；方式 1 和方式 3 的波特率可变，由定时器 T1 的溢出率决定，或定时器 2 的溢出率决定。

(1) 方式 0 和方式 2。

在方式 0 中，波特率为 $f_{\text{SYS}}/12$（UART_M0x6 为 0 时）或 $f_{\text{SYS}}/2$（UART_M0x6 为 1 时）。

在方式 2 中，波特率取决于 PCON 中的 SMOD 值，当 PCON.7(SMOD)＝0 时，波特率为 $f_{\text{SYS}}/64$；当 PCON.7(SMOD)＝1 时，波特率为 $f_{\text{SYS}}/32$。即

$$\text{波特率} = \frac{2^{\text{SMOD}}}{64} \cdot f_{\text{SYS}}$$

(2) 方式 1 和方式 3（利用 STC-ISP 在线编程软件波特率计算器自动生成）。

在方式 1 和方式 3 下，由定时器 T1 或定时器 T2 的溢出率决定，默认状态下，选择的是 T2 定时器。

① 当 AUXR.0(S1ST2)＝0 时，定时器 T1 为波特率发生器。波特率由定时器 T1 的溢出率（T1 定时时间的倒数）和 SMOD 共同决定。即

$$\text{方式 1 和方式 3 的波特率} = \frac{2^{\text{SMOD}}}{32} \cdot \text{T1 溢出率（T1 为模式 2）}$$

$$\text{方式 1 和方式 3 的波特率} = \frac{1}{4} \text{T1 溢出率（T1 为模式 0）}$$

其中，T1 的溢出率为 T1 定时时间的倒数，取决于单片机定时器 T1 的计数速率和定时器的预置值。

实际上，当定时器 T1 作波特率发生器使用时，通常是工作在模式 0 或模式 2，即自动重装载的 16 位或 8 位定时器，为了避免溢出而产生不必要的中断，此时应禁止 T1 中断。

② 当 AUXR.0(S1ST2)＝1 时，定时器 T2 为波特率发生器。波特率为定时器 T2 溢出率（定时时间的倒数）的 1/4。

例 7.1.1　设单片机采用 11.059MHz 的晶振,串行口工在方式 1,波特率为 9600b/s。利用 STC-ISP 在线编程软件中的波特率工具,请生成波特率发生器的 C 语言代码。

解：打开 STC-ISP 在线编程软件,选择右边工具栏中的波特率计算器,然后根据题目选择工作参数：单片机系统频率 11.059MHz,串行口工在方式 1,波特率为 9600b/s,采用 T1 为波特率发生器,T1 工作在方式 0(16 位自动重载)定时。程序框中默认生成的是 C 语言代码,如图 7.1.15 所示。

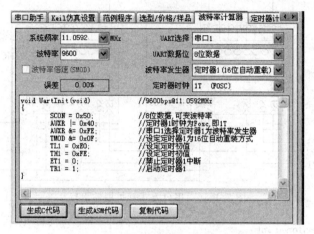

图 7.1.15　波特率计算器(生成 C 语言代码)

4) 串行口的应用举例

(1) 方式 0 的编程和应用。

串行口方式 0 是同步移位寄存器方式。应用方式 0 可以扩展并行 I/O 口。例如,在键盘、显示器接口中,外扩串行输入并行输出的移位寄存器(如 74LS164),每扩展一片移位寄存器可扩展一个 8 位并行输出口。可以用来连接一个 LED 显示器作静态显示或用作键盘中的 8 根列线使用。

例 7.1.2　使用 2 块 74HC595 芯片扩展 16 位并行口,外接 16 只发光二极管,电路连接图如图 7.1.16 所示。利用它的串入并出功能以及锁存输出功能,把发光二极管从右向左依次点亮,并不断循环(16 位流水灯)。

解：74595 和 74164 功能相仿,都是 8 位串行输入并行输出移位寄存器。74164 的驱动电流(25mA)比 74595(35mA)的要小。74595 的主要优点是具有数据存储寄存器,在移位的过程中,输出端的数据可以保持不变。这在串行速度慢的场合很有用,数码管没有闪烁感。而且 74595 具有级联功能,通过级联能扩展更多的输出口。

Q0～Q7 是并行数据输出口,即存储寄存器的数据输出口,Q7' 是串行输出口用于连接级联芯片的串行数据输入端 DS,ST_CP 是存储寄存器的时钟脉冲输入端(低电平锁存),SH_CP 是移位寄存器的时钟脉冲输入端(上升沿移位),$\overline{OE}$ 是三态输出使能端,MR 是芯片复位端(低电平有效,低电平时移位寄存器复位),DS 是串行数据输入端。

```
# include < stc8h. h >              //包含 STC8H8K64U 单片机的头文件
# include < intrins. h >
# include < gpio. h >
# define uchar unsigned char
```

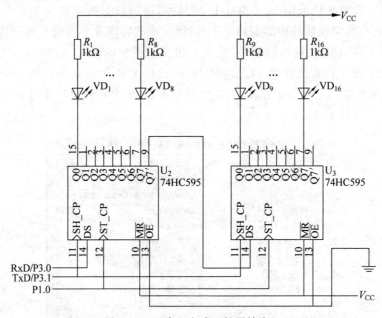

图 7.1.16 串口方式 0 扩展输出口

```c
#define uint unsigned int
uchar x;
uint y = 0xfffe;
void main(void)
{
    uchar i;
    gpio();
    SCON = 0x00;
    while(1)
    {
        for(i = 0; i < 16; i++)
        {
            x = y&0x00ff;
            SBUF = x;
            while(TI == 0);
            TI = 0;
            x = y >> 8;
            SBUF = x;
            while(TI == 0);
            TI = 0;
            P10 = 1;        //移位寄存器数据送存储锁存器
            Delay50us;      //50μs 的延时函数,建议从 STC_ISP 在线编程工具中获得,并放在主函
                            //数的前面位置
            P10 = 0;
            Delay500ms;     //500μs 的延时函数,建议从 STC_ISP 在线编程工具中获得,并放在主
                            //函数的前面位置
            y = _irol_(y,1);
        }
        y = 0xfffe;
    }
}
```

（2）双机通信。

双机通信用于单片机和单片机之间交换信息。对于双机异步通信的程序通常采用两种方法，即查询方式和中断方式。但在很多应用中，双机通信的接收方都采用中断的方式来接收数据，以提高 CPU 的工作效率；发送方仍然采用查询方式发送。

双机通信的两个单片机的硬件连接可直接连接，如图 7.1.17 所示，甲机的 TxD 接乙机的 RxD，甲机的 RxD 接乙机的 TxD，甲机的 GND 接乙机的 GND。但单片机的通信是采用 TTL 电平传输信息，其传输距离一般不超过 5m，所以实际应用中通常采用 RS-232C 标准电平进行点对点的通信连接，如图 7.1.18 所示，MAX232 是电平转换芯片。RS-232C 标准电平是 PC 串行通信标准，详细内容见后文。

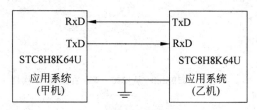

图 7.1.17　双机异步通信接口电路

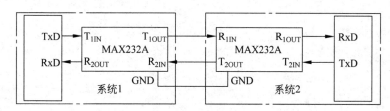

图 7.1.18　点对点通信接口电路

1. 任务要求

甲、乙双机的功能一致。要求：从 P3.3、P3.2 引脚输入开关信号，通过串行口发出；接收串行输入数据，根据接收到的信号，做出不同的动作：当 P3.3、P3.2 引脚输入为 00 时，点亮 P6.7 控制的 LED 灯；当 P3.3、P3.2 引脚输入为 01 时，点亮 P6.6 控制的 LED 灯；当 P3.3、P3.2 引脚输入为 10 时，点亮 P6.5 控制的 LED 灯；当 P3.3、P3.2 引脚输入为 11 时，点亮 P6.4 控制的 LED 灯。

2. 硬件设计

采用 2 个 STC 大学计划实验箱(9.3)，将甲机单片机 P3.0 与乙机单片机 P3.1 相接，甲机单片机 P3.1 与乙机单片机 P3.0 相接，甲机单片机的地线与乙机单片机的地线相接，SW17 输入 P3.2 信号，SW18 输入 P3.3 信号。

3. 软件设计

（1）程序说明。

甲机与乙机的功能一样，因此，甲机与乙机的程序一致，分为串行发送程序与串行接收程序。设定串行口 1 工作在方式 1,采用定时器 1 为波特率发生器,工作在方式 0,双方约定波特率为 9600b/s。

(2) 源程序清单(项目七任务 1. c)。

```c
# include < stc8h. h >        //包含支持 STC8H8K64U 单片机的头文件
# include < intrins. h >
# include < gpio. h >         //I/O 初始化文件
# define uchar unsigned char
# define uint unsigned int
uchar temp;
uchar temp1;
sbit Strobe = P4^0;
sbit LED17 = P6^7;
sbit LED16 = P6^6;
sbit LED15 = P6^5;
sbit LED14 = P6^4;
void Delay100ms()        //@11.0592MHz,从 STC - ISP 在线编程软件工具中获得
{
    unsigned char i, j, k;

    _nop_();
    _nop_();
    i = 5;
    j = 52;
    k = 195;
    do
    {
        do
        {
            while ( -- k);
        } while ( -- j);
    } while ( -- i);
}
void UartInit(void)        //9600b/s@11.0592MHz,从 STC - ISP 在线编程软件工具中获得
{
    SCON = 0x50;           //8 位数据,可变波特率
    AUXR |= 0x40;          //定时器 1 时钟为 f_osc,即 1T
    AUXR &= 0xFE;          //串口 1 选择定时器 1 为波特率发生器
    TMOD &= 0x0F;          //设定定时器 1 为 16 位自动重装方式
    TL1 = 0xE0;            //设定定时初值
    TH1 = 0xFE;            //设定定时初值
    ET1 = 0;               //禁止定时器 1 中断
    TR1 = 1;               //启动定时器 1
}
void main()
{
    gpio();
    UartInit();
    Strobe = 0;
    ES = 1;
    EA = 1;
    while(1)
    {
```

```
        temp = P3;
        temp = temp&0x0c;
        SBUF = temp;
        while(TI == 0);
        TI = 0;
        Delay100ms();
    }
}
void uart_isr() interrupt 4
{
    if(RI == 1)
    {
        RI = 0;
        temp1 = SBUF;
        switch(temp1&0x0c)
        {
            case 0x00: LED17 = 0; LED16 = 1; LED15 = 1; LED14 = 1; break;
            case 0x04: LED17 = 1; LED16 = 0; LED15 = 1; LED14 = 1; break;
            case 0x08: LED17 = 1; LED16 = 1; LED15 = 0; LED14 = 1; break;
            default: LED17 = 1; LED16 = 1; LED15 = 1; LED14 = 0; break;
        }
    }
}
```

4. 系统调试

（1）采用2个STC大学计划实验箱(9.3)，将甲机J1插座P3.0与乙机J1插座P3.1相接，甲机J1插座P3.1与乙机J1插座P3.0相接，甲机J1插座的地线与乙机J1插座的地线相接。

（2）用Keil C编辑、编译"项目七任务1.c"程序，生成机器代码文件"项目七任务1.hex"。

（3）利用STC-ISP在线编程软件将"项目七任务1.hex"文件下载到甲机与乙机的单片机中。

（4）按表7.1.3所示进行调试并记录。

表 7.1.3　双机通信测试表

甲机（输入）		乙机（输出）				乙机（输入）		甲机（输出）			
SW18	SW17	LED17	LED16	LED15	LED14	SW18	SW17	LED17	LED16	LED15	LED14
0	0					0	0				
0	1					0	1				
1	0					1	0				
1	1					1	1				

注：STC大学计划实验箱(9.3)串行口2通过RS-232列出，双机通信可利用串行口2进行。

 知识延伸

1. STC8H8K64U 单片机串行口2

STC8H8K64U单片机串行口2默认对应的发送、接收引脚是：TxD2/P1.1、RxD2/P1.0，通过设置P_SW2中的S2_S控制位，串行口2的TxD2、RxD2硬件引脚可切换为P4.7、

P4.6。

与单片机串行口 2 有关的特殊功能寄存器有串行口 2 控制寄存器 S2CON、串行口 2 数据缓冲器 S2BUF、与波特率设置有关的定时器/计数器 T2 的相关寄存器以及与中断控制相关的寄存器,串行口 2 波特率的设置程序可通过 STC-ISP 在线编程软件波特率计算器获取,为此与波特率设置相关的特殊功能寄存器不再介绍,需要学习的串行口 2 的特殊功能寄存器详见表 7.1.4。

表 7.1.4　与单片机串行口 2 有关的特殊功能寄存器

	地址	B7	B6	B5	B4	B3	B2	B1	B0	复位值
S2CON	9AH	S2SM0		S2SM2	S2REN	S2TB8	S2RB8	S2TI	S2RI	0x000000
S2BUF	9BH	串行口 2 数据缓冲器								xxxxxxxx
IE2	AFH	EUSB	ET4	ET3	ES4	ES3	ET2	ESPI	ES2	00000000
IP2	B5H	PUSB	PI2C	PCMP	PX4	PPWM2	PPWM1	PSPI	PS2	00000000
IP2H	B6H	PUSBH	PI2CH	PCMPH	PX4H	PPWM2H	PPWM1H	PSPIN	PS2H	00000000

1) 串行口 2 工作方式的选择与控制

串行口 2 工作方式的选择与控制由串行口 2 控制寄存器 S2CON 来实现,具体内容如下。

S2CON.7(S2SM0):用于指定串行口 2 的工作方式,如表 7.1.5 所示,串行口 2 的波特率为 T2 定时器溢出率的 1/4。

表 7.1.5　串行口 2 工作方式选择

S2CON.7(S2SM0)	工作方式	功　　能	波特率
0	方式 0	8 位 UART	T2 溢出率/4
1	方式 1	9 位 UART	

S2CON.5(S2SM2):串行口 2 多机通信控制位,用于方式 1 中。在方式 1 处于接收方式时,若 S2CON.5(S2SM2)=1,且接收到的第 9 位数据 S2RB8 为 0 时,不激活 S2RI;若 S2CON.7(S2SM0)=1,且 S2CON.2(S2RB8)=1 时,则置位 S2RI 标志。在方式 1 处于接收方式时,若 S2CON.7(S2SM0)=0,不论接收到第 9 位 S2CON.2(S2RB8)为 0 还是为 1,S2RI 都以正常方式被激活。

S2CON.4(S2REN):允许串行口 2 接收控制位。由软件置位或清零。S2CON.4(S2REN)=1 时,允许接收;S2CON.4(S2REN)=0 时,禁止接收。

S2CON.3(S2TB8):串行口 2 发送数据的第 9 位。在方式 1 中,由软件置位或复位,可作奇偶校验位。在多机通信中,可作为区别地址帧或数据帧的标识位,一般约定地址帧时 S2CON.3(S2TB8)为 1,数据帧时 S2CON.3(S2TB8)为 0。

S2CON.2(S2RB8):在方式 1 中,是串行口 2 接收到的第 9 位数据,作为奇偶校验位或地址帧或数据帧的标识位。

S2CON.1(S2TI):串行口 2 发送中断标志位。在发送停止位之初由硬件置位。S2CON.1(S2TI)是发送完一帧数据的标志,既可以用查询的方法,也可以用中断的方法来响应该标志,然后在相应的查询服务程序或中断服务程序中,由软件清除 S2CON.1

（S2TI）。

S2CON.0（S2RI）：串行口 2 接收中断标志位。在接收停止位的中间由硬件置位。S2CON.0（S2RI）是接收完一帧数据的标志,同 S2CON.1（S2TI）一样,既可以用查询的方法,也可以用中断的方法来响应该标志,然后在相应的查询服务程序或中断服务程序中由软件清除 S2CON.0（S2RI）。

2）串行口 2 发送的启动

S2BUF 是串行口 2 的发送数据缓冲器与接收数据缓冲器。

当需要发送某个数据时,将该数据写入（传送）S2BUF,即启动串行口 2 的发送。

当串行接收完一个数据时,接收到的数据存储在 S2BUF 中,直接读取即可。

3）串行口 2 的中断管理

IE2.0（ES2）：串行口 2 中断允许位,IE2.0（ES2）=0,禁止串行口 2 中断；IE2.0（ES2）=1,允许串行口 2 中断。

IP2H.0（PS2H）、IP2.0（PS2）：串行口 2 中断优先级设置位。

IP2H.0（PS2H）/IP2.0（PS2）=0/0,串行口 2 的中断优先级为 0 级（最低）。

IP2H.0（PS2H）/IP2.0（PS2）=0/1,串行口 1 的中断优先级为 1 级。

IP2H.0（PS2H）/IP2.0（PS2）=1/0,串行口 1 的中断优先级为 2 级。

IP2H.0（PS2H）/IP2.0（PS2）=1/1,串行口 1 的中断优先级为 3 级（最高）。

串行口 1 的中断号为 8。

2. STC8H8K64U 单片机串行口 3

STC8H8K64U 单片机串行口 3 默认对应的发送、接收引脚是 TxD3/P0.1 和 RxD3/P0.0,通过设置 P_SW2 中的 S3_S 控制位,串行口 3 的 TxD3、RxD3 硬件引脚可切换为P5.1、P5.0。

与单片机串行口 3 有关的特殊功能寄存器有：串行口 3 控制寄存器 S3CON、串行口 3 数据缓冲器 S3BUF,与波特率设置有关的 T2、T3 相关寄存器,以及与中断控制相关的寄存器,串行口 3 波特率的设置程序可通过 STC-ISP 在线编程软件波特率计算器获取,为此与波特率设置相关的特殊功能寄存器不再介绍,需要学习的串行口 3 的特殊功能寄存器详见表 7.1.6。

表 7.1.6 与单片机串行口 3 有关的特殊功能寄存器

	地址	B7	B6	B5	B4	B3	B2	B1	B0	复位值
S3CON	ACH	S3SM0	S3ST3	S3SM2	S3REN	S3TB8	S3RB8	S3TI	S3RI	00000000
S3BUF	ADH	串行口 3 数据缓冲器								xxxxxxxx
IE2	AFH	EUSB	ET4	ET3	ES4	ES3	ET2	ESPI	ES2	00000000

1）串行口 3 工作方式的选择与控制

串行口 3 工作方式的选择与控制由串行口 3 控制寄存器 S3CON 来实现,具体内容如下。

S3CON.7（S3SM0）：用于指定串行口 3 的工作方式,如表 7.1.7 所示,串行口 3 的波特率为 T2 定时器溢出率的 1/4,或 T3 定时器溢出率的 1/4。

表 7.1.7　串行口 3 工作方式选择

S3SM0	工作方式	功　能	波　特　率
0	方式 0	8 位 UART	T2 溢出率/4,或 T3 溢出率/4
1	方式 1	9 位 UART	

S3CON.6(S3ST3):串行口 3 波特率发生器选择控制位。S3CON.6(S3ST3)=0,选择定时器 T2 为波特率发生器,其波特率为 T2 溢出率的 1/4;S3CON.6(S3ST3)=1,选择定时器 T3 为波特率发生器,其波特率为 T3 溢出率的 1/4。

S3CON.5(S3SM2):串行口 3 多机通信控制位,用于方式 1 中。在方式 1 处于接收时,若 S3CON.5(S3SM2)=1,且接收到的第 9 位数据 S3CON.2(S3RB8)为 0 时,不激活 S3CON.0(S3RI);若 S3CON.5(S3SM2)=1,且 S3CON.2(S3RB8)=1 时,则置位 S3CON.0(S3RI)标志。在方式 1 处于接收方式,若 S3CON.5(S3SM2)=0,不论接收到第 9 位数据 S3CON.2(S3RB8)为 0 还是为 1,S3CON.0(S3RI)都以正常方式被激活。

S3CON.4(S3REN):串行口 3 允许接收控制位。由软件置位或清零。S3CON.4(S3REN)=1 时,允许接收;S3CON.4(S3REN)=0 时,禁止接收。

S3CON.3(S3TB8):串行口 3 发送数据的第 9 位。在方式 1 中,由软件置位或复位,可作奇偶校验位。在多机通信中,可作为区别地址帧或数据帧的标识位,一般约定地址帧时 S3CON.3(S3TB8)为 1,约定数据帧时 S3CON.3(S3TB8)为 0。

S3CON.2(S3RB8):在方式 1 中,是串行口 3 接收到的第 9 位数据,作为奇偶校验位或地址帧或数据帧的标识位。

S3CON.1(S3TI):串行口 3 发送中断标志位。在发送停止位之初由硬件置位。S3CON.1(S3TI)是发送完一帧数据的标志,既可以用查询的方法,也可以用中断的方法来响应该标志,然后在相应的查询服务程序或中断服务程序中由软件清除 S3CON.1(S3TI)。

S3CON.0(S3RI):串行口 3 接收中断标志位。在接收停止位的中间由硬件置位。S3CON.0(S3RI)是接收完一帧数据的标志,同 S3CON.1(S3TI)一样,既可以用查询的方法,也可以用中断的方法来响应该标志,然后在相应的查询服务程序或中断服务程序中由软件清除 S3CON.0(S3RI)。

2) 串行口 3 发送的启动

S3BUF 是串行口 3 的发送数据缓冲器与接收数据缓冲器。

当需要发送某个数据时,将该数据写入(传送)S3BUF,即启动串行口 3 的发送。

当串行口接收完一个数据时,接收到的数据存储在 S3BUF 中,直接读取即可。

3) 串行口 3 的中断管理

IE2.3(ES3):串行口 3 中断允许位,IE2.3(ES3)=0,禁止串行口 3 中断;IE2.3(ES3)=1,允许串行口 3 中断。

串口 3 的中断优先级由 IP3H.0(PS3H)、IP3.0(PS3)控制,分为 4 级。

串行口 3 的中断号为 12。

3. STC8H8K64U 单片机串行口 4

STC8H8K64U 单片机串行口 4 默认对应的发送、接收引脚是 TxD4/P0.3 和 RxD4/P0.2,通过设置 P_SW2 中的 S4_S 控制位,串行口 4 的 TxD4、RxD4 硬件引脚可切换为

P5.3、P5.2。

与单片机串行口 4 有关的特殊功能寄存器有：串行口 4 控制寄存器 S4CON、串行口 4 数据缓冲器 S4BUF，与波特率设置有关的 T2、T4 相关寄存器，以及与中断控制相关的寄存器，串行口 4 波特率的设置程序可通过 STC-ISP 在线编程软件波特率计算器获取，为此与波特率设置相关的特殊功能寄存器不再介绍，需要学习串行口 4 的特殊功能寄存器详见表 7.1.8。

表 7.1.8　与单片机串行口 4 有关的特殊功能寄存器

	地址	B7	B6	B5	B4	B3	B2	B1	B0	复位值
S4CON	84H	S4SM0	S4ST4	S4SM2	S4REN	S4TB8	S4RB8	S4TI	S4RI	00000000
S4BUF	85H	串行口 4 数据缓冲器								xxxxxxxx
IE2	AFH	EUSB	ET4	ET3	ES4	ES3	ET2	ESPI	ES2	00000000

1）串行口 4 工作方式的选择与控制

串行口 4 工作方式的选择与控制由串行口 4 控制寄存器 S4CON 来实现，具体内容如下。

S4CON.7(S4SM0)：用于指定串行口 4 的工作方式，如表 7.1.9 所示，串行口 4 的波特率为 T2 定时器溢出率的 1/4，或 T4 定时器溢出率的 1/4。

表 7.1.9　串行口 4 工作方式选择

S4SM0	工作方式	功　能	波　特　率
0	方式 0	8 位 UART	T2 溢出率/4，或 T4 溢出率/4
1	方式 1	9 位 UART	

S4CON.6(S4ST4)：串行口 4 波特率发生器选择控制位。S4CON.6(S4ST4)=0,选择定时器 T2 为波特率发生器，其波特率为 T2 溢出率的 1/4；S4CON.6(S4ST4)=1,选择定时器 T4 为波特率发生器，其波特率为 T4 溢出率的 1/4。

S4CON.5(S4SM2)：串行口 3 多机通信控制位，用于方式 1 中。在方式 1 处于接收时，若 S4CON.5(S4SM2)=1,且接收到的第 9 位数据 S4CON.2(S4RB8)为 0 时，不激活 S4CON.0(S4RI)；若 S4CON.5(S4SM2)=1,且 S4CON.2(S4RB8)=1 时，则置位 S4CON.0(S4RI)标志。在方式 1 处于接收方式，若 S4CON.5(S4SM2)=0,不论接收到第 9 位数据 S4CON.2(S4RB8)为 0 还是为 1,S4CON.0(S4RI)都以正常方式被激活。

S4CON.4(S4REN)：串行口 4 允许接收控制位，由软件置位或清零。S4CON.4(S4REN)=1 时，允许接收；S4CON.4(S4REN)=0 时，禁止接收。

S4CON.3(S4TB8)：串行口 4 发送数据的第 9 位。在方式 1 中，由软件置位或复位，可作奇偶校验位。在多机通信中，可作为区别地址帧或数据帧的标识位，一般约定地址帧时 S4CON.3(S4TB8)为 1,约定数据帧时 S4CON.3(S4TB8)为 0。

S4CON.2(S4RB8)：在方式 1 中，是串行口 4 接收到的第 9 位数据，作为奇偶校验位或地址帧或数据帧的标识位。

S4CON.1(S4TI)：串行口 4 发送中断标志位。在发送停止位之初由硬件置位。S4CON.1(S4TI)是发送完一帧数据的标志，既可以用查询的方法，也可以用中断的方法来响应该标志,然后在相应的查询服务程序或中断服务程序中由软件清除 S4CON. 1(S4TI)。

S4CON. 0(S4RI):串行口 4 接收中断标志位。在接收停止位的中间由硬件置位。S4CON. 0(S4RI)是接收完一帧数据的标志,同 S4CON. 1(S4TI)一样,既可以用查询的方法,也可以用中断的方法来响应该标志,然后在相应的查询服务程序或中断服务程序中由软件清除 S4CON. 0(S4RI)。

2) 串行口 4 发送的启动

S4BUF 是串行口 4 的发送数据缓冲器与接收数据缓冲器。

当需要发送某个数据时,将该数据写入(传送)S4BUF,即启动串行口 4 的发送。

当串行接收完一个数据时,接收到的数据存储在 S4BUF 中,直接读取即可。

3) 串行口 4 的中断管理

IE2.4(ES4):串行口 4 中断允许位,IE2.4(ES4)=0,禁止串行口 4 中断;IE2.4(ES4)=1,允许串行口 4 中断。

串行口 4 的中断优先级由 IP3H. 1(PS4H)、IP3.1(PS4)控制,分为 4 级。

串行口 4 的中断号为 18。

采用一个实验箱串行口 2 与串行口 3 通信,通信电路如附图 4.14 所示,模拟双机通信。用外部中断 0(SW17)启动串行口 2 发送,发送数据为 128,串行口 3 接收后送 LED 数码管显示;用外部中断 1(SW18)启动串行口 3 发送,发送数据为 255,串行口 2 接收后送 LED 数码管显示;试编写程序,并上机调试。

任务 7.2　STC8H8K64U 单片机与 PC 间的串行通信

本任务学习与掌握 STC8H8K64U 单片机与 PC 之间的串行通信,以便 PC 对单片机进行管理与控制,STC8H8K64U 单片机的在线编程就是利用 PC 的串口与 STC8H8K64U 单片机的串口进行通信的。在 PC 端有两种串口实现方法:一是利用 PC 的 RS-232C 串口实现;二是利用 PC 的 USB 接口模拟 RS-232C 串口实现。

STC8H8K64U 单片机与 PC 的通信

1. 单片机与 PC 的 RS-232 串行通信的接口设计

在单片机应用系统中,与上位机的数据通信主要采用异步串行通信。在设计通信接口时,必须根据需要选择标准接口,并考虑传输介质、电平转换等问题。采用标准接口后,能够方便地把单片机和外设、测量仪器等有机地连接起来,从而构成一个测控系统。例如,当需要单片机和 PC 通信时,通常采用 RS-232 接口进行电平转换。

RS-232C 是使用最早、应用最多的一种异步串行通信总线标准。它是美国电子工业协会(EIA)于 1962 年公布、1969 年最后修订而成的。其中 RS 表示 Recommended Standard,232 是该标准的标识号,C 表示最后一次修订。

RS-232C 主要用来定义计算机系统的一些数据终端设备(DTE)和数据电路终接设备(DCE)之间的电气性能。8051 单片机与 PC 的通信通常采用 RS-232C 类型的接口。

RS-232C 串行接口总线适用于设备之间的通信距离不大于 15m,传输速率最大为20Kb/s 的应用场合。

1) RS-232C 信息格式标准

RS-232C 采用串行格式,如图 7.2.1 所示。该标准规定:信息的开始为起始位,信息的结束为停止位;信息本身可以是 5、6、7、8 位再加一位奇偶校验位。如果两个信息之间无信息,则写"1",表示空。

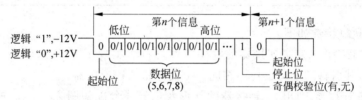

图 7.2.1　RS-232C 信息格式

2) RS-232C 电平转换器

RS-232C 规定了自己的电气标准,由于它是在 TTL 电路之前研制的,所以它的电平不是+5V 和地,而是采用负逻辑,即逻辑"0",+5～+15V;逻辑"1",−5～−15V。

因此,RS-232C 不能和 TTL 电平直接相连,使用时必须进行电平转换;否则将烧坏TTL 电路,实际应用时必须注意。PC RS-232C 逻辑"0"为+12V,逻辑"1"为−12V。

目前,常用的电平转换电路是 MAX232 或 STC232,MAX232 的逻辑结构如图 7.2.2所示。

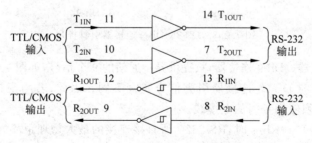

图 7.2.2　MAX232 的功能引脚图

3) RS-232C 总线规定

RS-232C 标准总线为 25 根,使用 25 个引脚的连接器,各信号引脚的定义如表 7.2.1所示。

表 7.2.1　RS-232C 标准总线

引脚	定　　义	引脚	定　　义
1	保护地(PG)	14	辅助通道发送数据
2	发送数据(TxD)	15	发送时钟(TXC)
3	接收数据(RxD)	16	辅助通道接收数据
4	请求发送(RTS)	17	接收时钟(RXC)
5	清除发送(CTS)	18	未定义
6	数据通信设备准备就绪(DSR)	19	辅助通道请求发送
7	信号地(SG)	20	数据终端设备就绪(DTR)
8	接收线路信号检测(DCD)	21	信号质量检测
9	接收线路建立检测	22	音响指示
10	线路建立检测	23	数据速率选择
11	未定义	24	发送时钟
12	辅助通道接收线信号检测	25	未定义
13	辅助通道清除发送		

连接器的机械特性如下。

由于 RS-232C 并未定义连接器的物理特性,因此,出现了 DB-25、DB-15 和 DB-9 各种类型的连接器,其引脚的定义也各不相同。下面介绍两种连接器。

(1) DB-25 连接器。DB-25 连接器的外形及信号线分配如图 7.2.3(a)所示,各引脚功能与表 7.2.1 一致。

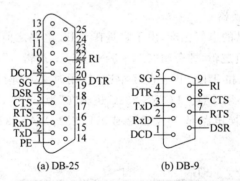

(a) DB-25　　　　(b) DB-9

图 7.2.3　DB-25、DB-9 连接器引脚排列

(2) DB-9 连接器。DB-9 连接器,只提供异步通信的 9 个信号,如图 7.2.3(b)所示。DB-9 连接器的引脚分配与 DB-25 连接器引脚信号完全不同。因此,若与配接 DB-25 连接器的 DCE 设备连接,必须使用专门的电缆线。

在通信速率低于 20Kb/s 时,RS-232C 所直接连接的最大物理距离为 15m(50 英尺)。

2. RS-232C 接口与 8051 单片机的通信接口设计

在 PC 系统内都装有异步通信适配器,利用它可以实现异步串行通信。该适配器的核心元件是可编程的 Intel 8250 芯片,它使 PC 有能力与其他具有标准的 RS-232C 接口的计算机或设备进行通信。STC8H8K64U 单片机本身具有一个全双工的串行口,因此只要配以电平转换的驱动电路、隔离电路就可组成一个简单可行的通信接口。同样,PC 和单片机之间的通信也分为双机通信和多机通信。

PC 和单片机进行串行通信的硬件连接,最简单的连接是零调制三线经济型,这是进行全双工通信所必需的最少线路,计算机的 9 针串口只连接其中的 3 根线:第 5 脚的 GND、第 2 脚的 RxD、第 3 脚的 TxD、如图 7.2.4 所示。这也是 STC8H8K64U 单片机程序下载电路之一。

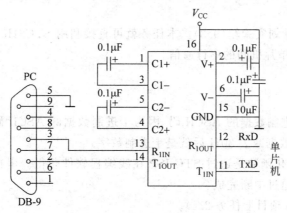

图 7.2.4 PC 和单片机串行通信的三线制连接电路

3. STC8H8K64U 单片机与 PC 的 USB 总线通信的接口设计

目前,PC 常用串行通信接口是 USB 接口,绝大多数已不再将 RS-232C 串行接口作为标配。STC 大学计划实验箱(9.3)是采用 PL2303 芯片进行转换的,项目 1 任务 1.3 中已有说明,此处不再赘述。

注:STC 大学计划实验箱(9.3)默认状态下未焊接 PL2303 芯片。

4. STC8H8K64U 单片机与 PC 串行通信的程序设计

通信程序设计分为计算机(上位机)程序设计与单片机(下位机)程序设计。

为了实现单片机与 PC 的串口通信,PC 端需要开发相应的串口通信程序,这些程序通常是用各种高级语言来开发,如 VC、VB 等。在实际开发调试单片机端的串口通信程序时,也可以使用 STC 系列单片机下载程序中内嵌的串口调试程序或其他串口调试软件(如串口调试精灵软件)来模拟 PC 端的串口通信程序。这也是在实际工程开发中,特别是团队开发时常用的办法。

串口调试程序无须任何编程即可实现 RS-232C 的串口通信,能有效提高工作效率,使串口调试能够方便、透明地进行。它可以在线设置各种通信速率、奇偶校验、通信口而无须重新启动程序。发送数据可发送十六进制(HEX)格式和文本(ASCII 码)格式,可以设置定时发送的数据及时间间隔。可以自动显示接收到的数据,支持 HEX 或文本(ASCII 码)格式显示,是工程技术人员监视、调试串口程序的必备工具。

单片机程序设计根据不同项目的功能要求,设置串行口并利用串行口与 PC 进行数据通信。

1. 任务要求

PC 通过串口调试程序(STC 系列单片机 STC-ISP 在线编程软件内嵌有串口助手)发送

单个十进制数码(0～9)字符,并串行接收单片机发送过来的数据。

单片机串行接收 PC 串行发送的数据,接收后按"Receving Data:串行接收数据"发送给 PC,同时将串行接收数据发送给数码管显示。

2. 硬件设计

采用 STC 大学计划实验箱(9.3)。本任务就可直接利用 STC8H8K64U 单片机的在线编程电路进行 PC 与单片机间的串行通信。

3. 软件设计

(1) 程序说明。

PC 发送的是十进制数据的 ASCII 码,因为十进制数据的 ASCII 码与十进制数据间相差 30H,串行接收的数据减去 30H 后就是十进制数字。

串行口 1 的初始化函数是通过 STC-ISP 在线编程软件获得。串行发送是通过查询方式完成,串行接收是通过中断完成。

(2) 源程序清单(项目七任务 2.c)。

```c
# include < stc8h. h >         //包含支持 STC8H 系列单片机的头文件
# include < intrins. h >
# include < gpio. h >
# define uchar unsigned char
# define uint unsigned int
# include < LED_display. h >
uchar code as[] = "Receving Data: ";
uchar a = 0x30;
/* ---------- 串行口初始化函数 ---------- */
void UartInit(void)      //19200b/s@18.432MHz
{
    SCON = 0x50;         //8 位数据,可变波特率
    AUXR |= 0x40;        //定时器 1 时钟为 f_osc,即 1T
    AUXR &= 0xFE;        //串行口 1 选择定时器 1 为波特率发生器
    TMOD &= 0x0F;        //设定定时器 1 为 16 位自动重装方式
    TL1 = 0x10;          //设定定时初值
    TH1 = 0xFF;          //设定定时初值
    ET1 = 0;             //禁止定时器 1 中断
    TR1 = 1;             //启动定时器 1
}
/* -------------------- 主函数 -------------------- */
void main(void)
{
    uchar i;
    gpio();
    UartInit();
    ES = 1;
    EA = 1;
    while(1)
    {
        Dis_buf[7] = a - 0x30;
        LED_display();
        if(RI)           //检测串行接收标志
```

```
        {
            EA = 0;
            RI = 0; i = 0;          //清零 RI,并依次发送预置字符串与接收数据
            while(as[i]!= '\0'){SBUF = as[i]; while(!TI); TI = 0; i++; }
            SBUF = a; while(!TI); TI = 0;
            EA = 1;                 //开中断,以接收下一个 PC 发送的数据
        }
    }
}
/* ------------- 串行口中断服务函数 -------------- */
void serial_serve(void) interrupt 4
{
    a = SBUF;                       //读串行接收数据
}
```

4. 系统调试

(1) 用 USB 线将 PC 与 STC 大学计划实验箱(9.3)连接。

(2) 用 Keil C 编辑、编译"项目七任务 2. c"程序,生成机器代码文件"项目七任务 2. hex"。

(3) 运行 STC-ISP 在线编程软件,选择 IRC 时钟频率为 18.432MHz,将"项目七任务 2. hex"文件下载到 STC 大学计划实验箱(9.3)单片机中,下载完毕自动进入运行模式。

(4) 选择 STC-ISP 在线编程软件的串口助手,进行串口选择与参数设置,如图 7.2.7 所示。

① 根据下载程序的 USB 模拟的串口号选择串行助手的串口号,如 COM5。

② 设置串口参数:波特率与单片机串口的波特率一致(19200),无校验位,停止位为 1 位。

③ 发送缓冲区与接收缓冲区的格式都选择文本(字符)格式。

④ 单击"打开串口"按钮。

(5) 在发送缓冲区输入数字 6,单击"发送数据"按钮。

① 观察接收缓冲区的内容,如图 7.2.5 所示。

图 7.2.5　串口助手的发送与接收界面

② 观察 STC 大学计划实验箱(9.3)数码管显示内容。

(6) 在串口助手的发送缓冲区依次输入十进制数码 0~9 字符,观察串口调试助手的接收缓冲区内容和 STC 大学计划实验箱(9.3)数码管显示内容,并做好记录。

(7) 在串口助手的发送缓冲区输入英文字符,如字符"A",观察串口调试助手的接收缓冲区内容和 STC 大学计划实验箱(9.3)数码管显示内容,并做好记录。

(8) 比较步骤(6)与步骤(7)的内容有何不同,分析其原因,并提出解决方法。

注:STC 大学计划试验箱(9.3)默认状态下未焊接 PL2303 芯片,无法利用下载线路进行串口通信。串行口 2 引出了 RS-232 通信电路,通信插座为 J2,可利用带 USB 转 RS-232 功能的传输线将 PC 与 J2 相连,利用串行口 2 与 PC 进行通信。

 **任务拓展**

通过串口助手发送大写英文字母,单片机串行接收后根据不同的英文字母向 PC 发送不同的信息,并在 STC 大学计划实验箱(9.3)数码管显示串行接收到的英文字母,具体要求见表 7.2.2。

表 7.2.2　PC 与单片机间串行通信控制功能表

PC 串行助手发送的字符	单片机向 PC 发送的信息
A	"你的姓名"
B	"你的性别"
C	"你的就读学校名称"
D	"你的就读专业名称"
E	"你的学生证号"
其他字符	非法命令

 **知识延伸**

STC8H8K64U 单片机串行口 1 的方式 2 和方式 3 有一个专门的应用领域,即多机通信。这一功能通常采用主从式多机通信方式,在这种方式中,用一台主机和多台从机进行通信。主机发送的信息可以传送到各个从机或指定的从机,各从机发送的信息只能被主机接收,从机与从机之间不能进行通信。图 7.2.6 是多机通信的连接示意图。

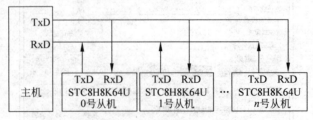

图 7.2.6　多机通信连接示意图

STC8H8K64U 单片机专门开发从机地址识别功能,只有本机从机地址与主机发过来的从机地址匹配时,才会置位串行接收中断请求标志 RI,产生串形口 1 中断;否则硬件自动丢弃串口数据,而不产生中断。当众多处于空闲模式的从机连接在一起时,只有从机地址相匹配的从机才会从空闲模式唤醒,从而可以大大降低从机 MCU 的功耗,即使从机处于正常工作状态也可避免不停地进入串口中断而降低系统执行效率。

设置串形口 1 自动地址识别功能的方法:将从机的串口工作模式设置为模式 2 或者模式 3(通常都选择波特率可变的模式 3,因为模式 2 的波特率是固定的,不便于调节),并置位从机的 SCON 的 SM2 位,将本机的从机地址存入串口 1 从机地址寄存器 SADDR,在串形口 1 从机屏蔽地址寄存器 SADEN 中设置好屏蔽位,即从机地址寄存器 SADDR 哪些数字位参与自动匹配,需要参与的数据位对应的 SADEN 屏蔽位置"1",需屏蔽的数据位对应的 SADEN 屏蔽位置"0"。当第 9 位数据(存放在 RB8 中)定义为地址/数据的标志位,且当第 9 位数据为 1 时,表示前面的 8 位数据(存放在 SBUF 中)为地址信息,从机 MCU 会自动过滤掉非地址数据(第 9 位为 0 的数据),而对 SBUF 中的地址数据(第 9 位为 1 的数据)自动与 SADDR 和 SADEN 所设置的本机地址进行比较,若地址相匹配,则会将 RI 置"1",并产生中断;否则不予处理本次接收的串口数据。

在编程前,首先要给各从机定义地址编号,系统中允许接 256 台从机,地址编码为 00H~FFH。在主机想发送一个数据块给某个从机时,它必须先送出一个地址字节,以辨认从机。多机通信的过程简述如下。

(1) 主机发送一帧地址信息,与所需的从机联络。主机应置 TB8 为 1,表示发送的是地址帧。例如:

```
MSCON = 0xD8;      //设串行口为方式 3,TB8 = 1,允许接收
```

(2) 所有从机的 SM2=1,处于准备接收一帧地址信息的状态。例如:

```
SCON = 0xF0;       //设串行口为方式 3,SM2 = 1,允许接收
```

(3) 根据各从机定义好的从机地址以及屏蔽要求,设置各从机的 SADDR 和 SADEN。比如本从机的地址为 00001101,屏蔽高 4 位,设置方法如下:

```
SADDR = 0x0D;      //从机地址存入 SADDR 中
SADEN = 0x0F;      //屏蔽高 4 位
```

(4) 各从机接收地址信息。只有本机从机地址与主机发过来的从机地址匹配时,才会置位串行接收中断请求标志 RI,产生串口 1 中断。串行接收中断服务程序中,首先判断主机送过来的地址信息与自己的地址是否相符。对于地址相符的从机,清零 SM2,以接收主机随后发来的所有信息。对于地址不相符的从机,保持 SM2 为 1 的状态,对主机随后发来的信息不理睬,直到发送新的一帧地址信息。

(5) 主机发送控制指令或数据信息给被寻址的从机。其中主机置 TB8 为 0,表示发送的是数据或控制指令。对于没选中的从机,因为 SM2=1,而串行接收到的第 9 位数据 RB8 为 0,所以不会置位串行接收中断标志 RI,对主机发送的信息不接收;对于选中的从机,因为 SM2 为 0,串行接收后会置位 RI 标志,引发串行接收中断,执行串行接收中断服务程序,接收主机发过来的控制命令或数据信息。

例 7.2.1　设系统晶振频率为 11.0592MHz,以 9600b/s 的波特率进行通信。主机:向

指定从机（如 10 号从机）发送指定位置为起始地址（如扩展 RAM0000H）的若干个（如 10 个）数据，发送空格（20H）作为结束。从机：接收主机发来的地址帧信息，并与本机的地址号相比较，若不符合，仍保持 SM2=1 不变；若相等，则使 SM2 清零，准备接收后续的数据信息，直至接收到空格数据信息为止，并置位 SM2。

解：主机和从机的程序流程框图如图 7.2.7 所示。

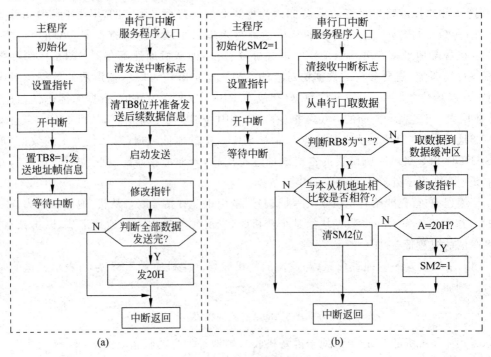

图 7.2.7　多机通信主机与从机的程序流程图

① 主机程序（m_send.c）：

```
# include < stc8h. h >         //包含支持 STC8H8K64U 单片机的头文件
# include < intrins. h >
# include < gpio. c >
# define uchar unsigned char
# define uint unsigned int
uchar xdata ADDRT[10];         //设置保存数据的扩展 RAM 单元
uchar SLAVE = 10;              //设置从机地址编号的变量
uchar num = 10, * mypdata;     //设置要传送数据的字节数
/* ------------------- 波特率子函数 ------------------- */
void UartInit(void)            //9600b/s@11.0592MHz
{
    SCON = 0xD0;               //方式 3,允许串行接收
    AUXR | = 0x40;             //定时器 1 时钟为 f_{SYS}
    AUXR & = 0xFE;             //串形口 1 选择定时器 1 为波特率发生器
    TMOD & = 0x0F;             //设定定时器 1 为 16 位自动重装方式
    TL1 = 0xE0;                //设定定时初值
    TH1 = 0xFE;                //设定定时初值
    ET1 = 0;                   //禁止定时器 1 中断
```

```
        TR1 = 1;                        //启动定时器1
}


/* ------------------ 发送中断服务子函数 ---------------------- */
void Serial_ISR(void) interrupt 4
{
        if(TI == 1)
        {
            TI = 0;
            TB8 = 0;
            SBUF = * mypdata;     //发送数据
            mypdata++;            //修改指针
            num -- ;
            if(num == 0)
            {
                ES = 0;
                while(TI == 0);
                TI = 0;
                SBUF = 0x20;
            }
        }
}
/* ------------------ 主函数 ---------------------- */
void main (void)
{
        gpio();
        UartInit();
        mypdata = ADDRT;
        ES = 1;
        EA = 1;
        TB8 = 1;
        SBUF = SLAVE;              //发送从机地址
        while(1);                  //等待中断
}
```

② 从机程序(s_recive.c)。

```
# include < stc8h. h>             //包含支持 STC8H8K64U单片机的头文件
# include < intrins. h>
# include < gpio. c >
# define uchar unsigned char
# define uint unsigned int
uchar xdata ADDRR[10];
uchar SLAVE = 10, rdata, * mypdata;
/* ------------------ 串行口波特率子函数 ---------------------- */
void UartInit(void)               //9600b/s@11.0592MHz,从 STC - ISP 工具中获得
{
    SCON = 0xF0;                   //方式 3,允许多机通信,允许串行接收
    AUXR | = 0x40;                 //定时器 1 时钟为 fSYS
    AUXR & = 0xFE;                 //串形口 1 选择定时器 1 为波特率发生器
    TMOD & = 0x0F;                 //设定定时器 1 为 16 位自动重装方式
    TL1 = 0xE0;                    //设定定时初值
```

```
    TH1 = 0xFE;                    //设定定时初值
    ET1 = 0;                       //禁止定时器 1 中断
    TR1 = 1;                       //启动定时器 1
}

/* ------------------- 接收中断服务子函数 ------------------------ */
void Serial_ISR(void) interrupt 4
{
    RI = 0;
    rdata = SBUF;                  //将接收缓冲区的数据保存到 rdata 变量中
    if(RB8)                        //RB8 为 1 说明收到的信息是地址
    {
        SM2 = 0;
    }
    else                           //接收到的信息是数据
    {
        * mypdata = rdata;
        mypdata++;
        if(rdata == 0x20)          //所有数据接收完毕,令 SM2 为 1,为下一次接收地址信息做
                                   //准备
        SM2 = 1;
    }
}
/* ------------------- 主函数 ----------------------- */
void main (void)
{
    gpio();                        //I/O 初始化
    UartInit();                    //调用串形口 1 的初始化函数
    mypdata = ADDRR;               //取存放数据数组的首地址
    SADDR = SLAVE;                 //设置从机地址
    SADEN = 0x0f;                  //设置屏蔽位
    ES = 1;                        //开放串行口 1 中断
    EA = 1;
    while(1);                      //等待中断
}
```

习   题

1. 填空题

(1) 微型计算机的数据通信分为_____与串行通信两种类型。

(2) 串行通信中,按数据传送方向分为_____、半双工与_____ 3 种制式。

(3) 串行通信中,按同步时钟类型分为_____与同步串行通信两种方式。

(4) 异步串行通信是以字符帧为发送单位,每个字符帧包括_____、数据位与_____ 3 个部分。

(5) 异步串行通信中,起始位是_____,停止位是_____。

(6) STC8H8K64U 单片机有_____个_____的串行口。

(7) STC8H8K64U 单片机串行口由 2 个_____、1 个移位寄存器、1 个串行口控制寄存器与 1 个_____组成。

(8) STC8H8K64U 单片机串行口 1 的数据缓冲器是_____,实际上一个地址对应2 个寄存器,当对数据缓冲器进行写操作时,对应的是_____数据寄存器,同时又是串行口 1 发送的启动命令;当对数据缓冲器进行读操作时,对应的是_____数据寄存器。

(9) STC8H8K64U 单片机串行口 1 有 4 种工作方式,方式 0 是_____,方式 1 是_____,方式 2 是_____,方式 3 是_____。

(10) STC8H8K64U 单片机串行口 1 的多机通信控制位是_____。

(11) STC8H8K64U 单片机串行口 1 方式 0 的波特率是_____,方式 1、方式 3 的波特率是_____,方式 2 的波特率是_____。

(12) STC8H8K64U 单片机串行口 1 的中断请求标志包含 2 个,发送中断请求标志是_____,接收中断请求标志是_____。

(13) SADDR 是_____,在多机通信中的从机中,用于存放该从机预先定义好的地址。

(14) SADEN 是_____,在多机通信中的从机中,用于设置从机地址的匹配位。

2. 选择题

(1) 当 SM0=0、SM1=1 时,STC8H8K64U 单片机串行口 1 工作在(   )。

    A. 方式 0　　　　　B. 方式 1　　　　　C. 方式 2　　　　　D. 方式 3

(2) 若使 STC8H8K64U 单片机串行口 1 工作在方式 2 时,SM0、SM1 的值应设置为(   )。

    A. 0、0　　　　　B. 0、1　　　　　C. 1、0　　　　　D. 1、1

(3) STC8H8K64U 单片机串行口 1 串行接收时,在(   )情况下串行接收结束后,不会置位串行接收中断请求标志 RI。

    A. SM2=1、RB8=1　　　　　　　　B. SM2=0、RB8=1

    C. SM2=1、RB8=0　　　　　　　　D. SM2=0、RB8=0

(4) STC8H8K64U 单片机串行口 1 在方式 2、方式 3 中,若使串行发送的第 9 位数据为1,则在串行发送前,应使(   )置1。

    A. RB8　　　　　B. TB8　　　　　C. TI　　　　　D. RI

(5) STC8H8K64U 单片机串行口 1 在方式 2、方式 3 中,若想串行发送的数据为奇校验,应使 TB8(   )。

    A. 置1　　　　　B. 置 0　　　　　C. =P　　　　　D. =$\overline{P}$

(6) STC8H8K64U 单片机串行口 1 在方式 1 时,一个字符帧的位数是(   )位。

    A. 8　　　　　B. 9　　　　　C. 10　　　　　11

3. 判断题

(1) 同步串行通信中,发送、接收双方的同步时钟必须完全同步。(   )

(2) 异步串行通信中,发送、接收双方可以拥有各自的同步时钟,但发送、接收双方的通信速率要求一致。(   )

(3) STC8H8K64U 单片机串行口 1 在方式 0、方式 2 中,S1ST2 的值不影响波特率的大小。(   )

(4) STC8H8K64U 单片机串行口 1 在方式 0 中,PCON 的 SMOD 控制位的值会影响

波特率的大小。(　　)

(5) STC8H8K64U 单片机串行口 1 在方式 1 中,PCON 的 SMOD 控制位的值会影响波特率的大小。(　　)

(6) STC8H8K64U 单片机串行口 1 在方式 1、方式 3 中,当 S1ST2＝1 时,选择 T1 为波特率发生器。(　　)

(7) STC8H8K64U 单片机串行口 1 在方式 1、方式 3 中,当 SM2＝1 时,串行接收到的第 9 位数据为 1 时,串行接收中断请求标志 RI 不会置 1。(　　)

(8) STC8H8K64U 单片机串行口 1 串行接收的允许控制位是 REN。(　　)

(9) STC8H8K64U 单片机的串行口 2 也有 4 种工作方式。(　　)

(10) STC8H8K64U 单片机串行口 1 有 4 种工作方式,而串行口 2 只有 2 种工作方式。(　　)

(11) STC8H8K64U 单片机在应用中,串行口 1 的串行发送与接收引脚是固定不变的。(　　)

4. 问答题

(1) 微型计算机数据通信有哪两种工作方式? 各有什么特点?

(2) 异步串行通信中字符帧的数据格式是怎样的?

(3) 什么叫波特率? 如何利用 STC-ISP 在线编程工具获得 STC8H8K64U 单片机串行口波特率的应用程序?

(4) STC8H8K64U 单片机串行口 1 有哪 4 种工作方式? 如何设置? 各有什么功能?

(5) 简述 STC8H8K64U 单片机串行口 1 方式 2、方式 3 的相同点与不同点。

(6) STC8H8K64U 单片机的串行口 2 有哪两种工作方式? 如何设置? 各有什么功能?

(7) 简述 STC8H8K64U 单片机串行口 1 多机通信的实现方法。

5. 程序设计题

(1) 甲机按 1s 定时从 P1 口读取输入数据,并通过串行口 2 按奇校验方式发送到乙机;乙机通过串行口 1 串行接收甲机发过来的数据,并进行奇校验,如无误,LED 数码管显示串行接收到的数据,如有误则重新接收。若连续 3 次有误,向甲机发送错误信号,甲、乙机同时进行声光报警。

画出硬件电路图,编写程序并上机调试。

(2) 通过 PC 向 STC8H8K64U 单片机发送控制命令,具体要求见习题表 7.1 所示。

习题表　7.1

PC 发送字符	STC8H8K64U 单片机功能要求
0	P1 控制的 LED 灯循环左移
1	P1 控制的 LED 灯循环右移
2	P1 控制的 LED 灯按 500ms 时间间隔闪烁
3	P1 控制的 LED 灯按 500ms 时间间隔高 4 位与低 4 位交叉闪烁
非 0、1、2、3 字符	P1 控制的 LED 灯全亮

画出硬件电路图,编写程序并上机调试。

项目 8

STC8H8K64U单片机的低功耗设计与可靠性设计

本项目要达到的目标包括三个方面：一是让读者理解单片机应用系统的设计，不仅是系统的功能设计，还包括系统的性能设计，即可靠性设计与节能设计；二是让读者能应用STC8H8K64U单片机的慢速模式、空闲模式、掉电模式实现系统低功耗设计；三是让读者能应用 STC8H8K64U 单片机的看门狗电路实现系统的可靠性设计。

知识点
- STC8H8K64U 单片机的慢速模式。
- STC8H8K64U 单片机的空闲模式。
- STC8H8K64U 单片机的停机模式。
- STC8H8K64U 单片机的看门狗电路。

技能点
- STC8H8K64U 单片机低功耗设计的应用编程。
- STC8H8K64U 单片机可靠性设计的应用编程。

任务 8.1　STC8H8K64U 单片机的低功耗设计

 **任务说明**

单片机应用电子系统的低功耗设计越来越重要，特别是在电池供电的手持设备电子产品中尤其突出。STC8H8K64U 单片机可以工作于正常工作模式、慢速模式、空闲模式和掉电模式，一般把后 3 种模式称为省电模式，也就是低功耗设计的重要体现。

对于一般普通的单片机应用系统使用正常工作模式即可；如果系统对于速度要求不高时，可对系统时钟进行分频，让单片机工作在慢速模式；电源电压为 5V 的 STC8H8K64U 单片机的典型工作电流为 2.7～7mA。对于电池供电的手持设备电子产品，不管是工作在正常模式还是慢速模式，均可以根据需要进入空闲模式或掉电模式，从而大大降低单片机的工作电流。在空闲模式下，STC8H8K64U 单片机的工作电流典型值为 1.8mA；在掉电模式下,STC8H8K64U 单片机的工作电流小于 $0.1\mu A$。本任务要求掌握 STC8H8K64U 单片机如何实现停机和唤醒。

 相关知识

1. STC8H8K64U 单片机的慢速模式

STC8H8K64U 单片机的慢速模式由时钟分频器 CLKDIV(地址为 FE01H,复位值为 00000100B)控制,从而对系统时钟进行分频,使单片机在较低频率下工作,减小单片机工作电流。时钟分频器 CLKDIV 的格式见项目 2 任务 2.3。

$$系统时钟频率=\frac{主时钟频率}{CLKDIV 值}$$

2. 系统电源管理(空闲模式与掉电模式)

STC8H8K64U 单片机的系统电源管理由 PCON 特殊功能寄存器进行管理,具体格式如表 8.1.1 所示。

表 8.1.1 STC8H8K64U 单片机的系统电源管理控制寄存器

符号	描 述	地址	位地址与符号								复位值
			B7	B6	B5	B4	B3	B2	B1	B0	
PCON	电源控制寄存器	87H	SMOD	SMOD0	LVDF	POF	GF1	GF0	PD	ID	00110000

1)空闲模式

(1)空闲模式的进入。

PCON.0(ID):空闲模式的控制位,置位 PCON.0(ID)进入空闲模式,当唤醒后由硬件自动清零。

(2)空闲模式的状态。

单片机进入空闲模式(IDLE)后,只有 CPU 停止工作,其他外设依然在运行。

(3)空闲模式的退出。

有两种方式可以退出空闲模式。

① 外部复位 RST 引脚硬件复位,将复位引脚拉低,产生复位。这种拉低复位引脚来产生复位的信号源需要被保持 24 个时钟加上 $20\mu s$ 才能产生复位,再将 RST 引脚拉高,结束复位,单片机从用户程序 0000H 处开始进入正常工作模式。

② 外部中断、定时器中断、低电压检测中断以及 A/D 转换中的任何一个中断的产生都会引起 PCON.0(ID)被硬件清除,从而退出空闲模式。当任何一个中断产生时,它们都可以将单片机唤醒,单片机被唤醒后,CPU 将继续执行进入空闲模式语句的下一条指令,之后将进入相应的中断服务子程序。

2)掉电模式

(1)掉电模式的进入。

PCON.1(PD):掉电模式的控制位,置位 PCON.1(PD)进入掉电模式,当唤醒后由硬件自动清零。

（2）掉电模式的状态。

单片机进入掉电模式，CPU以及全部外设均停止工作，但SRAM和XRAM中的数据一直维持不变。

（3）掉电模式的退出。

有3种方式可以退出掉电模式。

① 外部复位RST引脚硬件复位，可退出掉电模式。复位后，单片机从用户程序0000H处开始进入正常工作模式。

② INT0(P3.2)、INT1(P3.3)、INT2(P3.6)、INT3(P3.7)、INT4(P3.0)、T0(P3.4)、T1(P3.5)、T2(P1.2)、T3(P0.4)、T4(P0.6)、RxD(P3.0)、RxD2(P1.4)、RxD3(P0.0)、RxD4(P0.2)、I2C_SDA(P1.4)等中断以及比较器中断、低压检测中断可唤醒单片机。单片机被唤醒后，CPU将继续执行进入掉电模式语句的下一条指令，然后执行相应的中断服务子程序。

③ 使用内部掉电唤醒专用定时器可唤醒单片机。STC8H8K64U单片机由特殊功能寄存器WKTCH和WKTCL管理和控制。

注意：当单片机进入空闲模式或者掉电模式后，由中断引起单片机再次被唤醒，CPU将继续执行进入空闲模式或者掉电模式语句的下一条指令，当下一条指令执行后是继续执行下一条指令或者进入中断还是有一定区别的，所以建议在设置单片机进入省电模式的语句后加几条_nop_语句（空语句）。

（4）掉电唤醒专用定时器。

STC8H8K64U单片机掉电唤醒专用定时器由特殊功能寄存器WKTCH和WKTCL管理和控制。

WKTCH各位定义如表8.1.2所示。

表8.1.2 掉电唤醒专用定时器WKTCH位定义

位号	B7	B6	B5	B4	B3	B2	B1	B0
位名称	WKTEN	15位定时器计数值高7位（WKTCH[6:0]）						

WKTCL各位定义如表8.1.3所示。

表8.1.3 掉电唤醒专用定时器WKTCL位定义

位号	B7	B6	B5	B4	B3	B2	B1	B0
位名称	15位定时器计数值低8位（WKTCL[7:0]）							

WKTCH.7（WKTEN）：掉电唤醒专用定时器的使能控制位。当WKTCH.7（WKTEN）=1时，允许掉电唤醒专用定时器工作；当WKTCH.7（WKTEN）=0时，禁止掉电唤醒专用定时器工作。

掉电唤醒专用定时器是由WKTCH的低7位和WKTCL的8位构成的一个15位的计数器，计数器的设置范围为1～32766，用户在设置（WKTCH[6:0]，WKTCL[7:0]）的值要比实际计数值少1。

STC8H8K64U单片机除增加了特殊功能寄存器WKTCH和WKTCL外，还设计了两个隐藏的特殊功能寄存器 WKTCH_CNT 和 WKTCL_CNT,用来控制内部停机唤醒专用定时器。WKTCL_CNT 和 WKTCL 共用一个 AAH 地址,WKTCH_CNT 和 WKTCH 共用一个 ABH 地址,WKTCH_CNT 和 WKTCL_CNT 是隐藏的,对用户不可见。WKTCH_CNT 和 WKTCL_CNT 实际上用作计数器,而 WKTCH 和 WKTCL 用作比较器。当用户对 WKTCH 和 WKTCL 写入内容时,该内容只写入 WKTCH 和 WKTCL;当用户读 WKTCH 和 WKTCL 的内容时,实际上读的是 WKTCH_CNT 和 WKTCL_CNT 的实际计数内容,而不是 WKTCH 和 WKTCL 的内容。

内部掉电唤醒定时器有自己的时钟,内部掉电唤醒定时器的时钟频率大约为 32kHz,但误差较大。用户可通过读 RAM 区 F8H 和 F9H 的内容(F8H 存放频率的高字节,F9H 存放频率的低字节)来获取内部掉电唤醒定时器出厂时所记录的时钟频率。

内部掉电唤醒定时器定时时间的计算公式为

$$内部掉电唤醒定时器定时时间(\mu s) = \frac{16 \times 10^6 \times 计数次数}{f_{wt}} \tag{8.1.1}$$

式中,f_{wt} 为从 F8H、F9H 获取的内部掉电唤醒定时器的时钟频率。

例 8.1.1　LED 以一定时间闪烁,按下按键单片机进入空闲模式或者掉电模式,LED 停止闪烁并停留在当前亮或者灭状态,按键 SW18 连接单片机 P3.3 引脚,发光二极管 LED17 连接单片机 P6.7 引脚。

解：C 语言程序如下。

```c
# include "stc8h.h"          //包含 STC8H8K64U 单片机头文件
# include "intrins.h"
sbit SW18 = P3^3;            //定义按键接口
sbit LED17 = P6^7;           //定义 LED 接口
sbit Strobe = P4^0;
void Delay10ms()             //@12.000MHz
{
    unsigned char i, j;
    _nop_();
    _nop_();
    i = 156;
    j = 213;
    do
    {
        while (-- j);
    } while (-- i);
}
void DelayX10ms(unsigned char x)   //@12.000MHz
{
    unsigned char i;
    for(i = 0; i < x; i++)
    {
        Delay10ms();
    }
}

void main()
```

```
{
    Strobe = 0;
    while(1)
    {
        LED17 = ～LED17;                    //进行按键功能处理
        delayx10ms(3000);
        if(SW18 == 0)                      //检测按键是否按下出现低电平
        {
            delayx10ms(1);                 //调用延时子程序进行软件去抖
            if(SW18 == 0)                  //再次检测按键是否确实按下出现低电平
            {
                while(SW18 == 0);          //等待按键松开
                PCON| = 0x01;              //将 IDL 置 1,单片机将进入空闲模式
                //PCON| = 0x02;            //将 PD 置 1,单片机将进入掉电模式
                _nop_; _nop_; _nop_; _nop_;
            }
        }
    }
}
```

例 8.1.2　采用内部掉电唤醒定时器和单片机的掉电状态,唤醒时间为 500ms。编写 WKTCH 和 WKTCL 的设置程序。

解:设 f_{wt} 为 32kHz,根据公式(8.1.1)计算内部掉电唤醒定时器的计数值:

$$计数次数 = \frac{内部掉电唤醒定时器定时时间 \times f_{wt}}{16 \times 10^6} = \frac{500 \times 10^3 \times 32 \times 10^3}{16 \times 10^6} = 1000$$

根据 WKTCH 和 WKTCL 的设定值为计数值 1000 减 1,即 1000－1＝999。因此, WKTCH＝03H,WKTCL＝E7 H。

C 语言源程序如下:

```
# include "stc8h. h"                     //包含 STC8H8K64U 单片机头文件
void main(void)
{
    WKTCH = 0x03;
    WKTCL = 0xe7;
    //...
}
```

 任务实施

1. 任务要求

设计一个 LED 指示灯 1 闪烁,闪烁间隔为 0.5s,1min 后自动进入停机模式;设置外部中断 0,正常工作时,每产生一次外部中断,LED 指示灯 2 的状态取反一次,若在停机模式, 按动外部中断 0 按键,则唤醒单片机,退出停机模式,恢复正常工作。

2. 硬件设计

STC 大学计划实验箱(9.3)的 SW17 用作外部中断输入按键,LED17 用作 LED 指示

灯 1,LED4 用作 LED 指示灯 2,SW17 与 LED17、LED4 电路分别如附图 4.6 和附图 4.7 所示,SW17 接 P3.2,LED17 由 P6.7 控制,LED4 由 P6.0 控制。

3. 软件设计

(1) 程序说明。

设定一个停机模式标志(Is_Power_Down),"0"表示正常工作,"1"表示停机。开机时,Is_Power_Down 为 0,系统处于正常工作状态,LED17 指示灯闪烁,按动 SW17,LED4 指示灯状态取反。

利用 T0 进行定时,1min 后,置位 Is_Power_Down,系统进入停机模式,LED17 指示灯不再闪烁,按动 SW17,系统恢复工作。

(2) 源程序清单(项目八任务 1.c)。

```c
# include < stc8h. h>                      //包含支持 IAP15W4K58S4 单片机的头文件
# include < intrins. h>
# include < gpio. h>                       //I/O 初始化文件
# define uchar unsigned char
# define uint unsigned int
uchar Counter50ms = 0;
bit Is_Power_Down = 0;                     //停机模式标志,1 为停机
uchar Counter1s = 0;
sbit Normal_Ex0_Work_Led = P6^0;          //外部中断 0 正常工作指示灯
sbit Normal_Work_Led = P6^7;              //系统处于正常工作状态指示灯
sbit Power_Down_Wakeup_Pin_INT0 = P3^2 ;  //停机唤醒引脚,INT0
sbit Strobe = P4^0;                        //定义选通 LED 电源引脚
void Delay500ms();                         //500ms 延时
void T0_Ex0_init(void);                    //定时器 T0、外部中断 0 初始化
/* -------------- 主函数 ------------------ */
void main(void)
{
    T0_Ex0_init();
    gpio();
    Strobe = 0;                            //打开 LED 灯电源
    while(1)
    {
        Normal_Work_Led = ! Normal_Work_Led;
        Delay500ms();
        if(Is_Power_Down == 1)
        {
            PCON = 0x02;         //执行完此句,单片机进入停机模式,外部时钟停止振荡
            _nop_();             //外部中断唤醒后,首先执行此语句,然后才会进入中断服务程序
            _nop_();             //建议多加几个空操作指令 NOP
            _nop_();
        }
    }
}
/* -------------- T0、外部中断 0 初始化子函数 ------------------ */
void T0_Ex0_init(void)
{
```

```c
    TMOD = 0x00;                //设置 T0 为 16 位可重装初始值的定时
    TH0 = (65536 - 50000)/256;  //计算 50ms 定时初始值的高 8 位
    TL0 = (65536 - 50000) % 256;//计算 50ms 定时初始值的低 8 位
    IT0 = 1;                    //外部中断 0,下降沿触发中断
    EX0 = 1;                    //允许外部中断 0 中断
    ET0 = 1;                    //允许 T0 中断
    EA = 1;                     //开总中断控制位
    TR0 = 1;
}
/* -------------- 500ms 延时函数 ---------------- */
void Delay500ms()               //@11.0592MHz
{
    unsigned char i, j, k;
    _nop_();
    _nop_();
    i = 22;
    j = 3;
    k = 227;
    do
    {
        do
        {
            while ( -- k);
        } while ( -- j);
    } while ( -- i);
}
/* -------------- 外部中断 0 服务子函数 ---------------- */
void INT0_Routine(void) interrupt 0
{
    if(Is_Power_Down)           //判断停机唤醒标志
    {
        Is_Power_Down = 0;
        while(Power_Down_Wakeup_Pin_INT0 == 0);     //等待变高
    }
    else
    {
        Normal_Ex0_Work_Led = ! Normal_Ex0_Work_Led; //点亮外部中断 0 正常工作中断指示灯
        while(Power_Down_Wakeup_Pin_INT0 == 0);     //等待变高
    }
}
/* -------------- 定时器 T0 服务子函数 ---------------- */
void T0_int(void) interrupt 1
{
    Counter50ms++;              //50ms 计数器加 1
    if(Counter50ms == 20)       //判断是否到了 1s
    {
        Counter50ms = 0;        //50ms 计数器清 0
        Counter1s++;            //秒计数器加 1
```

```
        if(Counter1s == 60)      //判断是否到了1min
        {
            Counter1s = 0;       //若到了,秒计数器清0
            Is_Power_Down = 1;   //停机模式标志为1,准备进入停机模式
        }
    }
}
```

4. 系统调试

（1）用 USB 线连接 PC 与 STC 大学计划实验箱（9.3）。

（2）用 Keil C 编辑、编译程序"项目八任务 1.c"，生成机器代码文件"项目八任务 1.hex"。

（3）运行 STC-ISP 在线编程软件，将"项目八任务 1.hex"文件下载到 STC 大学计划实验箱（9.3）单片机中，下载结束后系统自动运行程序。

（4）调试。

① 观察 LED17 指示灯的状态是否闪烁？

② 按动 SW17，观察外部中断 0 工作指示灯（LED4）的状态，是否与前一状态取反？

③ 1min 后，观察 LED17 指示灯的状态，判断是否进入停机模式，若不闪烁了，说明进入停机模式。

④ 按动 SW17，观察单片机是否唤醒，LED17 指示灯是否恢复正常工作（闪烁）。

设有监控录像系统，要求每 10min 拍一次。为节省能源，要求每拍完像的其他时间，单片机处于停机模式，10min 到了又重新启动拍像，如此周而复始。请设计程序并调试。

提示：摄像工作，用 1 只 LED 闪烁一次模拟。

任务 8.2　STC8H8K64U 单片机的可靠性设计

可靠性设计包括硬件设计与软件设计，硬件的可靠性设计包括滤波技术、屏蔽技术、隔离技术、接地技术等，软件技术包括指令冗余技术、软件陷阱技术、系统自诊断技术、程序监控技术、数字滤波技术等。本任务主要学习 STC8H8K64U 单片机的看门狗程序监控技术，以防止程序跑飞或进入死循环而造成的程序故障。

单片机应用系统在各行各业应用非常广泛，单片机系统的可靠性越来越显示出其重要性，特别是在工业控制、汽车电子、航空航天等需要高可靠性的单片机应用电子系统中尤为

重要。为了防止外部电磁干扰或者自身程序设计等异常情况,导致电子系统中单片机程序跑飞,引起系统长时间无法正常工作,一般情况下需要在系统中设计一个看门狗(watch dog)电路。看门狗电路的基本作用就是监视 CPU 的运行工作。如果 CPU 在规定的时间内没有按要求访问看门狗,就认为 CPU 处于异常状态,看门狗就会强迫 CPU 复位,使系统重新开始按规律执行用户程序。正常工作时,单片机可以通过一个 I/O 引脚定时向看门狗脉冲输入端输入脉冲(定时时间只要不超出硬件看门狗的溢出时间即可)。当系统一旦死机时,单片机就会停止向看门狗脉冲输入端输入脉冲,超过一定时间后,硬件看门狗电路就会发出复位信号,将系统复位,使系统恢复正常工作。

1. STC8H8K64U 单片机看门狗定时器寄存器与计算

传统 8051 单片机一般需要外置一片看门狗专用集成电路来实现硬件看门狗电路,STC8H8K64U 单片机内部集成了看门狗定时器(watch dog timer,WDT),使单片机系统的可靠性设计变得更加方便、简洁。通过设置和控制 WDT 控制寄存器 WDT_CONTR 来使用看门狗功能。

(1) WDT 控制寄存器:WDT_CONTR。

WDT_CONTR 控制寄存器的各位定义如表 8.2.1 所示。

表 8.2.1　看门狗控制寄存器 WDT_CONTR 各位定义

位号	B7	B6	B5	B4	B3	B2	B1	B0
位名称	WDT_FLAG	—	EN_WDT	CLR_WDT	IDLE_WDT	WDT_PS[2:0]		

WDT_CONTR.7(WDT_FLAG):看门狗溢出标志位,当溢出时,该位由硬件置1,需用软件将其清 0。

WDT_CONTR.5(EN_WDT):看门狗允许位。当 WDT_CONTR.5(EN_WDT)=1,看门狗启动; WDT_CONTR.5(EN_WDT)=0,看门狗不起作用。

WDT_CONTR.4(CLR_WDT):看门狗清 0 位。当 WDT_CONTR.4(CLR_WDT)=1 时,看门狗将重新计数,硬件将自动清 0 此位。

WDT_CONTR.3(IDLE_WDT):看门狗 IDLE 模式(即空闲模式)位。当 WDT_CONTR.3(IDLE_WDT)=1 时,看门狗定时器在"空闲模式"计数;当 WDT_CONTR.3(IDLE_WDT)=0 时,看门狗定时器在"空闲模式"不计数。

WDT_CONTR.2~WDT_CONTR.0(WDT_PS[2:0]):看门狗定时器预分频系数控制位。

(2)看门狗溢出时间计算方法。

看门狗溢出时间的计算如下公式为

$$看门狗溢出时间 = \frac{12 \times 32768 \times 2^{(WDT\_PS[2:0]+1)}}{系统时钟} \tag{8.2.1}$$

例如,晶振系统时钟频率为 12MHz,WDT_PS[2:0]=001 时,看门狗溢出时间=(12×4×32768)/12000000=131.0(ms)。

常用预分频系数设置和看门狗定时器溢出时间如表 8.2.2 所示。

表 8.2.2　常用预分频系数设置和看门狗定时器溢出时间

WDT_PS[2:0]	预分频系数	WDT 溢出时间/ms (11.0592MHz)	WDT 溢出时间/ms (12MHz)	WDT 溢出时间/ms (20MHz)
000	2	71.1	65.5	39.3
001	4	142.2	131.0	78.6
010	8	284.4	262.1	157.3
011	16	568.8	524.2	314.6
100	32	1137.7	1048.5	629.1
101	64	2275.5	2097.1	1250
110	128	4551.1	4194.3	2500
111	256	9102.2	8388.6	5000

2. STC8H8K64U 单片机看门狗定时器的硬件启动

STC8H8K64U 单片机看门狗定时器可使用软件启动,也可以使用硬件启动。硬件启动是通过 STC-ISP 下载程序前设置完成的,如图 8.2.1 所示,勾选"上电复位时由硬件自动启动看门狗"复选框。STC8H8K64U 单片机看门狗定时器一旦经硬件启动后,软件无法将其关闭,必须对单片机进行重新上电时才可关闭。

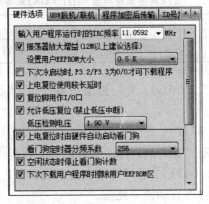

图 8.2.1　WDT 硬件启动的设置

3. STC8H8K64U 单片机看门狗定时器的使用

当启用 WDT 看门狗定时器后,用户程序必须周期性地复位 WDT,以表示程序还在正常运行,并且复位周期必须小于 WDT 的溢出时间。如果用户程序在一段时间之后(超出 WDT 的溢出时间)不能复位 WDT,WDT 就会溢出,将强制 CPU 自动复位,从而确保程序不会进入死循环,或者执行到无程序代码区。复位 WDT 的方法是重写 WDT 控制寄存器的内容,让 WDT 计数器重新计数。

例 8.2.1　WDT 的使用主要涉及 WDT 控制寄存器的设置以及 WDT 的定期复位。

解:使用 WDT 的 C 语言程序如下。

```
#include "stc8h.h"          //包含 STC8H8K64U 单片机头文件
void main(void)
{
    ...                     //其他初始化代码
```

```
WDT_CONTR = 0x3c;            //WDT 初始化,即 00111100B
                             //EN_WDT = 1,开启 WDT; CLR_WDT = 1,WDT 重新计数
                             //IDLE_WDT = 1,设置 WDT 在空闲模式时也计数
                             //WDT_PS[2:0] = 100,设置预分频系数为 32
while(1)
{
    display( );              //显示子程序
    keyboard( );             //键盘子程序
    ...                      //其他程序代码
    WDT_CONTR = 0x3c;        //复位 WDT
}
}
```

4. STC8H8K64U 单片机看门狗定时器的应用实例

例 8.2.2 STC8H8K64U 单片机接有一个按键 key 和一个 led,led 以时间间隔 t_0 一亮一灭闪烁,设置看门狗时间大于 t_0,程序正常运行。当按下按键 key,t_0 逐渐变大,led 闪烁变慢,按下按键 key 若干次后 t_0 大于看门狗时间,以此模拟程序跑飞,迫使系统自动复位,单片机重新运行程序,led 以时间间隔 t_0 一亮一灭闪烁。要求应用 WDT 看门狗定时器来实现。

解：假设 STC8H8K64U 单片机系统频率为 12MHz,当按键 key 被按下检测时,运行时间为一次按键工作时间加上 led 闪烁间隔 t_0,设 t_0 为 1000ms、按键延时为 10ms,即运行周期时间为 1010ms,看门狗时间应大于 1010ms,为便于观察与操作,根据表 8.2.2,WDT 时间选择 2097.1ms,对应的分频参数 WDT_PS[2:0]=101,即 WDT_CONTR=0x3D,C 语言源程序如下。

```
#include "stc8h.h"          //包含 STC8H8K64U 单片机头文件
sbit key = P3^3;            //定义按键接口
sbit led = P6^7;            //定义 LED 接口
sbit Stroble = P4^0;        //定义选通 LED 灯电源引脚
void Delay1ms()             //@12.000MHz
{
    unsigned char i, j;
    i = 16;
    j = 147;
    do
    {
        while ( -- j);
    } while ( -- i);
}

delaytms(unsigned int t)    //延时
{
    unsigned int i;
    for(i = 0; i < t; i++)
    {
        Delay1ms();
    }
}
```

```
void main(void)
{
    unsigned int t0 = 1000;
    Stroble = 0;                        //打开 LED 灯电源
    WDT_CONTR = 0x3D;                   //WDT 初始化
    while(1)
    {
        led = ~ led;
        delaytms(t0);
        if(key == 0)
        {
            delayms(10);
            if(key == 0)
            {
                t0 = t0 + 1000;         //t0 变大直至程序跑飞
                while(key == 0);        //等待按键松开
            }
        }
        WDT_CONTR = 0x3D;               //复位 WDT
    }
}
```

 任务实施

1. 任务要求

在任务 8.1 的基础上,增加看门狗设计。

2. 硬件设计

在任务 8.1 硬件电路的基础上,增加用 SW18 模拟程序进入死循环。

3. 软件设计

设当 SW18 断开时,任务 8.1 正常工作;当 SW18 合上时,程序进入死循环,任务 8.1 程序不能正常工作。

分析、计算任务 8.1 循环一次可能的最大时间,根据任务 8.1 主程序的工作情况,正常工作(闪烁)的时间略大于 500ms,因此看门狗设置的时间必须大于 500ms,根据表 8.2.2 所示,看门狗时间至少应取 568.8ms,即 PS2PS1PS0=011B,WDT_CONTR = 0x33,修改后的预定义和主程序如下:

```
/* -------------------- 在预定义中,增加 SW18 的定义 -------- */
sbit SW18 = P3^3;
/* -------------- 主函数 ------------------ */
void main(void)
{
    T0_Ex0_init();
    gpio();
    WDT_CONTR = 0x33;
    while(1)
```

```
    {
        Normal_Work_Led = ! Normal_Work_Led;
        Delay500ms();
        if(Is_Power_Down == 1)
        {
            PCON = 0x02;        //执行完此句,单片机进入停机模式,外部时钟停止振荡
            _nop_();            //外部中断唤醒后,首先执行此语句,然后才会进入中断服务程序
            _nop_();            //建议多加几个空操作指令 NOP
            _nop_();
        }
        while(SW18 == 0);       //模拟死循环
        WDT_CONTR = 0x33;       //看门狗复位
    }
}
```

4. 硬件连线与调试

（1）用 USB 线连接 PC 与 STC 大学计划实验箱(9.3)。

（2）用 Keil C 编辑、编译程序"项目八任务 2.c",生成机器代码文件"项目八任务 2.hex"。

（3）运行 STC-ISP 在线编程软件,将"项目八任务 2.hex"文件下载到 STC 大学计划实验箱(9.3)单片机中,下载结束后系统自动运行程序。

（4）调试。

① SW18 断开,按任务 8.1 的调试步骤,观察与记录程序的运行情况。

② SW18 合上,按任务 8.1 的调试步骤,观察与记录程序的运行情况。

③ 注释主程序循环内的看门狗复位语句,重复步骤①和②,观察与记录程序的运行情况。

任务拓展

选一前面项目的某任务程序,添加看门狗设计。

习　题

1. 填空题

（1）STC8H8K64U 单片机工作的典型功耗是_____,空闲模式下典型功耗是_____,停机模式下典型功耗是_____。

（2）STC8H8K64U 单片机的低功耗设计时指通过编程让单片机工作在_____、空闲模式和_____。

（3）STC8H8K64U 单片机在空闲模式下,除_____不工作外,其余模块仍继续工作。

（4）STC8H8K64U 单片机在空闲模式下,任何中断的产生都会引起_____被硬件清零,从而退出空闲模式。

（5）STC8H8K64U 单片机在停机模式下,单片机所使用的时钟停振,CPU、看门狗、定时器、串行口、A/D 转换等功能模块停止工作,但_____的状态维持不变。

(6) STC8H8K64U 单片机进入停机模式后,除了可以通过外部中断以及其他中断的外部引脚进行唤醒外,还可以通过内部_____唤醒 CPU。

(7) STC8H8K64U 单片机的可靠性设计是指启动单片机中_____定时器。

(8) STC8H8K64U 单片机是通过设置_____特殊功能寄存器实现看门狗功能的。

2. 选择题

(1) PCON＝25H 时,STC8H8K64U 单片机进入( )。

    A. 空闲模式　　　　B. 停机模式　　　　C. 低速模式

(2) PCON＝22H 时,STC8H8K64U 单片机进入( )。

    A. 空闲模式　　　　B. 停机模式　　　　C. 低速模式

(3) PCON＝81H 时,STC8H8K64U 单片机进入( )。

    A. 空闲模式　　　　B. 停机模式　　　　C. 低速模式

(4) 当 f_{OSC}＝12MHz、CLKDIV＝01H 时,STC8H8K64U 单片机的系统时钟频率为( )MHz。

    A. 12　　　　B. 6　　　　C. 3　　　　D. 1.5

(5) 当 f_{OSC}＝18MHz、CLKDIV＝02H 时,STC8H8K64U 单片机的系统时钟频率为( )MHz。

    A. 18　　　　B. 9　　　　C. 4.5　　　　D. 3

(6) 当 WKTCH＝81H、WKTCL＝55H 时,STC8H8K64U 单片机内部停机专用唤醒定时器的定时时间为( )ms。

    A. 171　　　　B. 170　　　　C. 342　　　　D. 340

(7) 当系统时钟为 20MHz、WDT_CONTR＝35H 时,STC8H8K64U 单片机看门狗定时器的溢出时间为( )ms。

    A. 629.1　　　　B. 1250　　　　C. 1048.5　　　　D. 2097.1

(8) 若系统时钟为 12MHz,用户程序中周期性最大循环时间为 500ms,对看门狗定时器设置正确的是( )。

    A. WDT_CONTR＝0x33;　　　　　　B. WDT_CONTR＝0x3C;

    C. WDT_CONTR＝0x32;　　　　　　D. WDT_CONTR＝0xB3;

3. 判断题

(1) 若 CLKDIV 为 02H 时,则 f_{SYS}＝$f_{OSC}/2$。( )

(2) 若 CLKDIV 为 03H 时,则 f_{SYS}＝$f_{OSC}/8$。( )

(3) 当 STC8H8K64U 单片机处于空闲模式时,任何中断都可以唤醒 CPU,从而退出空闲模式。( )

(4) 当 STC8H8K64U 单片机处于空闲模式时,若外部中断未被允许,其中断请求信号并不能唤醒 CPU。( )

(5) 当 STC8H8K64U 单片机处于停机模式时,除外部中断外,其他允许中断的外部引脚信号也可唤醒 CPU,退出停机模式。( )

(6) STC8H8K64U 单片机内部专用停机唤醒定时器的定时时间与系统时钟频率无关。( )

（7）STC8H8K64U单片机看门狗定时器溢出时间的大小与系统频率无关。（　　）

（8）STC8H8K64U单片机 WDT_CONTR 的 CLR_WDT 是看门狗定时器的清零位，当设置为"0"时，看门狗定时器将重新计数。（　　）

4. 问答题

（1）STC8H8K64U单片机的低功耗设计有哪几种工作模式？如何设置？

（2）STC8H8K64U单片机如何进入空闲模式？在空闲模式下，STC8H8K64U单片机的工作状态是怎样的？

（3）STC8H8K64U单片机如何进入停机模式？在停机模式下，STC8H8K64U单片机的工作状态是怎样的？

（4）STC8H8K64U单片机在空闲模式下如何唤醒 CPU？退出空闲模式后 CPU 执行指令的情况是怎样的？

（5）STC8H8K64U单片机在停机模式下如何唤醒 CPU？退出停机模式后 CPU 执行指令的情况是怎样的？

（6）在 STC8H8K64U单片机程序设计中，如何选择看门狗分频器的预分频系数？如何设置 WDT_CONTR 从而实现看门狗功能？

项目9

电子时钟的设计与实践

本项目要求设计一个简单的电子时钟，用6位LED数码管实现电子时钟的功能，显示方式为时、分、秒，以24h计时方式。使用按键开关可实现时分调整。

为了实现LED显示器的数字显示，可以采用静态显示法和动态显示法。键盘输入可采用独立按键结构和矩阵结构。计时功能可采用软件程序计时方式和定时器硬件计时方式，也可以采用专用的时钟芯片。

通过电子时钟的设计，可以很好地了解单片机的使用方法，这主要表现在以下3个方面。

(1) 电子时钟简单，并且具备最小单片机应用的基本构成。通过这个实例，读者可以明白构成一个最简单，同时也具备实用性的单片机应用需要哪些外围设备的基本电路。

(2) 电子时钟电路中使用了单片机系统中最为常用的输入输出设备，即按键开关和数码管。

(3) 电子时钟程序最能反映单片机系统中定时器和中断的用法。单片机系统中的定时和中断是单片机最重要的资源，也是应用最为广泛的功能。电子时钟程序主要就是利用定时器和中断实现计时和显示功能。

知识点

◇ 独立式键盘与矩阵键盘。

◇ 键盘状态的监测方法。

◇ 键盘的按键识别与处理。

◇ 键盘的去抖动。

技能点

◇ 键盘与单片机的接口电路设计。

◇ 键盘与数码管显示的软件编程。

◇ 电子时钟电路的软、硬件调试。

任务9.1　独立键盘与应用编程

任务说明

独立键盘是单片机应用系统最为常用的，一般采用查询方式来识别按键的状态，此外，由于按键的机械特性有抖动现象,在按键的处理中还要考虑去抖动的问题。本任务主要学习独立按键的工作特性与应用编程。

 相关知识

1. 键盘工作原理

键盘是单片机应用系统不可缺少的重要输入设备,主要负责向计算机传递信息,可以通过键盘向计算机输入各种指令、地址和数据,实现简单的人机通信。它一般由若干个按键组合成开关矩阵,按照其接线方式的不同可分为两种,一种是独立式接法,另一种是矩阵式接法。

键盘是由一组规则排列的按键组成,一个按键实际上是一个常开型开关元件,也就是说键盘是一组规则排列的开关。

1) 按键的分类

按键按照结构原理可分为两类:一类是触点式开关按键,如机械式开关、导电橡胶式开关等;另一类是无触点开关按键,如开关管、可控硅、固态继电器等。前者造价低,后者寿命长。目前,单片机系统中最常见的是触点式开关按键。

按键按照接口原理可分为编码键盘与非编码键盘两类,这两类键盘的主要区别是识别键符及给出相应键码的方法。编码键盘主要是用硬件来实现对键的识别,并能产生键编号或键值的称为编码键盘,如 BCD 码键盘、ASCII 码键盘等;非编码键盘主要是靠自编软件来实现键盘的识别与定义。

编码键盘能够由硬件逻辑自动提供与键对应的编码,此外,一般还具有去抖动和多键、窜键保护电路。这种键盘使用方便,但需要较多的硬件,价格较贵,一般的单片机应用系统较少采用。非编码键盘只简单地提供行和列的矩阵引线,其他工作均由软件完成。但由于其经济实用,较多地应用于单片机应用系统中。下面重点介绍非编码键盘接口电路。

2) 按键的工作原理

在单片机应用系统中,除了复位按键有专门的复位电路及专一的复位功能外,其他按键都是以开关状态来设置控制功能或输入数据。当所设置的功能键或数字键按下时,计算机应用系统应完成该按键所设定的功能,键信息输入是与软件结构密切相关的过程。

对于一组键或一个键盘,总有一个接口电路与 CPU 相连。CPU 可以采用查询或中断方式了解有无按键按下并检查是哪一个键按下,获取该按键的键号(或者说键值、按键编码),然后通过跳转指令转入执行该按键的功能程序,执行完后再返回主程序。

3) 按键的结构与特点

键盘通常使用机械触点式按键开关,其主要功能是把机械上的通断转换成为电气上的逻辑关系。也就是说,它能提供标准的 TTL 逻辑电平,以便与通用数字系统的逻辑电平相容。

机械式按键在按下或释放时,由于机械弹性作用的影响,通常伴随有一定时间的触点机械抖动,然后其触点才稳定下来。其抖动过程如图 9.1.1 所示。

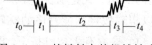

图 9.1.1　按键触点的机械抖动

t_1、t_3 为抖动时间,与开关的机械特性有关,一般为 $5\sim10$ms。t_2 为键闭合的稳定期,其时间由使用者按键的动作所确定,一般为几百毫秒至几秒。t_0、t_4 为键释放期。

这种抖动对于人来说是感觉不到的,但对单片机来说,则是完全可以感应到的,因为单片机处理的速度在微秒级。

在触点抖动期间检测按键的通与断状态,可能导致判断出错。即按键一次按下或释放被错误地认为是多次操作,这种情况是不允许出现的。为了克服按键触点机械抖动所导致的检测误判,必须采取去抖动措施,可从硬件、软件两方面予以考虑。

在硬件上可采用在键输出端加 RS 触发器(双稳态触发器)构成去抖动电路或 RC 积分去抖动电路等,图 9.1.2 是一种由 RS 触发器构成的去抖动电路,当触发器翻转,触点抖动不会对其产生任何影响。

也可利用一个 RC 积分电路来控制抖动电压。图 9.1.3 所示为 RC 防抖动电路。

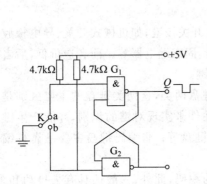

图 9.1.2 双稳态去抖动(单次脉冲)电路

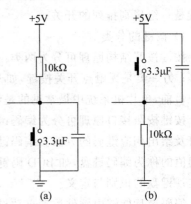

图 9.1.3 RC 防抖动电路

以图 9.1.3(a)为例,假设按键在常态的时间较长,电容两端电压已充满为 $+5$V。当按键按下时,电容两端的电压通过短路快速放电,电容两端呈低电平,即使按键有抖动,电容会再次充电,但 RC 时间常数较大,充电速度远低于放电速度,在抖动期间电容两端仍然维持低电平;当按键释放时,同样,由于电容的充电速度远低于放电速度,在抖动期间仍维持低电平,抖动过后,电容两端电压才稳定上升为高电平,不受抖动的影响。这种方式简单有效,所增加成本与电路复杂度都不高,称得上是实用的硬件去抖动电路。

软件上采取的措施是:在检测到有按键按下时,执行一个 10ms 左右(具体时间应视所使用的按键进行调整)的延时程序后,再确认该键电平是否仍保持闭合状态电平,若仍保持闭合状态电平,则确认该键处于闭合状态。同理,在检测到该键释放后,也应采用相同的步骤进行确认,从而可消除抖动的影响。

4) 按键的编码

一组按键或键盘都要通过 I/O 口线查询按键的开关状态。根据键盘结构的不同,采用不同的编码。无论有无编码,以及采用什么编码,最后都要转换成为与指定数值相对应的键值,以实现按键功能程序的跳转。一个完善的键盘控制程序应具备以下功能。

(1) 检测有无按键按下,并采取硬件或软件措施,消除键盘按键机械触点抖动的影响。

(2) 可靠的逻辑处理办法。对于短按功能键,一次按键只执行一次操作,需要进行键释放处理(键释放的识别,可不考虑键抖动因素);对于长按功能键,采用定时检测方法,实现连续处理功能,如数字的"加1""减1"功能键。

(3) 准确输出按键值(或键号),以满足跳转指令要求。

2．独立式按键

单片机应用系统中,往往只需要几个功能键,此时可采用独立式按键结构。

1) 独立式按键结构

独立式按键是直接用I/O口线构成的单个按键电路,其特点是每个按键单独占用一根I/O口线,每个按键的工作不会影响其他I/O口线的状态。独立式按键的典型应用如图9.1.4所示。

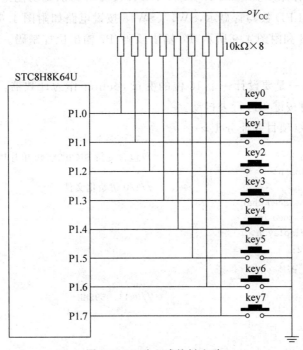

图 9.1.4　独立式按键电路

独立式按键电路配置灵活、软件结构简单,但每个按键必须占用一根I/O口线,因此,在按键较多时,I/O口线浪费较大,不宜采用。

图9.1.4中按键输入均采用低电平有效,此外,上拉电阻保证了按键断开时I/O口线有确定的高电平。当I/O口线内部有上拉电阻时,外电路可不接上拉电阻。

2) 独立式按键的识别与处理

独立式按键软件常采用查询式结构。先逐位查询每根I/O口线的输入状态,如某一根I/O口线输入为低电平,则可确认该I/O口线所对应的按键已按下,然后再转向该键的功能处理程序。识别与处理流程如下。

(1) 检测有无按键按下? 如"if(P10==0);"。

(2) 软件去抖动(一般调用10ms的延时函数)。

(3) 键确认,如"if(P10==0);"。

(4) 键处理。

(5) 键释放,如"while(P10==0);"。

任务实施

1. 任务要求

设计加 1、减 1 功能键各一个,当按动加 1、减 1 功能键时,软件计数器做加 1 或减 1 操作,计数器值送 LED 数码管显示。

2. 硬件设计

采用 STC 大学计划实验箱(9.3)实现。SW17(P3.2)为加 1 功能键,SW18(P3.3)为减 1 功能键,采用 8 位 LED 数码管显示,SW17、SW18 按键电路如附图 4.6 所示,LED 数码管显示电路如附图 4.8 和附图 4.9 所示,P6 输出段码,P7 输出位控制码。

3. 软件设计

(1) 程序说明:一是要设计一个 16 位的变量 counter 作为计数器,最大值为 65535,采用 5 位显示;二是对按键要进行去抖动。

(2) 源程序清单(项目九任务 1.c)。

```c
#include <stc8h.h>              //包含支持 STC8H8K64U 单片机的头文件
#include <intrins.h>
#include <gpio.h>               //I/O 初始化文件
#define uchar unsigned char
#define uint unsigned int
#include <led_display.h>
sbit Plus_1 = P3^2;
sbit Minus_1 = P3^3;
uint counter = 0;
void Delay10ms()                //@11.0592MHz
{
    unsigned char i, j;

    i = 108;
    j = 145;
    do
    {
        while (--j);
    } while (--i);
}
void main(void)
{
    gpio();
    while(1)
    {
        if(Plus_1 == 0)         //检测加 1 功能键
        {
            Delay10ms();        //延时去抖动
            if(Plus_1 == 0)
            {
                counter++;
```

```
        }
        while(Plus_1 == 0);                //等待键释放
    }
    if(Minus_1 == 0)                       //检测减1功能键
    {
        Delay10ms();                       //延时去抖动
        if(Minus_1 == 0)
        {
            if(counter!= 0)
            {
                counter -- ;
            }
        }
        while(Minus_1 == 0);               //等待键释放
    }
    Dis_buf[7] = counter % 10;             //取个位数,送显示缓冲区
    Dis_buf[6] = counter/10 % 10;          //取十位数,送显示缓冲区
    Dis_buf[5] = counter/100 % 10;         //取百位数,送显示缓冲区
    Dis_buf[4] = counter/1000 % 10;        //取千位数,送显示缓冲区
    Dis_buf[3] = counter/10000 % 10;       //取万位数,送显示缓冲区
    LED_display();
    }
}
```

4．硬件连线与调试

（1）用 USB 线将 PC 与 STC 大学计划实验箱(9.3)连接。

（2）用 Keil C 编辑、编译"项目九任务 1.c"程序，生成机器代码文件"项目九任务 1.hex"。

（3）运行 STC-ISP 在线编程软件，将"项目九任务 1.hex"文件下载到 STC 大学计划实验箱(9.3)单片机中，下载完毕自动进入运行模式，观察数码管的显示结果并记录。

① 按动 SW17，观察显示结果并记录；长按 SW17，观察显示结果并记录。

② 按动 SW18，观察显示结果并记录；长按 SW18，观察显示结果并记录。

③ 分析正常按键与长按键程序运行的结果有何不同，分析其产生原因。

 任务拓展

修改程序，长按 SW17 能实现连续加 1 功能，长按 SW18 能实现连续减 1 功能。

任务 9.2　矩阵键盘与应用编程

 任务说明

当需要输入十进制数码时，所需按键数大于 10 个，如采用独立键盘，所需 I/O 端口需要 10 个以上。为节约 I/O 端口，拟采用一种新的键盘结构，即矩阵键盘。本任务学习矩阵键盘的工作原理与应用编程。

相关知识

1. 矩阵键盘的结构与原理

1）矩阵键盘的结构

矩阵键盘由行线和列线组成，按键位于行、列线的交叉点上，其结构如图9.2.1所示。

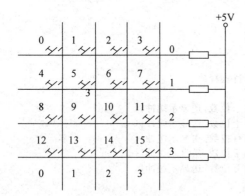

图9.2.1　矩阵式键盘结构

由图9.2.1可知，一个4×4的行、列结构可以构成一个含有16个按键的键盘，显然，在按键数量较多时，矩阵式键盘较之独立式按键键盘要节省很多I/O口。

矩阵式键盘中，行、列线分别连接到按键开关的两端，行线通过上拉电阻接到+5V上。当无键按下时，行线处于高电平状态；当有键按下时，行、列线将导通，此时行线电平将由与此行线相连的列线电平决定，这是识别按键是否按下的关键。然而，矩阵键盘中的行线、列线和多个按键相连，各按键按下与否均影响该键所在行线和列线的电平，各按键间将相互影响。因此，必须将行线、列线信号配合起来作适当处理，才能确定闭合键的位置。

2）矩阵式键盘按键的识别

识别按键的方法很多，其中最常见的方法是扫描法和翻转法。

（1）扫描法。

下面以图9.2.1中8号键的识别为例来说明扫描法识别按键的过程。

按键按下时，与此键相连的行线与列线导通，行线在无键按下时处在高电平，显然，如果让所有的列线也处在高电平，那么按键按下与否不会引起行线电平的变化。因此，必须使所有列线处在低电平，只有这样，当有键按下时，该键所在的行电平才会由高电平变为低电平。CPU根据行电平的变化，便能判定相应的行有键按下。8号键按下时，第2行一定为低电平，然而，第2行为低电平时，能否肯定是8号键按下呢？回答是否定的，因为9、10、11号键按下同样会使第2行为低电平。为进一步确定具体键，不能使所有列线在同一时刻都处在低电平，可在某一时刻只让一条列线处于低电平，其余列线均处于高电平，另一时刻，让下一列处在低电平，依此循环。这种依次轮流，每次选通一列的工作方式称为键盘扫描。采用键盘扫描后，再来观察8号键按下时的工作过程。当第0列处于低电平时，第2行处于低电平；而第1、2、3列处于低电平时，第2行却处在高电平。由此可判定按下的键应是第2行与第0列的交叉点，即8号键。

$$键值＝行号×4（行数）＋列号$$

（2）翻转法。

确认有按键按下后，按以下步骤获得按键对应键码，再根据键码获取按键的键值。

① 行全扫描，读取列码。

② 列全扫描，读取行码。

③ 将行、列码组合在一起,得到按键的键码。

④ 根据键盘的键码,通过比较法获取按键的键值。

2. 键盘的工作方式

在单片机应用系统中,键盘扫描只是 CPU 的工作内容之一。CPU 对键盘的响应取决于键盘的工作方式,键盘的工作方式应根据实际应用系统中 CPU 的工作状况而定,其选取的原则是既要保证 CPU 能及时响应按键操作,又不要过多占用 CPU 的工作时间。通常,键盘的工作方式有 3 种,即编程扫描、定时扫描和中断扫描。

1) 编程扫描方式

编程扫描方式是利用 CPU 完成其他工作的空余调用键盘扫描子程序来响应键盘输入的要求。在执行键功能程序时,CPU 不再响应键输入要求,直到 CPU 重新扫描键盘为止。

键盘扫描程序一般应包括以下内容。

(1) 判别有无键按下。

(2) 键盘扫描取得闭合键的行、列值。

(3) 用计算法或查表法得到键值。

(4) 判断闭合键是否释放,如没释放则继续等待。

(5) 将闭合键键号保存,同时转去执行该闭合键的功能。

2) 定时扫描方式

定时扫描方式就是每隔一段时间对键盘扫描一次,它利用单片机内部的定时器产生一定时间(如 10ms)的定时,当定时时间到就产生定时器溢出中断,CPU 响应中断后对键盘进行扫描,并在有键按下时识别出该键,再执行该键的功能程序。定时扫描方式的硬件电路与编程扫描方式相同。

3) 中断扫描方式

采用上述两种键盘扫描方式时,无论是否按键,CPU 都要定时扫描键盘,而单片机应用系统工作时,并非经常需要键盘输入,因此,CPU 经常处于空扫描状态。为提高 CPU 的工作效率,可采用中断扫描工作方式。其工作过程如下:当无键按下时,CPU 处理自己的工作;当有键按下时,产生中断请求,CPU 转去执行键盘扫描子程序并识别键号。中断扫描键盘电路如图 9.2.2 所示。

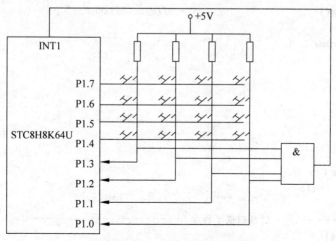

图 9.2.2　中断扫描键盘电路

图 9.2.2 是一种简易键盘接口电路,该键盘是由单片机 P1 口的高、低 4 位构成的 4×4 键盘。键盘的列线与 P1 口的低 4 位相连,键盘的行线与 P1 口的高 4 位相连,因此,P1.4～ P1.7 是扫描输出线,P1.0～P1.3 是扫描输入线。图 9.2.2 中的 4 输入与门用于产生按键中断,其输入端与各列线相连,再通过上拉电阻接至+5V 电源,输出端接至 STC8H8K64U 的外部中断输入端 INT1。具体工作如下:当键盘无键按下时,与门各输入端均为高电平,保持输出端为高电平;当有键按下时,INT1 端为低电平,向 CPU 申请中断,若 CPU 开放外部中断,则会响应中断请求,转去执行键盘扫描子程序。

 任务实施

1. 任务要求

4×4 键盘对应十六进制数码 0～9、A～F,当按动按键时,对应的数码在数码管上显示。

2. 硬件设计

采用 STC 大学计划实验箱(9.3)实现,限于矩阵键盘只有 2 行 4 列,如附图 4.10 所示, P0.0～P0.3 分别接 0～3 列,P0.6、P0.7 分别接 0、1 行,0 行 0 列～1 行 3 列对应 0～7 数字。LED 数码管显示电路如附图 4.8 和附图 4.9 所示,P6 输出段码,P7 输出位控制码。

3. 软件设计

(1) 程序说明。

矩阵键盘键的识别是采用扫描法实现的,逐行逐列扫描,根据行号与列号,根据公式计算键值,键值送数码管最低位显示。

(2) 源程序清单(项目九任务 2.c)。

```c
# include < stc8h. h>                    //包含支持 STC8H8K64U 单片机的头文件
# include < intrins. h>
# include < gpio. h>                     //I/O 初始化文件
# define uchar unsigned char
# define uint unsigned int
# include < led_display. h>
# define KEY P0
void Delay10ms()                         //@11.0592MHz
{
    unsigned char i, j;

    _nop_();
    _nop_();
    i = 144;
    j = 157;
    do
    {
        while ( -- j);
    } while ( -- i);
}
/* ---------------- 键盘扫描子程序 ----------------------- */
uchar keyscan()
```

```
{
    uchar row,column,key_volume;
    KEY = 0x0f;                              //先对 KEY 置数,行全扫描
    if(KEY!= 0x0f)                           //判断是否有键按下
    {
        Delay10ms();                         //延时,软件去抖动
        if(KEY!= 0x0f)                       //确认按键按下
        {
            KEY = 0xbf;                      //0 行扫描
            if(KEY!= 0xbf)
            {
                row = 0;
                goto colume_scan;
            }
            KEY = 0x7f;                      //1 行扫描
            Delay10ms();
            if(KEY!= 0x7f)
            {
                row = 1;
                goto colume_scan;
            }
            return(16);
colume_scan:
            if((KEY&0x01) == 0)column = 0;
                else if((KEY&0x02) == 0)column = 1;
                    else if((KEY&0x04) == 0)column = 2;
                        else column = 3;
            key_volume = row * 4 + column;
            return (key_volume);
        }
        return (16);
    }
    else return (16);
    KEY = 0xff;
}
/* -------------- 主程序 ---------------------------- */
main()
{
    uchar key;
    gpio();
    KEY = 0xff;
    while(1)
    {
        key = keyscan();
        if(key!= 16)
        {
            Dis_buf[7] = key;
        }
        LED_display();
    }
}
```

4. 系统调试

（1）用 USB 线将 PC 与 STC 大学计划实验箱(9.3)连接。

（2）用 Keil C 编辑、编译"项目九任务 2. c"程序，生成机器代码文件"项目九任务 2. hex"。

（3）运行 STC-ISP 在线编程软件，将"项目九任务 2. hex"文件下载到 STC 大学计划实验箱(9.3)单片机中，下载完毕自动进入运行模式，按动 0～7 按键，观察与记录运行结果。

 任务拓展

STC 大学计划实验箱(9.3)受端口限制，矩阵键盘只设计了 8 个按键，不足以输入十进制数码，实验箱有个 16 个按键的 ADC 键盘可弥补矩阵键盘的缺陷。

1. 硬件电路

ADC 键盘是利用按键改变分压电路的输出电压，输出电压经 STC8H8K64U 单片机 ADC 模块测量，根据电压区分出不同的按键，ADC 键盘电路如附图 4.17 所示。

2. 软件设计

（1）程序说明。在此，不分析 ADC 转换模块的测量原理，直接应用 ADC 的测量程序，然后根据测量出的电压确定按键的键值，0～F 按键对应的键码为 1～16，送数码管低 2 位显示。

（2）源程序清单(ADC. C)。

```
# include < stc8h. h >
# include < intrins. h >
# include < gpio. h >
# define uchar unsigned char
# define uint unsigned int
# include < LED_display. h >
uchar cnt1ms = 0;
uchar ADC_KeyState = 0;
uchar ADC_KeyHoldCnt = 0;
uchar ADC_KeyState1 = 0;
uchar ADC_KeyState2 = 0;
uchar ADC_KeyState3 = 0;
uchar KeyCode = 0;
void CalculateAdcKey(uint adc);
uint Get_ADC12bitResult(uchar channel);     //channel = 0~7
void Timer0Init(void)                        //1ms@18.432MHz
{
    AUXR |= 0x80;                            //定时器时钟 1T 模式
    TMOD &= 0xF0;                            //设置定时器模式
    TL0 = 0x00;                              //设置定时初值
    TH0 = 0xB8;                              //设置定时初值
    TF0 = 0;                                 //清除 TF0 标志
    TR0 = 1;                                 //定时器 0 开始计时
}
void Delay10ms()                             //@11.0592MHz
{
```

```c
    unsigned char i, j;

    _nop_();
    _nop_();
    i = 144;
    j = 157;
    do
    {
        while (--j);
    } while (--i);
}
void main(void)
{
    uint j;
    gpio();
    ADCCFG = ADCCFG | 0x20;
    ADC_CONTR = 0x80;               //打开 ADC 开关
    P1M1 = P1M1 | 0x01;
    Timer0Init();
    ET0 = 1;                        //Timer0 中断
    TR0 = 1;                        //Timer0 运行
    EA = 1;                         //打开总中断
    while(1)
    {
        Dis_buf[6] = KeyCode / 10;  //显示键码
        Dis_buf[7] = KeyCode % 10;  //显示键码
        LED_display();
        if(cnt1ms >= 50)            //50ms 读一次 ADC
        {
            cnt1ms = 0;
            j = Get_ADC12bitResult(0);
//参数 0~7,查询方式做一次 ADC, 返回值就是结果, == 4096 为错误
            if(j > 192)                    //判断是否有按键按下
            {
                Delay10ms();               //按键去抖动
                j = Get_ADC12bitResult(0);
                if(j < 4096)    CalculateAdcKey(j);   //计算按键
            }
        }
    }
}
/* ------- 函数: uint Get_ADC10bitResult(uchar channel), ADC 测量 ----- */
uint Get_ADC12bitResult(uchar channel)          //通道 = 0~15
{
    ADC_RES = 0;
    ADC_RESL = 0;
    ADC_CONTR = (ADC_CONTR & 0xe0) | 0x40 | channel;    //开始 ADC
    _nop_(); _nop_(); _nop_(); _nop_();
    while((ADC_CONTR & 0x20) == 0);            //等待 ADC 结束
    ADC_CONTR &= ~0x20;                        //清除 ADC 结束标志
    return(((uint)ADC_RES << 8) | ADC_RESL);
}
/* ---------- ADC 键盘计算键码 -------------------- */
#define ADC_OFFSET 64                          //计算偏差
```

```
void CalculateAdcKey(uint adc)
{
    uchar i;
    uint j;
    if(adc < (256 - ADC_OFFSET))
    {
        ADC_KeyState = 0;                    //键状态归 0
        ADC_KeyHoldCnt = 0;
    }
    j = 256;
    for(i = 1; i < = 16; i++)
    {
        if((adc > = (j - ADC_OFFSET)) && (adc <= (j + ADC_OFFSET))) break;
                                //判断是否在偏差范围内
        j += 256;
    }

    if(i < = 16) KeyCode = i;                 //保存键码
}
void timer0 (void) interrupt 1
{
    cnt1ms++;
}
```

3. 系统调试

（1）用 USB 线将 PC 与 STC 大学计划实验箱（9.3）连接。

（2）用 Keil C 编辑、编译"ADC 键盘.c"程序，生成机器代码文件"ADC 键盘.hex"。

（3）运行 STC-ISP 在线编程软件，将"ADC 键盘.hex"文件下载到 STC 大学计划实验箱（9.3）单片机中，下载完毕自动进入运行模式，按动 0～F 按键，观察与记录运行结果。

任务9.3 电子时钟的设计与实践

任务说明

利用定时器实现 24h 计时，用 8 位 LED 数码管显示，应用独立键盘实现调时。本任务主要锻炼学生的综合编程能力。

相关知识

1. 程序编制的步骤

1）系统任务的分析

首先，要对单片机应用系统的任务进行深入分析，明确系统的设计任务、功能要求和技术指标。其次，要对系统的硬件资源和工作环境进行分析。这是单片机应用系统程序设计的基础和条件。

　　2）提出算法与算法的优化

　　算法是解决问题的具体方法。一个应用系统经过分析、研究和明确规定后,对应实现的功能和技术指标可以利用严密的数学方法或数学模型来描述,从而把一个实际问题转化成由计算机进行处理的问题。同一个问题的算法可以有多种,也都能完成任务或达到目标,但程序的运行速度、占用单片机资源以及操作方便性会有较大的区别,所以应对各种算法进行分析比较,并进行合理优化。

　　3）程序总体设计及绘制程序流程图

　　经过任务分析、算法优化后,就可以进行程序的总体构思,确定程序的结构和数据形式,并考虑资源的分配和参数的计算等。然后根据程序运行过程,勾画出程序执行的逻辑顺序,用图形符号将总体设计思路及程序流向绘制在平面图上,从而使程序的结构关系直观明了,便于检查和修改。

　　2. 程序流程图

　　通常应用程序依功能可以分为若干部分,通过流程图可以将具有一定功能的各部分有机地联系起来,并由此抓住程序的基本线索,对全局可以有一个完整的了解。清晰、正确的流程图是编制正确无误的应用程序的基础和条件。所以,绘制一个好的流程图是程序设计的一项重要内容。

　　流程图可以分为总流程图和局部流程图。总流程图侧重反映程序的逻辑结构和各程序模块之间的相互关系。局部流程图反映程序模块的具体实施细节。对于简单的应用程序,可以不画流程图。但当程序较为复杂时,绘制流程图是一个良好的编程习惯。

　　常用流程图符号有开始和结束符号、工作任务(肯定性工作内容)符号、判断分支(疑问性工作内容)符号、程序连接符号、程序流向符号等,如图9.3.1所示。

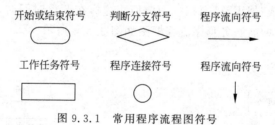

图 9.3.1　常用程序流程图符号

　　1. 任务要求

　　采用24h计时与LED数码管显示,具备时、分、秒调时功能。

　　2. 硬件设计

　　设置3个按键:K0、K1、K2。K0为时分秒初始值调整功能键;K1为加1键;K2为减1键。电子时钟的时、分、秒由LED数码管显示。采用STC大学计划实验箱(9.3)实现,K0、K1、K2分别采用SW21、SW17、SW18。SW17、SW18、SW21电路如附图4.6所示,SW17、SW18、SW21的按键输出信号分别从P3.2、P3.3、P3.4端口输入,LED数码管显示电路如附图4.8和附图4.9所示,P6输出段码,P7输出位控制码。

3. 软件设计

1）程序说明

（1）主程序。

主程序主要是循环调用显示子程序及键盘扫描功能，其流程如图9.3.2所示。

（2）LED 显示子程序。

数码管显示的数据存放在内存单元 Dis_buf[2]～Dis_buf[7] 中。其中秒数据存放在 Dis_buf[6]、Dis_buf[7]，分数据存放在 Dis_buf[4]、Dis_buf[5]，时数据存放在 Dis_buf[2]、Dis_buf[3]。

（3）键盘扫描功能设置子程序。

调时功能程序的设计方法：按下 K0 按键，则进入调整时间状态，等待操作，此时计时器停止走动。首先进入秒十位调整状态，继续按住前进一位，到时钟十位时，如再按则退出调整状态，时钟继续走动。在调时状态，按 K1、K2 按键可对指定位实现加 1 或减 1 操作。

（4）定时中断子程序。

时间计时使用定时器 T0 完成，中断定时周期设为 50ms。进入中断后，判断时钟计时累计中断到 20 次（即 1s）时，对秒计数单元进行加 1 操作。时钟计数单元地址分别在 timedata[1]～timedata[0]（秒）、timedata[3] ～ timedata[2]（分）和 timedata[5] ～ timedata[4]（时），最大计时值为 23 时 59 分 59 秒。在计数单元中采用十进制 BCD 码计数，满 60 进位，T0 中断服务程序执行流程如图 9.3.3 所示。

T1 中断服务程序用于指示调整单元数字的闪烁。在时间调整状态下，每过 0.3s，将对应单元的显示数据换成"熄灭符"数据（♯10H）。这样在调整时间时，对应调整单元的显示数据会间隔闪烁。T1 中断服务程序流程框图如图 9.3.4 所示。

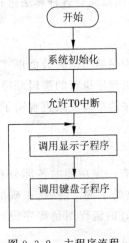

图 9.3.2 主程序流程框图

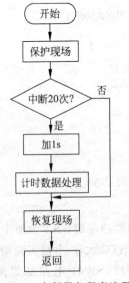

图 9.3.3 T0 中断服务程序流程框图

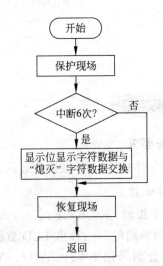

图 9.3.4 T1 中断服务程序流程框图

2) 源程序清单(项目 9 任务 3.c)

```c
# include < stc8h. h>                                    //包含支持 STC8H8K64U 单片机的头文件
# include < intrins. h>
# include < gpio. h>                                     //I/O 初始化文件
# define uchar unsigned char
# define uint unsigned int
# include < LED_display. h>
/ * --------- 定义 k0、k1、k2 输入引脚 ----------- * /
sbit k0 = P3^4;
sbit k1 = P3^2;
sbit k2 = P3^3;
uchar data timedata[6] = {0x00,0x00,0x00,0x00,0x02,0x01,}; //计时单元数据初值,共 6 个
uchar data con1s = 0x00,con03s = 0x00,con = 0x00; //秒定时用
uchar a = 16,b;                                         //用于闪烁功能交换数据用
/ * ----- 系统时钟为 11.0592MHz 时为 10ms 的延时函数 --------- * /
void Delay10ms()                                        //@11.0592MHz
{
    unsigned char i, j;

    _nop_();
    _nop_();
    i = 144;
    j = 157;
    do
    {
        while ( -- j);
    } while ( -- i);
}
/ * ------------------- 键盘扫描子程序 ------------------------- * /
void keyscan()
{
    EA = 0;
    if(k0 == 0)
    {
        Delay10ms();
        while(k0 == 0);
        if(Dis_buf[7 - con] == 16)
        {
            b = Dis_buf[7 - con]; Dis_buf[7 - con] = a;
            a = b;
        }
        con++; TR0 = 0; ET0 = 0; TR1 = 1; ET1 = 1;
        if(con >= 6)
        {con = 0; TR1 = 0; ET1 = 0; TR0 = 1; ET0 = 1; }
    }
    if(con!= 0)
    {
        if(k1 == 0)
        {
            Delay10ms();
```

```c
                while(k1 == 0);
                timedata[con]++;
                switch(con)
                {
                        case 1:
                        case 3: if(timedata[con]>= 6){timedata[con] = 0; }break;
                                //判断是否是分、秒十位,如是则加到大于5,变为0
                        case 2:
                        case 4: if(timedata[con]>= 10){timedata[con] = 0; } break;
                                //判断是否时、分个位,如是则加到大于9,变为0
                        case 5: if(timedata[con]>= 3) {timedata[con] = 0; } break;
                                //判断是否是小时十位,如是则加到大于2,变为0
                        default: ; break;
                }
                Dis_buf[7 - con] = timedata[con]; a = 0x10;
        }
    }
    if(con!= 0)
    {
        if(k2 == 0)
        {
            Delay10ms();
            while(k2 == 0);
            switch(con)
            {
                    case 1:
                    case 3: if(timedata[con] == 0){timedata[con] = 0x05; }
                            //判断是否是分、秒十位,如是则减到等于0,变为5
                            else {timedata[con] -- ; }
                            break;
                    case 2:
                    case 4: if(timedata[con] == 0)  //判断是否是时、分个位,
                                                    //如是则减到等于0,变为9
                            {timedata[con] = 0x09; }
                            else {timedata[con] -- ; }
                            break;
                            case 5: if(timedata[con] == 0)
                                    //判断是否是小时十位,如是则减到等于0,变为2
                                    {timedata[con] = 0x02; }
                                    else {timedata[con] -- ; }
                                     break;
                            default: ;
                }
                Dis_buf[7 - con] = timedata[con]; a = 0x10;
        }
    }
    EA = 1;
}

/* ------------- 定时器初始化 --------------------------------------- */
void T_init()
```

```
{
    int i;
    for(i = 0; i < 6; i++)                           //将计时单元值填充到显示缓冲区
    {
        Dis_buf[7 - i] = timedata[i];
    }
    TH0 = 0X3C; TL0 = 0XB0;                          //50ms 定时初值
    TH1 = 0X3C; TL1 = 0XB0;
    TMOD = 0X00; ET0 = 1; ET1 = 1; TR0 = 1; TR1 = 0; EA = 1;
}
/* ---------------------- 主程序 ---------------------------- */
void main()
{
    gpio();
    P_SW2 = P_SW2|0x80;
    P3PU = P3PU|0x10;                               //使能 P3.4 的上拉电阻
    P_SW2 = P_SW2&0x7f;
    T_init();
    while(1)
    {
        LED_display();
        keyscan();
    }
}
/* ------------------------------- T0 中断处理子程序 ---------------- */
void Timer0_int (void) interrupt 1
{
    con1s++;
    if(con1s == 20)
    {
        con1s = 0x00;
        timedata[0]++;
        if(timedata[0]>= 10)
        {
            timedata[0] = 0; timedata[1]++;
            if(timedata[1]>= 6)
            {
                timedata[1] = 0; timedata[2]++;
                if(timedata[2]>= 10)
                {
                    timedata[2] = 0; timedata[3]++;
                    if(timedata[3]>= 6)
                    {
                        timedata[3] = 0; timedata[4]++;
                        if(timedata[4]>= 10)
                        {
                            timedata[4] = 0; timedata[5]++;
                        }
```

```
                        if(timedata[5] == 2)
                        {
                            if(timedata[4] == 4)
                            {
                                timedata[4] = 0; timedata[5] = 0;
                            }
                        }
                    }
                }
            }
        }
        Dis_buf[7] = timedata[0];
        Dis_buf[6] = timedata[1];
        Dis_buf[5] = timedata[2];
        Dis_buf[4] = timedata[3];
        Dis_buf[3] = timedata[4];
        Dis_buf[2] = timedata[5];
    }
}
/* ----------------------- 0.3s 闪烁中断子程序 ---------------------- */
void Timer1_int (void) interrupt 3
{
    con03s++;
    if(con03s == 6)
    {
        con03s = 0x00;
        b = Dis_buf[7 - con]; Dis_buf[7 - con] = a; a = b;
    }

}
```

4. 系统调试

(1) 用 USB 线将 PC 与 STC 大学计划实验箱(9.3)连接。

(2) 用 Keil C 编辑、编译"项目九任务 3. c"程序,生成机器代码文件"项目九任务 3.hex"。

(3) 运行 STC-ISP 在线编程软件,将"项目九任务 3. hex"文件下载到 STC 大学计划实验箱(9.3)单片机中,下载完毕自动进入运行模式。

(4) 正常计时:

① 观察开机初始值,并记录在表 9.3.1 中,并判断是否正常。

② 从 12:00:00 计时到 13:00:00,观察各计时位是否正常,并记录到表 9.3.1 中。

(5) 设置初始值:利用 SW21、SW17、SW18,将初始值调整到当前时间,并记录到表 9.3.1 中。

(6) 计时精度测试:从设置当前时间为初始值开始计时,随机抽样观察电子时钟时间,与标准时间(如手机)比较,并记录到表 9.3.1 中,判断电子时钟的计时进度。

表 9.3.1 电子时钟测试记录表

记录项		时		分		秒		测试结果
		十	个	十	个	十	个	
正常计时	开机初始值 （12：00：00）							
	计时目标值 （00：00：00）							
设置初始值 （调整到当前时间）								
计时精度 测试	时钟时间							
	手机时间							

测试技巧：正常计时的测试，把时间周期缩小测试，如设 5s 为 1min，5min 为 1h。测试正常后恢复原来的时间进行整机测试，通过抽样检查与标准表（如手机时间）进行比对，判断电子时钟的计时是否符合要求。

任务拓展

在电子时钟的基础上增加一组闹铃，闹铃可用 LED 灯闪烁来模拟。画出电路图，编写程序并调试。

任务 9.4 多功能电子时钟的设计与实践

任务说明

本任务要求学生应用前面的知识与技能，自行设计一个多功能电子时钟，可作为一个实训项目实施。

相关知识

工程设计报告的编制如下。

1. 报告内容

（1）封面。封面上应包括设计系统名称、设计人与设计单位名称、完成时间。

（2）目录。目录中应包括工程设计报告的章节标题、附录的内容以及章节标题、附录的内容所对应的页码。目录的页码采用 Word 软件自动生成功能完成。

（3）摘要与关键词。摘要是对设计报告的总结，摘要一般 300 字左右。摘要的内容应包括目的、方法、结果和结论，即应包括设计的主要内容、主要方法和主要创新点。

摘要中不应出现"本文、我们、作者"之类的词语，一般用第三人称和被动式。英文摘要内容（可选）应与中文相对应；中文摘要前要加"摘要："，英文摘要前要加"Abstract："。

关键词按《文献主题标引规则》(GB/T 3860)的原则与方法选取。一般选 3～6 个关键词。中、英文关键词应一一对应。中文关键词前冠以"关键词："，英文关键词前冠以"Key words："。

(4) 正文。正文是工程设计报告的核心。正文的主要内容有系统设计、单元电路设计、软件设计、系统测试及结论。

① 系统设计。主要介绍：系统设计思路与总体方案的可行性论证，各功能模块的划分与组成，介绍系统的工作原理与工作过程。总体方案的选择既要考虑它的先进性，又要考虑它实现的可能性以及产品的性能价格比。

② 单元电路设计。在单元电路设计中需要对确定的各单元电路的工作原理进行介绍，对各单元电路进行分析和设计，并对电路中的有关参数进行计算及元器件的选择等。

③ 软件设计。应注意介绍软件设计的平台、开发工具和实现方法，应详细介绍程序的流程框图、实现功能及程序清单。如果程序较长，程序清单在附录中给出。

④ 系统测试。详细介绍系统的性能指标或功能的测试方法、步骤，所用仪器的设备名称、型号，测试记录的数据和绘制图标、曲线。

⑤ 结论。根据测试数据进行综合分析，对产品做一个完整的、结论性的评价，也就是说一个结论性的意见。

(5) 参考文献。参考文献部分应列出在设计过程中参考的主要书籍、刊物等。参考文献的格式如下。

① 专著、论文集、学位论文、报告。

[序号] 作者(.)文献题名(专著[M]、论文集[C]、学位论文[D]、报告[R])(.)出版地(:)出版社(,)出版年号.

例如：

[1] 丁向荣.电气控制与 PLC 应用技术[M].上海：上海交通大学出版社,2005.

② 期刊文章。

[序号] 作者(.)文献题名([J])(.)刊名(,)卷(期)(:)起止页码.

例如：

[2] 丁向荣,林知秋.基于 PLC 运行模式的单片机应用系统设计[J].机电工程,2004,卷(期)：32-33.

③ 国际、国家标准。

[序号] 标准编号(,)标准名称([S]).

例如：

[3] GB 4706.1—1998,家用和类似用途电器的安全 第一部分：通用要求([S]).

参考文献中作者是英文拼写的，应该姓在前，名在后。参考文献在正文中应标注相应的引用位置，在引文的右上角用方括号标出。

(6) 附录。附录应包括元器件明细表、仪器设备清单、电路图图纸、设计的程序清单、系统(作品)使用说明等。

元器件明细表的栏目应包括：序号；名称、型号及规格；数量；备注(元器件位号)。

仪器设备清单的栏目应包括：序号；名称、型号及规格；主要技术指标；数量；备注(仪器仪表生产厂家)。

电路图图纸要注意选择合适的图幅大小、标注栏。程序清单要有注释、总的和分段的功能说明。

2. 字体要求

一级标题：小二号黑体，居中占五行，标题与题目之间空一个汉字的空。

二级标题：三号标宋，居中占三行，标题与题目之间空一个汉字的空。

三级标题：四号黑体，顶格占二行，标题与题目之间空一个汉字的空。

四级标题：小四号粗楷体，顶格占一行，标题与题目之间空一个汉字的空。

标题中的英文字体均采用 Times New Roman 体，字号同标题字号。

四级标题下的分级标题的标题字号为五宋。

所有文中图和表要先有说明再有图表。图要清晰，并与文中的叙述一致，对图中内容的说明尽量放在文中。图序、图题（必须有）为小五号宋体，居中排于图的正下方。

表序、表题为小五号黑体，居中排于表的正上方；图和表中的文字为六号宋体；表格四周封闭，表跨页时另起表头。

图和表中的注释、注脚为六号宋体；数学公式居中排，公式中字母正斜体和大小写前后要统一。

公式另行居中，公式末不加标点，有编号时可靠右侧顶边线；若公式前有文字，如例、解等，文字顶格写，公式仍居中；公式中的外文字母之间、运算符号与各量符号之间应空半个数字的间距；若对公式有说明，可接排。如：式中，A——××（双字线）；B——××。当说明较多时，则另起行顶格写"式中 A——××"；回行与 A 对齐写"B——××"；公式中矩阵要居中且行列上下左右对齐。

一般物理量符号用斜体（如 $f(x)$、x、y 等）；矢量、张量、矩阵符号一律用黑斜体；计量单位符号、三角函数、公式中的缩写字符、温标符号、数值等一律用正体；下角标若为物理量一律用斜体，若是拉丁文、希腊文或人名缩写用正体。

物理量及技术术语全文统一，要采用国际标准。

图 9.4.1 所示为 4×4 矩阵键盘与键名。

1	2	3	调时
4	5	6	闹铃1
7	8	9	闹铃2
Esc	0	秒表	倒计时秒表

图 9.4.1 矩阵键盘按键功能示意图

（1）上电时，电子时钟按正常的 24h 制计时。

（2）按动调时键，进入时钟调时功能，调整位闪烁显示，直接输入数字，调整位移向下一位，可从时的十位数到分的个位数巡回调整，按动调时键确认调时时间；按 Esc 键，退出设置，恢复到原来的时间计时。

（3）按动闹铃 1，进入闹铃 1 时间设置，调整位闪烁显示，直接输入数字，调整位移向下一位,可从时的十位数到分的个位数巡回调整,按动闹铃 1 键确认闹铃 1 时间;按 Esc 键,退出闹铃 1 设置,并取消闹铃 1,返回计时状态。

(4) 按动闹铃 2,进入闹铃 2 时间设置,调整位闪烁显示,直接输入数字,调整位移向下一位,可从时的十位数到分的个位数巡回调整,按动闹铃 2 键确认闹铃 2 时间;按 Esc 键,退出闹铃 2 设置,并取消闹铃 2,返回计时状态。

(5) 按动秒表键,进入秒表功能,显示器显示 000.0,再次按动秒表键,开始计时,计时精度为 0.1s,再次按动秒表键,停止计时,再次按动,又累加计时,再按动又停止,……按 Esc 键,返回计时状态。

(6) 按动倒计时秒表键,进入倒计时秒表功能,显示器显示 0000,可直接输入数字设置倒计时秒表的时间,按动倒计时秒表键确认倒计时时间,显示器显示 0000.0,再次按动倒计时秒表键,启动倒计时,按 0.1s 间隔倒计时。当倒计时到 0000.0s 时,声光报警;按 Esc 键,返回计时状态。

(7) 闹铃 1 与闹铃 2 的闹铃声要有所区别。

 实施要求

(1) 用电路设计软件绘制电路原理图。

(2) 画出各功能模块的程序流程图。

(3) 编写程序。

(4) 用 STC 大学计划实验箱(9.3)进行调试。

(5) 撰写设计报告。

注：大学计划实验箱(9.3)的矩阵键盘只是 2×4 键盘,按键数不够,请用 ADC 键盘替代。

习　题

1. 填空题

(1) 按键的机械抖动时间一般为＿＿＿＿＿＿＿。消除机械抖动的方法有硬件去抖动和软件去抖动,硬件去抖动主要有＿＿＿＿＿触发器和＿＿＿＿＿两种;软件去抖动是通过调用的＿＿＿＿＿延时程序来实现的。

(2) 键盘按按键的结构原理分,可分为＿＿＿＿＿和＿＿＿＿＿两种;按接口原理分,可分为＿＿＿＿＿和＿＿＿＿＿两种;按按键的连接结构分,可分为＿＿＿＿＿和＿＿＿＿＿两种。

(3) 独立键盘中各个按键是＿＿＿＿＿,与微处理器的接口关系是每个按键占用一个＿＿＿＿＿。

(4) 当单片机有 8 位 I/O 口线用于扩展键盘,若采用独立键盘,可扩展＿＿＿＿＿个按键;当采用矩阵键盘结构时,最多可扩展＿＿＿＿＿个按键。

(5) 为保证每次按键动作只完成一次功能,必须对按键做＿＿＿＿＿处理。

(6) 单片机应用系统的设计原则,包括＿＿＿＿＿、＿＿＿＿＿、操作维护方便与

_____ 4 个方面。

2. 选择题

（1）按键的机械抖动时间一般为（ ）ms。

A. 1～5 　　　　B. 5～10 　　　　C. 10～15 　　　　D. 15～20

（2）软件去抖动是通过调用延时程序来避开按键的抖动时间，去抖动延时程序的延时时间一般为（ ）ms。

A. 5 　　　　B. 10 　　　　C. 15 　　　　D. 20

（3）人为按键的操作时间一般为（ ）ms。

A. 100 　　　　B. 500 　　　　C. 750 　　　　D. 1000

（4）若 P1.0 连接一个独立按键，未按时是高电平，键释放处理正确的语句是（ ）。

A. while(P10==0)；　　　　　　　　B. if(P10==0)；

C. while(P10!=0)；　　　　　　　　D. while(P10==1)；

（5）若 P1.1 连接一个独立按键，未按时是高电平，键键识别处理正确的方法是（ ）。

A. if(P11==0) 　　　　　　　　B. if(P11==1)

C. while(P11==0) 　　　　　　　　D. while(P11==1)

（6）在画程序流程图时，代表疑问性操作的框图是（ ）。

A. ▭ 　　　　B. ⬭ 　　　　C. ◇ 　　　　D. ○

（7）在工程设计报告的参考文献中，代表期刊文章的标识是（ ）。

A. M 　　　　B. J 　　　　C. S 　　　　D. R

（8）在工程设计报告的参考文献中，D 代表的是（ ）。

A. 专著 　　　　B. 论文集 　　　　C. 学位论文 　　　　D. 报告

3. 判断题

（1）机械开关与机械按键的工作特性是一致的，仅是称呼不同而已。（ ）

（2）PC 键盘属于非编码键盘。（ ）

（3）单片机用于扩展键盘的 I/O 口线为 10 根，可扩展的最大按键数为 24 个。（ ）

（4）键释放处理中，也必须进行去抖动处理。（ ）

（5）参考文献中文献题名后面的英文标识 M 代表的是专著。（ ）

4. 问答

（1）简述编码键盘与非编码键盘的工作特性。在单片机应用系统中，一般是采用编码键盘还是非编码键盘？

（2）画出 RS 触发器的硬件去抖电路，并分析其工作原理。

（3）编程实现独立按键的键识别与键确认。

（4）在矩阵键盘处理中，全扫描指的是什么？

（5）简述矩阵键盘中巡回扫描识别键盘的工作过程。

（6）简述矩阵键盘中翻转法识别键盘的工作过程。

（7）在有键释放处理的程序中，当按键时间较长，会出现动态 LED 数码管显示变暗或闪烁，请分析原因并提出解决方法。

（8）在 LED 数码管现实中，如何让选择位闪烁显示？

（9）在很多单片机应用系统中，为了防止用户误操作而设计有键盘锁定功能，请问应该如何实现键盘锁定功能？

（10）简述单片机应用系统的开发流程。

（11）单片机应用系统的可靠性设计主要从哪几个方面考虑？

（12）简述在单片机应用系统开发中如何提高系统的性能价格比。

（13）简述一个工程设计报告应包含哪些内容。

5．程序设计题

（1）设计一只独立按键，采用 LED 数码管显示。第 1 次按键显示数字 1，第 2 次按键显示数字 2，以此类推，第 9 次按键显示数字 9，周而复始。画出硬件电路图，绘制程序流程图，编写程序并上机调试。

（2）设计一个 4×3 矩阵键盘，采用 LED 数码管显示。每个按键对应显示一串字符，自定义显示内容。画出硬件电路图，绘制程序流程图，编写程序并上机调试。

项目 10

STC 32 位单片机

STC 32 位单片机包括 251 内核和 ARM 内核,在此主要学习 251 内核的单片机。STC251 内核的 32 位单片机又分为 STC32G 系列和 STC32F 系列,无论是 STC32G 系列还是 STC32F 系列,其单片机的引脚与 STC8H8K64U 单片机引脚是兼容的,学完 STC8H8K64U 单片机,可轻松、快速学习 STC251 内核单片机。本书主要以 STC32G12K128 为例学习。

任务 10.1   STC32G12K128 单片机概述

STC32G 系列单片机有 268 条强大的指令,包含 32 位加减法指令和 16 位乘除法指令。硬件扩充了 32 位硬件乘除单元 MDU32(包含 32 位除以 32 位和 32 位乘以 32 位)。

STC32G 系列单片机是不需要外部晶振和外部复位的单片机,是以超强抗干扰、超低价、高速、低功耗为目标的 32 位 8051 单片机,在相同的工作频率下,STC32G 系列单片机比传统的 8051 快约 70 倍。

STC32G 系列包括 STC32G12K128 系列和 STC32G6K64 系列,STC32G12K128 系列包括 STC32G12K128、STC32G12K64 两种型号,STC32G6K64 系列包括 STC32G6K64、STC32G6K48 两种型号,同系列不同型号单片机的区别是程序存储空间的大小不同,其他资源特性一样。

1. STC32G12K128 单片机资源与特性

1) 内核

超高速 32 位 8051 内核(1T): 6 个 8 位累加器,16 个 16 位累加器,10 个 32 位累加器,32 位加减指令,16 位乘除指令, 32 位算术比较指令,单时钟 32/16/8 位数据读写(edata)、单时钟端口读写、堆栈理论深度可达 64KB(实际取决于 edata)、直接支持 μC/OS。

2) Flash 存储器

(1) 最大 128KB Flash 程序存储器(ROM),用于存储用户代码。

(2) 支持用户配置 EEPROM 大小,512B 单页擦除,擦写次数可达 10 万次以上。

(3) 支持硬件 USB 直接下载和普通串口下载。

(4) 支持硬件 SWD 实时仿真,P3.0/P3.1(需 STC-USB Link1 工具)。

3）12KB SRAM

（1）4KB 内部 SRAM(edata)。

（2）8KB 内部扩展 RAM(内部 xdata)。

注意：强烈建议不要使用 idata 和 pdata 声明变量。

4）时钟控制

（1）内部高精度 IRC(ISP 编程时可进行上下调整)。

误差±0.3%(常温下 25℃)，−1.35%～+1.30%温漂(−40～85℃)，−0.76%～+0.98%温漂(−20～65℃)。

（2）内部 32kHz 低速 IRC(误差较大)。

（3）外部晶振(4～33MHz)和外部时钟。

有专门的外部时钟干扰内部电路，可软件启动内部 PLL 输出时钟。

5）复位

（1）硬件复位。

① 上电复位，复位电压值为 1.7～1.9V(在芯片未使能低压复位功能时有效)。

② 复位脚复位，出厂时 P5.4 默认为 I/O 口，ISP 下载时可将 P5.4 引脚设置为复位脚(注意：当设置 P5.4 引脚为复位脚时，复位电平为低电平)。

③ 看门狗溢出复位。

④ 低压检测复位，提供 4 级低压检测电压，即 2.0V、2.4V、2.7V、3.0V。

（2）软件复位。

软件方式写复位触发寄存器。

6）中断

（1）49 个中断源：INT0、INT1、INT2、INT3、INT4、定时器 0、定时器 1、定时器 2、定时器 3、定时器 4、USART1、USART2、UART3、UART4、ADC 转换、LVD 低压检测、SPI、I^2C、比较器、PWMA、PWMB、USB、CAN、CAN2、LIN、LCMIF 彩屏接口中断、RTC 实时时钟、所有的 I/O 中断(8 组)、串口 1 的 DMA 接收和发送中断、串口 2 的 DMA 接收和发送中断、串口 3 的 DMA 接收和发送中断、串口 4 的 DMA 接收和发送中断、I^2C 的 DMA 接收和发送中断、SPI 的 DMA 中断、ADC 的 DMA 中断、LCD 驱动的 DMA 中断以及存储器到存储器的 DMA 中断。

（2）4 级中断优先级。

7）数字外设

（1）5 个 16 位定时器：定时器 0、定时器 1、定时器 2、定时器 3、定时器 4，其中定时器 0 的模式 3 具有 NMI(不可屏蔽中断)功能。

（2）2 个高速同步/异步串口：串口 1(USART1)、串口 2(USART2)，波特率时钟源最快为 $f_{OSC}/4$。支持同步串口模式、异步串口模式、SPI 模式、LIN 模式、红外模式(IrDA)、智能卡模式(ISO 7816)。

（3）2 个高速异步串口：串口 3、串口 4，波特率时钟源最快为 $f_{OSC}/4$。

（4）2 组高级 PWM：可实现 8 通道(4 组互补对称)带死区的控制的 PWM，并支持外部异常检测功能。

（5）SPI：支持主机模式和从机模式以及主机/从机自动切换。

（6）I²C：支持主机模式和从机模式。

（7）ICE：硬件支持仿真。

（8）RTC：支持年、月、日、时、分、秒、次秒(1/128s)，并支持时钟中断和一组闹钟。

（9）USB：USB 2.0/USB 1.1 兼容全速 USB，6 个双向端点，支持 4 种端点传输模式（控制传输、中断传输、批量传输和同步传输），每个端点拥有 64B 的缓冲区。

（10）CAN：两个独立的 CAN 2.0 控制单元。

（11）LIN：一个独立的 LIN 控制单元(支持 1.3 和 2.1 版本)，另外 USART1 和 USART2 可支持两组 LIN。

（12）MDU32：硬件 32 位乘除法器(包含 32 位除以 32 位、32 位乘以 32 位)。

（13）LCD 驱动模块：支持 8080 和 6800 两种接口以及 8 位和 16 位数据宽度。

（14）DMA：支持 SPI 移位接收数据到存储器、SPI 移位发送存储器的数据、I²C 发送存储器的数据、I²C 接收数据到存储器、串口 1/2/3/4 接收数据到的存储器、串口 1/2/3/4 发送存储器的数据、ADC 自动采样数据到存储器(同时计算平均值)、LCD 驱动发送存储器的数据以及存储器到存储器的数据复制。

（15）硬件数字 ID：支持 32B。

8）模拟外设

（1）ADC：超高速 ADC，支持 12 位高精度 15 通道(通道 0～14)的模数转换，ADC 的通道 15 用于测试内部参考电压(芯片在出厂时，内部参考电压调整为 1.19V，误差在 ±1% 内)。

（2）比较器：一组比较器。

9）GPIO

多可达 60 个 GPIO：P0.0～P0.7、P1.0～P1.7(无 P1.2)、P2.0～P2.7、P3.0～P3.7、P4.0～P4.7、P5.0～P5.4、P6.0～P6.7、P7.0～P7.7，所有的 GPIO 均支持准双向口模式、强推挽输出模式、开漏输出模式、高阻输入模式 4 种模式，除 P3.0 和 P3.1 外，其余所有 I/O 口上电后的状态均为高阻输入状态，用户在使用 I/O 口时必须先设置 I/O 口模式，另外每个 I/O 均可独立使能内部 4kΩ 上拉电阻。

10）工作电压

1.9～5.5V(当工作温度低于 −40℃ 时，工作电压不得低于 3.0V)。

11）工作温度

（1）−40～85℃(可使用内部高速 IRC(36MHz 或以下)和外部晶振)。

（2）−40～125℃(当温度高于 85℃ 时应使用外部耐高温晶振，且工作频率控制在 24MHz 以下)。

12）封装

LQFP64、LQDP48、LQFP32、PDIP40。

2. STC32G12K128 单片机引脚与特性

图 10.1.1 所示为 LQFP64 封装的引脚排列。从引脚图中可看出，其中有 4 个专用引脚，包括 19(电源正极 V_{CC}、ADC 电源正极 AV_{CC})、21(电源地 Gnd、ADC 电源地 AGnd、ADC 参考电压负极 ADC_V_{Ref-})、20(ADC 参考电压正极 ADC_V_{Ref+})和 17(USB 内核电源稳压脚 UCap)，除此 4 个专用引脚外，其他引脚都可用作 I/O 口，且都至少有两种功能，当应用到内部接口时，相应的 I/O 口用作内部接口对应的专用引脚，与 STC8H8K64U 单片

机内部接口相同,其引脚功能参照项目 2 表 2.2.1 至表 2.2.5,更多内部接口的引脚参考 STC32G12K128 单片机技术手册。

除 P3.0 和 P3.1 外,其余所有 I/O 口上电后的状态均为高阻输入状态,用户在使用 I/O 口时必须先设置 I/O 口模式;ADC 的外部参考电源管脚 ADC_V_{Ref+} 一定不能浮空,必须接外部参考电源或者直接连到 V_{CC}。

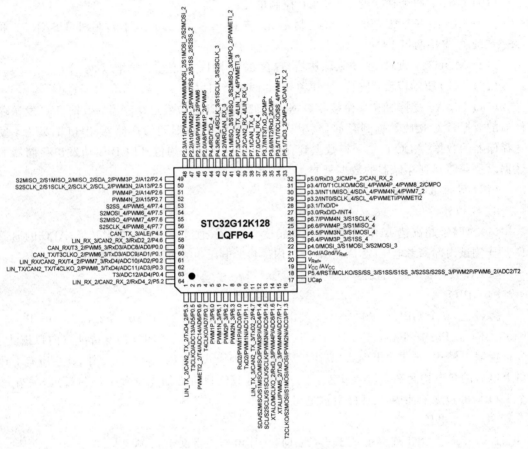

图 10.1.1　LQFP64 封装的引脚排列

任务 10.2　STC32G12K128 单片机的存储系统

STC32G 系列单片机的程序存储器和数据存储器是统一编址的。STC32G 系列单片机提供 24 位寻址空间,最多能够访问 16MB 的存储器(8MB 数据存储器＋8MB 程序存储器),如图 10.2.1 所示。由于没有提供访问外部程序存储器的总线,所以单片机的所有程序存储器都是片上 Flash 存储器,不能访问外部程序存储器。

STC32G 系列单片机内部集成了大容量的数据存储器。STC32G 系列单片机内部的数据存储器在物理上和逻辑上都分为两个地址空间,即内部 RAM(edata)和内部扩展 RAM(xdata)。

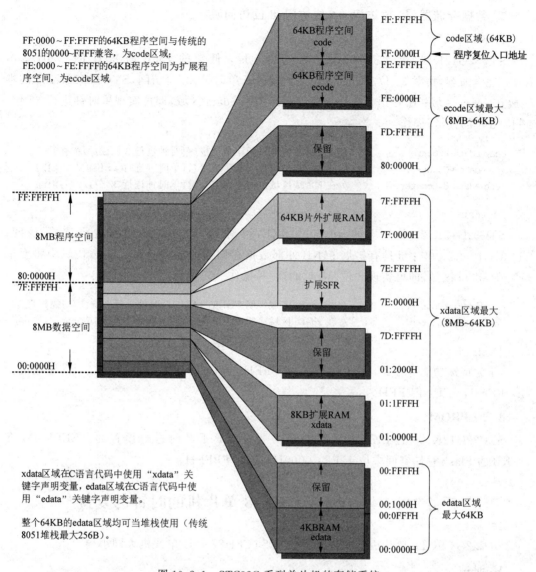

图 10.2.1 STC32G 系列单片机的存储系统

1. STC32G12K128 单片机程序存储器

STC32G12K128 单片机程序存储器共 128KB,地址范围为 FE: 0000H ~ FF: FFFFH。单片机复位后,程序计数器(PC)的内容为 FF: 0000H,从 FF: 0000H 单元开始执行程序。

中断服务程序的入口地址(又称中断向量)从 FF: 0003H 开始,每个中断占用 8 个地址。

STC32G12K128 单片机中都包含有 Flash 数据存储器(EEPROM)。以字节为单位进行读/写数据,以 512B 为页单位进行擦除,可在线反复编程擦写 10 万次以上,提高了使用的灵活性和方便性。

2. 数据存储器(32 位访问、16 位访问、8 位访问)

1) edata

STC32G12K128 单片机的 edata 为 4KB,edata 低端的 256B 与 8051 的 256B 基本 RAM 完全兼容,可对 32 位/16 位/8 位的数据进行单时钟读/写访问,STC32G12K128 的堆栈放在 edata 区域;在 C 语言代码中将变量声明在 edata 区域,即可实现单时钟进行 32 位/16 位/8 位的读/写操作。

```
char edata bCounter;          //在 EDATA 区域声明字节变量(单时钟进行 8 位读/写操作)
int edata wCounter;           //在 EDATA 区域声明双字节变量(单时钟进行 16 位读/写操作)
long edata dwCounter;         //在 EDATA 区域声明 4 字节变量(单时钟进行 32 位读/写操作)
```

2) xdata

STC32G12K128 单片机的 xdata 为 8KB,可对 16 位/8 位的数据进行读/写访问;STC32G12K128 单片机具有扩展 64KB 外部数据存储器的能力。在 C 语言代码中将变量声明在 xdata 区域,即可实现 8 位/16 位的读/写操作。

```
char xdata bCounter;          //在 xdata 区域声明字节变量(3/2 个时钟进行 8 位读/写操作)
int xdata wCounter;           //在 xdata 区域声明双字节变量(3/2 个时钟进行 16 位读/写操作)
```

3) sfr、xfr

sfr 为特殊功能寄存器,地址位于 80H～FFH;xfr 为扩展特殊功能寄存器,地址位于 7E:FE00H～7E:FEFFH。

3. EEPROM

STC32G12K128 的 EEPROM 大小是需要在 ISP 下载时进行设置的。EEPROM 在 128KB 的 Flash 存储空间中位于 FE:0000H～FE:FFFFH。

任务 10.3   STC32G12K128 单片机的时钟与复位

STC32G12K128 单片机的时钟和复位与 STC8H8K64U 单片机大同小异。

1. 时钟

系统时钟控制器为单片机的 CPU 和所有外设系统提供时钟源,系统时钟有 4 个时钟源可供选择,包括内部高精度 IRC、内部 32kHz 的 IRC(误差较大)、外部晶振、内部 PLL 输出时钟。用户可通过程序分别使能和关闭各个时钟源,以及内部提供时钟分频以达到降低功耗的目的。

默认使用内部高精度 IRC,可在 ISP 下载时选择。

2. 复位

STC32G12K128 单片机的复位分为硬件复位和软件复位两种。硬件复位时,所有寄存器值会复位到初始值,系统会重新读取所有的硬件选项。同时根据硬件选项所设置的上电等待时间进行上电等待。硬件复位主要包括:上电复位、低压复位、复位脚复位(低电平复位)、看门狗复位;软件复位时,除与时钟相关的寄存器保持不变外,其余所有寄存器的值会复位到初始值,软件复位不会重新读取所有的硬件选项。

习 题

1. 填空题

（1）STC32G12K128 单片机是基于＿＿＿＿＿＿＿架构研发的。

（2）STC32G12K128 单片机 CPU 的核心部件有＿＿＿＿个 8 位累加器、＿＿＿＿个 16 位累加器和＿＿＿＿个 32 位累加器。

（3）STC32G12K128 单片机的指令系统包含＿＿＿＿条指令,其中包括＿＿＿＿位加减指令、＿＿＿＿位乘除指令、＿＿＿＿位算术比较指令。

（4）STC32G12K128 单片机的存储系统是程序存储器和数据存储器是＿＿＿＿编址的。

（5）STC32G12K128 单片机的数据存储器分为＿＿＿＿和 xdata 两种类型,xdata 的容量为 8KB。

（6）STC32G12K128 单片机的堆栈是位于＿＿＿＿区域,其理论深度可达＿＿＿＿＿＿。

（7）STC32G12K128 单片机外部引脚复位的有效电平是＿＿＿＿。

（8）STC32G12K128 单片机的主时钟源有＿＿＿＿、＿＿＿＿、＿＿＿＿和＿＿＿＿4 种。

（9）STC32G12K128 单片机的地址总线是＿＿＿＿位,复位后的起始地址是＿＿＿＿＿＿。

（10）STC32G12K128 型号中 12K 的含义是＿＿＿＿,128 的含义是＿＿＿＿＿＿。

2. 选择题

（1）STC32G12K128 单片机的 edata 可实现访问的数据宽度为（ ）。

    A. 8 位、16 位   B. 8 位、32 位

    C. 8 位、16 位、32 位   D. 32 位、16 位

（2）STC32G12K128 单片机的 xdata 可实现访问的数据宽度为（ ）。

    A. 8 位、16 位   B. 8 位、32 位

    C. 8 位、16 位、32 位   D. 32 位、16 位

（3）STC32G12K128 单片机的地址总线是（ ）。

    A. 8 位   B. 16 位   C. 32 位   D. 24 位

（4）STC32G12K128 单片机的 EEPROM 的起始地址是（ ）。

    A. FE:0000   B. FF:0000   C. F1:0000   D. FD:0000

3. 判断题

（1）STC32G12K128 单片机的引脚和 STC8H8K64U 单片机是兼容的。（ ）

（2）STC32G12K128 单片机复位后 PC 的起始地址是 000000H。（ ）

（3）STC32G12K128 单片机的 data 区域位于 edata 区域。（ ）

（4）STC32G12K128 单片机的堆栈位于 xdata 区域。（ ）

（5）STC32G12K128 单片机的特殊功能寄存器分为 SFR、XFR,XFR 位于 xdata 区。（ ）

(6) STC32G12K128 单片机 EEPROM 的地址是 16 位的。(　　)

4. 问答题

(1) STC32G12K128 单片机如何实现 32 位乘除运算的?

(2) 简述 STC32G12K128 单片机的存储系统。

(3) 简述 STC32G12K128 单片机与 STC8H8K64U 单片机之间的关系。

(4) 简述 STC32G12K128 单片机相比 STC8H8K64U 单片机增加了哪些资源。

项目 *11*

STC32G12K128单片机应用系统的开发工具

STC32G12K128 单片机应用系统的编译工具与 STC8H8K64U 一样,同属 ARM 公司的 Keil 集成环境,STC8H8K64U 单片机的编译软件是 C51,STC32G12K128 单片机的编译软件是 C251,其操作方法几乎完全一致,不同的只是编译环境的设置方面有较大差别。STC32G12K128 单片机应用系统的下载与 STC8H8K64U 的也是一样的,STC32G12K128 单片机与 STC8H8K64U 单片机的引脚是兼容的,所以两者的 STC 大学计划实验箱除主控芯片不同外,其他完全一致。熟悉 STC8H8K64U 单片机的应用开发,就能快速掌握 STC32G12K128 单片机的应用开发。

任务 11.1 STC32G12K128 单片机程序的编译系统

STC32G12K128 单片机程序采用 Keil C251 集成开发环境,Keil C251 集成开发环境同 Keil Vision4 在使用上大同小异的。

1. Keil C251 集成开发环境的安装

1) 下载 Keil C251 安装程序

登录 Keil 官网如图 11.1.1 所示,单击 C251 选项,按提示输入相关信息,单击"确定"按钮下载 C251 安装程序。

2) 安装 Keil C251

(1) 双击 C251 安装程序,弹出安装界面如图 11.1.2 所示,单击 Next 按钮进入下一步。

(2) 勾选 I agree to all the terms of the preceding License Agreement 复选框,如图 11.1.3 所示,单击 Next 按钮进入下一步。

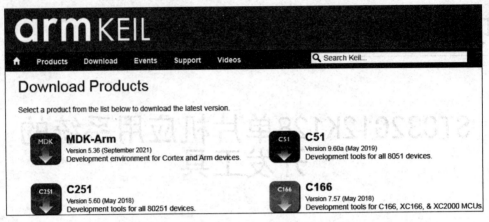

图 11.1.1 C251 下载界面

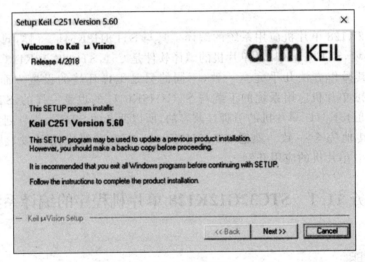

图 11.1.2 安装界面

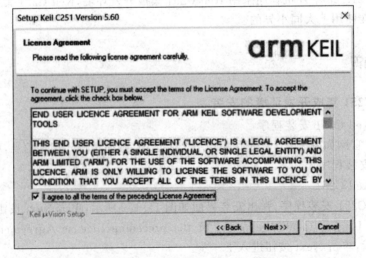

图 11.1.3 License Agreement 界面

（3）选择安装目录。默认是在 C:\Keil_v5，如图 11.1.4 所示，单击 Next 按钮进入下一步。

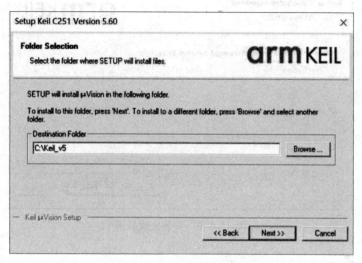

图 11.1.4　选择安装路径界面

（4）填写个人信息，如图 11.1.5 所示，单击 Next 按钮进入下一步。

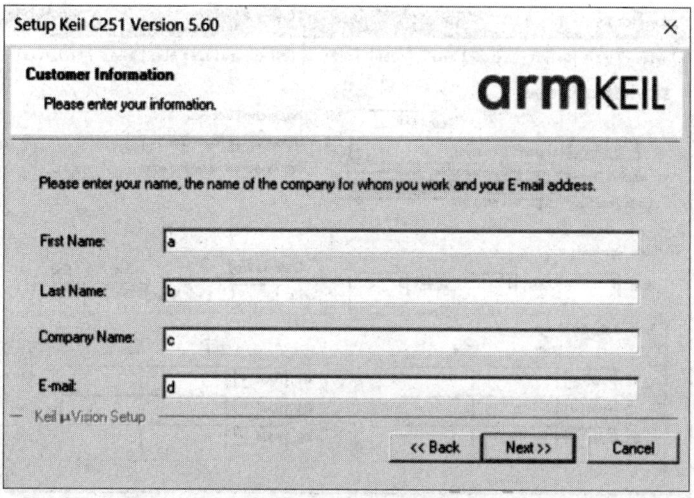

图 11.1.5　填写个人信息界面

（5）安装完成，如图 11.1.6 所示，单击 Finish 按钮结束安装。

2. 添加 STC 单片机型号、头文件、驱动文件到 Keil C251 中

与向 Keil μVision4 集成开发环境添加 STC 单片机型号、头文件、驱动文件的方法一样。

STC-ISP 下载软件界面→Keil 仿真设置→添加型号和头文件到 Keil 中添加 STC 仿真器驱动到 Keil 中→将目录定位到 Keil 软件的安装目录→单击"确定"按钮。

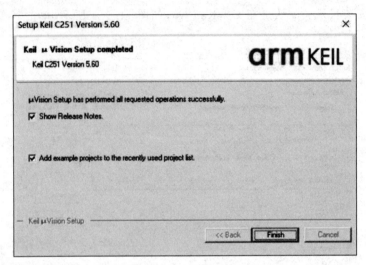

图 11.1.6　安装完成界面

3. 编译设置

(1) 设置项目 1：CPU Mode。

选择 Source(251 native)模式，如图 11.1.7 所示。

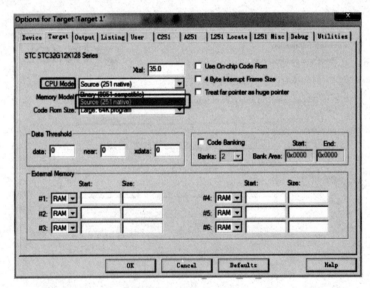

图 11.1.7　CPU Mode 设置为 Source(251 native)

(2) 设置项目 2：Memory Model。

选择 XSmall 模型，如图 11.1.8 所示。

(3) 设置项目 3：Code Rom Size。

当程序代码在 64KB 内时，选择 Large 模式，如图 11.1.9 所示。

当程序代码超过 64KB 时，选择 Huge 模式，并需要保证单个函数以及单个文件的代码大小必须在 64KB 以内，并且单个表格的数据量也必须在 64KB 以内，同时还需要设置 External Memory，如图 11.1.10 所示。

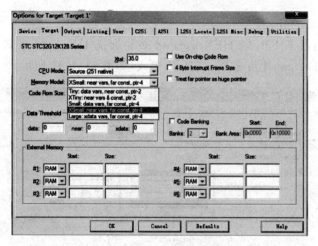

图 11.1.8　Memory Model 设置为 XSmall

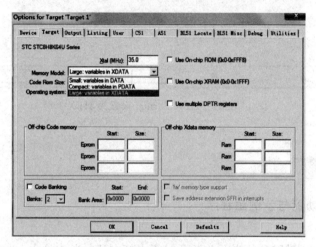

图 11.1.9　Code Rom Size 设置为 Large

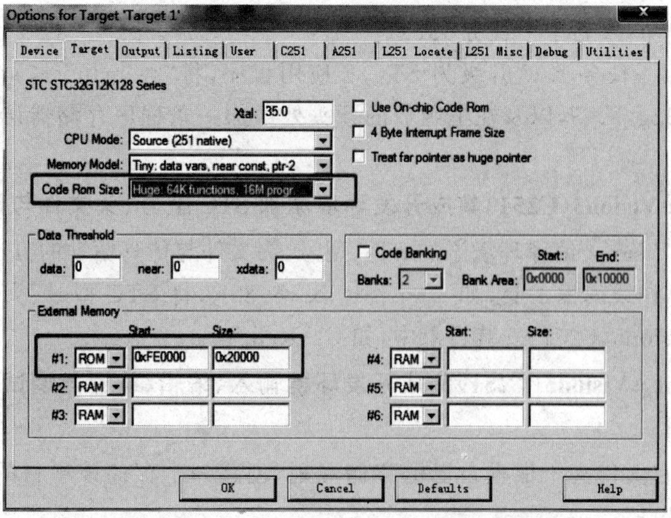

图 11.1.10　Code Rom Size 设置为 Huge

（4）设置项目4：HEX Format。

若程序空间超过64KB，则 HEX Format 必须选择 HEX-386 模式，只有程序空间在64KB 以内，HEX Format 才可选择 HEX-80 模式，如图 11.1.11 所示。

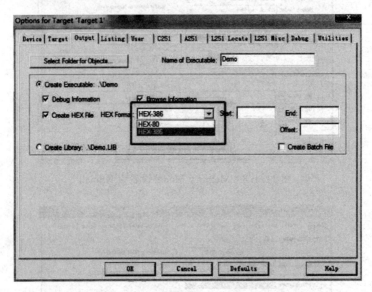

图 11.1.11　HEX Format 设置为 HEX-386

任务实施

1. 示例程序功能与示例源程序

1）程序功能

同任务 1.2：流水灯控制，当开关断开时流水灯左移；当开关合上时流水灯右移。左移间隔时间为 1s，右移时间间隔为 0.5s。

2）源程序清单（项目十一任务 1.c）

直接由"项目一任务 1.c"升级为 STC32 应用程序，将"#include<stc15.h>"修改为"#include<stc32g.h>"，以及在主函数的开头处添加一条程序存储器访问等待控制语句"WTST=0;"。

2. 给 Keil μVision5（C251）集成开发环境添加 STC 型号、头文件与仿真驱动

同给 Keil μVision4 编译环境添加 STC 型号、头文件与仿真驱动的方法一样，选用当前最新的 STC-ISP 在线编程工具，如 stc-isp-15xx-v6.88R，将 STC 型号、头文件与仿真驱动添加到 Keil μVision5（C251）安装目录中，如 C:\Keil_v5。

3. 应用 Keil μVision5（C251）集成开发环境输入、编辑、编译与调试用户程序

1）创建项目

（1）创建项目文件夹。根据自己的存储规划，创建一个存储该项目的文件夹，如"E:\项目十一任务 11.1"。

（2）启动 Keil μVision5，然后新建项目→选择项目存放路径→命名项目文件名：项目

十一任务 1→选择 STC CPU Data base(图 11.1.12)→选择 STC32G12K128 芯片系列 (图 11.1.12)→选择不添加启动代码→完成新项目的创建。

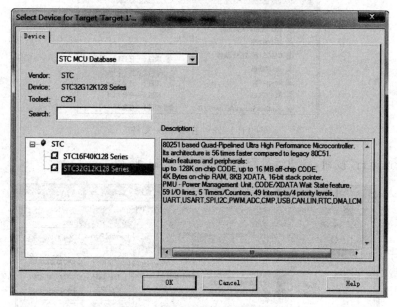

图 11.1.12 选择 STC32G12K128

2）编辑程序

（1）将"项目一任务 2. c"和 gpio. h(I/O 初始化文件)复制到"项目十一任务 1"文件夹，并将"项目一任务 2. c"重命名为"项目十一任务 1. c"。

（2）打开"项目十一任务 1. c"，将"#include<stc8h. h>"改为"#include<stc8h. h>"，以及在主函数的开头处添加一条程序存储器访问等待控制语句"WTST＝0;"。

3）将应用程序添加到项目中

将"项目十一任务 1. c"添加到当前项目(项目十一任务 1)中。

4）编译与连接、生成机器代码文件

（1）环境设置。

① 参照图 11.1.7，设置 CPU Mode 为 Source(251 native)模式。

② 参照图 11.1.8，设置 Memory Model 为 XSmall 模式。

③ 参照图 11.1.9，设置 Code Rom Size 为 Large 模式。

④ 参照图 11.1.11，设置 HEX Format 为 HEX-80 模式，并勾选 Create HEX File 复选框。

（2）编译与连接。

（3）查看 HEX 机器代码文件。

如图 11.1.13 所示，"项目十一任务 1. hex"就是编译时生成的机器代码文件。

5）Keil μVision5 的软件模拟仿真

（1）设置软件模拟仿真方式。

（2）仿真调试。

通过选择菜单命令 Peripherals→I/O-Port，再在下级子菜单中选择 P1 与 P3 的控制窗

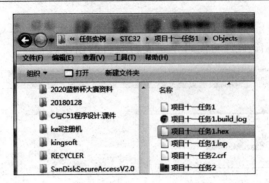

图 11.1.13　查看 hex 文件

口,单击"全速运行"按钮,启动运行程序,如图 11.1.14 所示。

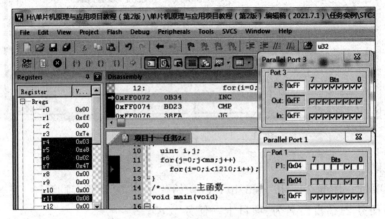

图 11.1.14　应用程序的调试界面

① 设置 P3.2 为高电平,单击工具栏中的"全速运行"按钮,观察 P1 口,应能看到代表高电平输出的"√"循环往左移动。

② 设置 P3.2 为低电平,观察 P1 口,应能看到代表高电平输出的"√"循环往右移动。

任务 11.2　STC32G12K128 单片机应用程序的在线编程与在线调试

任务说明

STC 单片机采用基于 Flash ROM 的 ISP/IAP 技术,可对 STC 单片机进行在线编程。STC32G12K128 单片机应用程序的在线编程原理与下载电路同 STC8H8K64U。

相关知识

1. STC32G12K128 单片机在线可编程(ISP)电路

STC32G12K128 单片机用户程序的下载:一是可采用 USB 转串口进行下载;二是通

过 PC 的 USB 硬件直接下载。

(1) STC32G12K128 单片机 USB 转串口接口的在线编程。

参照图 1.3.1,将 STC8H8K64U 单片机换成 STC32G12K128 单片机即可。

(2) PC 的 USB 硬件直接下载电路。

STC32G12K128 单片机采用最新的在线编程技术,STC32G12K128 可直接与 PC 机的 USB 端口相连进行在线编程,参照图 1.3.6,将 STC8H8K64U 单片机换成 STC32G12K128 单片机即可。

2. STC 大学计划实验箱(9.4)版简介

STC 大学计划实验箱(9.4)与 STC 大学计划实验箱(9.3)相比,除 MCU 不同以外,其他完全一致,所以 STC8H8K64U 单片机应用程序直接升级为 STC32G12K128 单片机应用程序,经 C251 编译系统编译所得机器代码,可在 STC 大学计划实验箱(9.4)中运行。

3. 单片机应用程序的下载与运行

除单片机型号由 STC8H8K64U 改为 STC32G12K128 外,其他都一样。

任务实施

(1) 程序功能。

STC 大学计划实验箱(9.4)的 LED4、LED11～LED17 实现跑马灯控制,LED 灯电路如附图 4.7 所示。

(2) 源程序清单(项目十一任务 2.c)。

直接由"项目一任务 3.c"升级为 STC32 应用程序,将"#include<stc8h.h>"修改为"#include<stc32g.h>",以及在主函数的开头处添加一条程序存储器访问等待控制语句"WTST=0;"。

(3) 将"项目一任务 3.c"和 gpio.h(I/O 初始化文件)复制到当前项目文件夹"项目十一任务 2",并将"项目一任务 3.c"重命名为"项目十一任务 2.c"。

(4) 利用 Keil μVision5 编辑与编译"项目十一任务 2.c"程序,生成机器代码程序"项目十一任务 2.hex"。

(5) 利用 STC-ISP 在线编程软件将"项目十一任务 2.hex"代码下载到 STC 大学计划实验箱(9.4)STC32G12K128 单片机的程序存储器中。

(6) STC32G12K128 单片机在 STC-ISP 在线编程软件下载程序结束后,自动运行用户程序,观察与记录 LED4、LED11～LED17 灯的运行情况并记录。

习　题

1. 填空题

(1) STC32G12K128 单片机采用的编译器是_____。

(2) STC32G12K128 单片机应用程序编译设置时,CPU Mode 模式应选_____,Memory Model 模式应选_____。

(3) STC32G12K128 单片机应用程序编译设置时,Code Rom Size 模式应选

_____,或_____,如果代码大小在 64KB 以内,选择_____模式即可。若代码大小超过 64KB,则需要选择_____模式。

(4) STC32G12K128 单片机应用程序编译设置时,若程序空间超过 64KB,则 HEX Format 必须选择_____模式,只有程序空间在 64KB 以内,HEX Format 才可选择_____模式。

2. 问答题

(1) STC32G12K128 单片机应用程序的编译,相比 STC8H8K64U 有哪些区别?

(2) STC32G12K128 单片机应用程序的下载,相比 STC8H8K64U 有哪些区别?

(3) STC8H8K64U 单片机应用程序如何转换为 STC32G12K128 单片机应用程序?

(4) STC32G12K128 单片机中 WTST 特殊功能寄存器的含义是什么? 如果在 STC32G12K128 单片机应用程序主函数中不设置"WTST=0;",会出现什么问题?

(5) 目前,STC32G12K128 单片机可以像 STC8H8K64U 单片机一样实现在线仿真吗?

项目 *12*

STC32G12K128单片机的基础应用实例

本项目通过 STC32G12K128 单片机基本接口的应用实例：一是掌握将 STC8H8K64U 单片机的应用程序直接转换为 STC32G12K128 单片机应用程序；二是掌握 STC32G12K128 单片机应用系统的初步应用。

任务 12.1 STC32G12K128 单片机 edata 的使用

1. 任务要求

定义一个 32 位的 edata 存储器变量，并写数据、读数据进行测试。

2. 硬件设计

直接用 STC 大学计划实验箱(9.4)，用 8 位 LED 数码管显示从 edata 区读取的数据。

3. 软件设计

1) 程序说明

(1) 定义一个 32 位的 edata 存储器变量"long edata x;"。

(2) 对 x 进行赋值(12345678)，读取 x 值，送 LED 数码管显示。

(3) 延时 500ms，对 x 下一单元赋值，赋值数据加 1，周而复始重复 256 次。

2) 源程序清单(项目十二任务 1.c)

```
# include < stc32g. h >            //# include < stc8h. h >
# include < intrins. h >
# include < gpio. h >
# define uchar unsigned char
# define uint unsigned int
# include < LED_display. h >
long edata x = 12345678;           //对 x 赋值
long * S;
void Delay(uint x)                 //@11.0592MHz
{
    uchar i;
    for(i = 0; i < x; i++)
    {
```

```
                LED_display();
        }
}
/* -------------------主程序---------------------- */
void main(void)
{
        uint i;
        WTST = 0;
        gpio();
        S = &x;
        while(1)
        {
            for(i = 0; i < 256; i++)
            {
                S = S + i;
                * S = x + i;
                Dis_buf[7] = ( * S) % 10;
                Dis_buf[6] = ( * S)/10 % 10;
                Dis_buf[5] = ( * S)/100 % 10;
                Dis_buf[4] = ( * S)/1000 % 10;
                Dis_buf[3] = ( * S)/10000 % 10;
                Dis_buf[2] = ( * S)/100000 % 10;
                Dis_buf[1] = ( * S)/1000000 % 10;
                Dis_buf[0] = ( * S)/10000000 % 10;
                Delay(100);
            }
            while(1);
        }
}
```

4. 系统调试

(1) 将 gpio.h 和 LED_display.h 复制到当前项目文件夹,如"项目十二任务 1"。

(2) 用 Keil 5(C251)新建项目,输入、编辑、编译"项目十二任务 1.c"程序,生成机器代码文件"项目十二任务 1.hex"。

(3) 运行 STC-ISP 在线编程软件,将"项目十二任务 1.hex"下载到 STC 大学计划实验箱(9.4)STC32G12K128 单片机中。

(4) 观察 LED 数码管的显示结果并记录,判断与设计是否相符。

任务 12.2 STC32G12K128 单片机 xdata 的测试

1. 任务功能

同任务 4.2。

2. 硬件设计

直接用 STC 大学计划实验箱(9.4),测试正确时点亮 LED4;否则,点亮 LED11。

3. 软件设计

直接由"项目四任务 2.c"升级为 STC32 应用程序,将"#include<stc8h.h>"修改为

"#include＜stc32g.h＞",以及在主函数的开头处添加一条程序存储器访问等待控制语句"WTST=0;"。

4. 系统调试

(1)将 gpio.h 和"项目四任务 2.c"复制到当前项目文件夹,如"项目十二任务 2",并将"项目四任务 2.c"重命名为"项目十二任务 2.c"。

(2)用 Keil 5(C251)新建项目,打开"项目十二任务 2.c",参照软件设计中说明修改"项目十二任务 2.c",编辑、编译"项目十二任务 2.c"程序,生成机器代码文件"项目十二任务 2.hex"。

(3)运行 STC-ISP 在线编程软件,将"项目十二任务 2.hex"下载到 STC 大学计划实验箱(9.4)STC32G12K128 单片机中。

(4)观察 LED4、LED11 点亮情况并记录。

(5)修改程序模拟扩展 RAM 出错,并上机调试验证。

任务 12.3　STC32G12K128 单片机 EEPROM 的测试

任务实施

1. 任务功能

同任务 4.3。

2. 硬件设计

直接采用 STC 大学计划实验箱(9.4)电路进行测试,LED17、LED16、LED15、LED14 灯分别用作工作指示灯、擦除成功指示灯、编程成功指示灯、校验成功指示灯(含测试失败指示)。

3. 软件设计

直接将"项目四任务 3.c"和 EEPROM.h 升级为 STC32 应用程序。

(1)在"项目四任务 3.c"中,将"#include＜stc8h.h＞"修改为"#include＜stc32g.h＞",以及在主函数的开头处添加一条程序存储器访问等待控制语句"WTST=0;"。

(2)因为,EEPROM 的地址是 24 位,因此,在 EEPROM.h 的写 EEPROM 函数、读函数 EEPROM 与扇区删除函数中需要对访问地址进行修改,一是将函数中形参的数据类型改为 unsigned long;二是在函数中增加一条最高 8 位地址赋值给最高特殊功能寄存器 IAP_ADDRE,即"IAP_ADDRE=addr＞＞16;"。

4. 系统调试

(1)将 gpio.h、EEPROM.h 和"项目四任务 3.c"复制到当前项目文件夹,如"项目十二任务 3",并将"项目四任务 3.c"重命名为"项目十二任务 3.c"。

(2)用 Keil 5(C21)新建项目,打开"项目十二任务 3.c",参照软件设计中说明修改"项目十二任务 3.c"和 EEPROM.h,编辑、编译"项目十二任务 3.c"程序,生成机器代码文件"项目十二任务 3.hex"。

(3)运行 STC-ISP 在线编程软件,将"项目十二任务 3.hex"下载到 STC 大学计划实验箱(9.4)STC32G12K128 单片机中。

(4) 观察 LED17、LED16、LED15、LED14 的运行结果并记录。

(5) 修改程序,模拟 EEPROM 出错,编辑、编译与调试程序。

(6) 修改程序,将 EEPROM 操作起始地址改为 000200H,编辑、编译与调试程序。

任务 12.4　STC32G12K128 单片机定时器/计数器的应用

任务实施

1. 任务功能

用 STC32G12K128 单片机定时器/计数器设计一个简易频率计,具体功能同任务 5.3。

2. 硬件设计

直接采用 STC 大学计划实验箱(9.4)电路实现,从 SW22(P3.5)输入脉冲信号,用 LED 数码管显示频率值。

3. 软件设计

直接由"项目五任务 3.c"升级为 STC32 应用程序,将"♯include＜stc8h.h＞"修改为 "♯include＜stc32g.h＞",以及在主函数的开头处添加一条程序存储器访问等待控制语句 "WTST=0;"。

4. 系统调试

(1) 将 gpio.h 和"项目五任务 3.c"复制到当前项目文件夹,如"项目十二任务 4",并将 "项目五任务 3.c"重命名为"项目十二任务 4.c"。

(2) 用 Keil 5(C251)新建项目,打开"项目十二任务 4.c",参照软件设计中说明修改"项目 十二任务 4.c",编辑、编译"项目十二任务 4.c"程序,生成机器代码文件"项目十二任务 4.hex"。

(3) 运行 STC-ISP 在线编程软件,将"项目十二任务 4.hex"下载到 STC 大学计划实验 箱(9.4)STC32G12K128 单片机中。

(4) 观察 LED 数码管显示的初始值并记录。

(5) 利用 SW22 按键输入计数脉冲信号,观察并记录。

(6) 从 J1 插座的 P3.5 引脚输入通用信号发生器输出的方波信号,观察并记录。

任务 12.5　STC32G12K128 单片机中断的应用

任务实施

1. 任务功能

同任务 6.2,外部中断的应用编程。

2. 硬件设计

直接采用 STC 大学计划实验箱(9.4)电路实现,SW17 输入外部中断 0 信号,点亮

LED17 和 LED16；SW18 输入外部中断 1 信号,熄灭 LED17 和 LED16。

3. 软件设计

直接由"项目六任务 2. c"升级为 STC32 应用程序,将"#include<stc8. h>"修改为 "#include<stc32g. h>",以及在主函数的开头处添加一条程序存储器访问等待控制语句 "WTST=0;"。

4. 系统调试

(1)将 gpio. h 和"项目六任务 2. c"复制到当前项目文件夹,如"项目十二任务 5",并将 "项目六任务 2. c"重命名为"项目十二任务 5. c"。

(2)用 Keil 5(C251)新建项目,打开"项目十二任务 5. c",参照软件设计中说明修改"项目 十二任务 5. c",编辑、编译"项目十二任务 5. c"程序,生成机器代码文件"项目十二任务 5. hex"。

(3)运行 STC-ISP 在线编程软件,将"项目十二任务 5. hex"下载到 STC 大学计划实验 箱(9.4)STC32G12K128 单片机中。

(4)观察 LED 数码管显示的初始值并记录。

(5)按动 SW17,观察 LED17 和 LED16 的状态并记录。

(6)按动 SW18,观察 LED17 和 LED16 的状态并记录。

任务 12.6　STC32G12K128 单片机串口的双机通信

任务实施

1. 任务功能

采用一个实验箱串行口 2 与串口 3 通信,通信电路如附图 4.14 所示,模拟双机通信。 串口 3 发送数据,发送数据初始为 20,再次发送时,发送数据加 1,发送间隔为 1s;串口 2 接 收串口 3 发送的数据,并统计接收次数,接收到的数据送 LED 数码管低 3 位显示,接收次数 送 LED 数码管高 3 位显示。

2. 硬件设计

直接采用 STC 大学计划实验箱(9.4)电路实现,LED 数码管电路如附图 4.8 和附图 4.9 所示,串口 2 与串口 3 之间的通信电路如附图 4.14 所示。

3. 软件设计

1) 程序说明

(1) LED 数码管显示文件直接用项目 3 任务 4 的 LED_display. h。

(2)注意要调整串口 2 与串口 3 的串口发送引脚与串口接收引脚,串口 2 与串口 3 都 是使用第 2 组引脚的,需要使用串口 2 与串口 3 的引脚切换语句"P_SW2=P_SW2|0x03; WTST=0;"。

(3) 使用 T0 实现 1s 定时,B_1s 为 1s 标志。

2) 源程序清单(项目十二任务 6. c)

```
#include <stc32g. h>          //包含支持 STC8H8K64U 单片机的头文件
```

```
# include < intrins. h>
# include < gpio. h>                    //I/O 初始化文件
# define uchar unsigned char
# define uint unsigned int
# include < LED_display. h>
/ ************** 本地变量声明 ************** /
bit B_1s = 0;                           //1s 标志
uint Sec_Cnt;                           //1s 计数
uchar RX2_Cnt = 0;                      //接收计数
uchar Resev_2 = 0;
uchar Send_3 = 20;
void Timer0Init(void)                   //50ms@11.0592MHz
{
    AUXR &= 0x7F;                       //定时器时钟 12T 模式
    TMOD &= 0xF0;                       //设置定时器模式
    TL0 = 0x00;                         //设置定时初始值
    TH0 = 0x4C;                         //设置定时初始值
    TF0 = 0;                            //清除 TF0 标志
    TR0 = 1;                            //定时器 0 开始计时
}
void UartInit2(void)                    //19200b/s@11.0592MHz
{
    S2CON = 0x50;                       //8 位数据,可变波特率
    AUXR | = 0x04;                      //定时器时钟 1T 模式
    T2L = 0x70;                         //设置定时初始值
    T2H = 0xFF;                         //设置定时初始值
    AUXR | = 0x10;                      //定时器 2 开始计时
}
void UartInit3(void)                    //19200b/s@11.0592MHz
{
    S3CON = 0x10;                       //8 位数据,可变波特率
    S3CON | = 0x40;                     //串口 3 选择定时器 3 为波特率发生器
    T4T3M | = 0x02;                     //定时器时钟 1T 模式
    T3L = 0x70;                         //设置定时初始值
    T3H = 0xFF;                         //设置定时初始值
    T4T3M | = 0x08;                     //定时器 3 开始计时
}
/ ****************** 主函数 ********************** /
void main(void)
{
WTST = 0;
gpio();
Timer0Init();
UartInit2();
UartInit3();
S2CON = S2CON | 0x10;
P_SW2 | = 0x03;
  IE2 = IE2 | 0x01;
  ET0 = 1;                             //Timer0 interrupt enable
  EA = 1;                              //打开总中断
  while (1)
```

```
    {
        if(B_1s)
        {
            B_1s = 0;
            EA = 0;
            S3BUF = Send_3;
            while(S3CON&0x02 == 0);
            S3CON = S3CON&0xfd;
            Send_3++;
            EA = 1;
        }
        Dis_buf[0] = RX2_Cnt/100 % 10;
        Dis_buf[1] = RX2_Cnt/10 % 10;
        Dis_buf[2] = RX2_Cnt % 10;
        Dis_buf[5] = Resev_2/100 % 10;
        Dis_buf[6] = Resev_2/10 % 10;
        Dis_buf[7] = Resev_2 % 10;
        LED_display();
    }
}
void timer0(void) interrupt 1
{
    Sec_Cnt++;
    if(Sec_Cnt == 20)
    {
        Sec_Cnt = 0;
        B_1s = 1;
    }
}
void UART2_int (void) interrupt 8
{
    if((S2CON & 1) != 0)
    {
        S2CON &= ~1;          //清除 Rx 标志
        Resev_2 = S2BUF;
        RX2_Cnt++;
    }
}
```

4. 系统调试

(1) 将 gpio.h 和 LED_display.h 复制到当前项目文件夹,如"项目十二任务 6"。

(2) 用 Keil 5(C251)新建项目,新建"项目十二任务 6.c",编辑、编译"项目十二任务 6.c"程序,生成机器代码文件"项目十二任务 6.hex"。

(3) 运行 STC-ISP 在线编程软件,将"项目十二任务 6.hex"下载到 STC 大学计划实验箱(9.4)STC32G12K128 单片机中。

(4) 观察 LED 数码管显示的初始值并记录。

(5) 随后,注意观察 LED 数码管显示的状态并记录。

任务 12.7　基于 STC32G12K128 单片机的电子时钟

任务实施

1. 任务功能

同任务 9.3。

2. 硬件设计

直接采用 STC 大学计划实验箱(9.4)电路实现,SW21 为时分秒初始值调整功能键,SW17 为加 1 键,SW18 为减 1 键,电子时钟的时、分、秒由 LED 数码管显示。

3. 软件设计

直接由"项目九任务 3.c"升级为 STC32 应用程序,将"＃include＜stc8h.h＞"修改为"＃include＜stc32g.h＞",以及在主函数的开头处添加一条程序存储器访问等待控制语句"WTST=0;"。

4. 系统调试

(1) 将 gpio.h、LED_display.h 和"项目九任务 3.c"复制到当前项目文件夹,如"项目十二任务 7",并将"项目九任务 3.c"重命名为"项目十二任务 7.c"。

(2) 用 Keil 5(C251)新建项目,打开"项目十二任务 7.c",参照软件设计中说明修改"项目十二任务 7.c",编辑、编译"项目十二任务 7.c"程序,生成机器代码文件"项目十二任务 7.hex"。

(3) 运行 STC-ISP 在线编程软件,将"项目十二任务 7.hex"下载到 STC 大学计划实验箱(9.4)STC32G12K128 单片机中。

(4) 参照任务 9.3 的调试方法,对电子时钟进行调试。

项目 *13*

STC8H8K64U单片机高级功能模块介绍

STC8H8K64U 单片机是 STC 最新高级功能系列单片机,考虑到高职系列单片机课程的教学要求,以常用单片机内部接口、基本外围接口为教学重点,在此对 STC8H8K64U 单片机的高级功能模块只做基本介绍。只要熟练掌握好前面知识以及具备基本应用编程能力,举一反三,当需要时自然而然就能使用 STC8H8K64U 单片机的高级功能模块。

任务 13.1   STC8H8K64U 单片机比较器

STC8H8K64U 单片机比较器的内部结构如图 13.1.1 所示,由集成运放比较电路、过滤电路、中断标志形成电路(含中断允许控制)、输出结果以及控制电路四部分电路组成。

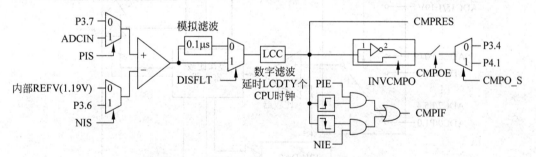

图 13.1.1   STC8H8K64U 单片机比较器的内部结构

(1) 集成运放比较电路。

集成运放的同相、反相输入端的输入信号可通过比较器控制寄存器 1(CMPCR1)进行选择,是接内部信号还是外接输入信号;集成运放比较电路的输出通过滤波器形成稳定的比较器输出信号。

(2) 滤波(或称去抖动)电路。

滤波包括模拟滤波与数字滤波。模拟滤波是一个 0.1μs 的滤波电路,可使能与禁止该滤波电路;数字滤波是当比较电路输出发生跳变时,不立即认为是跳变,而是经过一定延时后再确认是否为跳变。

（3）中断标志形成电路。

中断标志类型的选择、中断标志的形成及中断的允许。具体控制关系详见比较器控制寄存器1(CMPCR1)。

（4）比较器结果输出电路。

比较器结果有两种输出方式：一是寄存在寄存器位 CMPCR1.0(CMPRES)中；二是通过外部引脚输出(P3.4 或 P4.1)。

任务 13.2　STC8H8K64U 单片机 A/D 模块

STC8H8K64U 单片机集成有 16 通道 12 位高速电压输入型模拟数字转换器(ADC)，采用逐次比较方式进行 A/D 转换，速度可达到 800kHz(80 万次/s)，可将连续变化的模拟电压转化成相应的数字信号，可应用于温度检测、电池电压检测、距离检测、按键扫描、频谱检测等。

1. 模/数转换器 ADC 的结构

STC8H8K64U 单片机 ADC 输入通道共有 16 个通道，即 ADC0(P1.0)、ADC1(P1.1)、ADC2(P5.4)、ADC3(P1.3)、ADC4(P1.4)、ADC5(P1.5)、ADC6(P1.6)、ADC7(P1.7)、ADC8(P0.0)、ADC9(P0.1)、ADC10(P0.2)、ADC11(P0.3)、ADC12(P0.4)、ADC13(P0.5)、ADC14(P0.6)、ADC15(测试内部 1.19V 基准电压)，各端口用作 ADC 输入通道，端口的工作模式应工作在高阻输入模式。STC8H8K64U 单片机 ADC 模块的结构如图 13.2.1 所示。

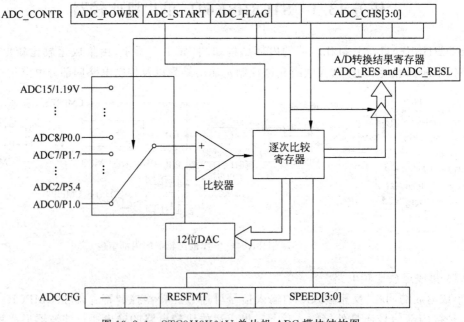

图 13.2.1　STC8H8K64U 单片机 ADC 模块结构图

STC8H8K64U 单片机的 ADC 由多路选择开关、比较器、逐次比较寄存器、12 位数/模转换 DAC、转换结果寄存器(ADC_RES 和 ADC_RESL)以及 ADC 控制寄存器 ADC_CONTR、ADCCFG 构成。

STC8H8K64U 单片机的 ADC 是逐次比较型模/数转换器，由一个比较器和 D/A 转换器构成,通过逐次比较逻辑,从最高位(MSB)开始,顺序地对每一输入电压模拟量与内置D/A转化器输出进行比较,经过多次比较,使转换所得的数字量逐次逼近输入模拟量对应值,直至A/D转换结束,将最终的转换结果保存在 ADC 转换结果寄存器 ADC_RES 和 ADC_RESL 中,同时,置位 ADC 控制寄存器 ADC_CONTR 中的 A/D 转换结束标志位 ADC_FLAG,供程序查询或发出中断请求。

2. ADC 的参考电压源

STC8H8K64U 单片机 ADC 模块的电源与单片机电源是同一个(V_{CC}/AV_{CC}、Gnd/AGnd),有独立的参考电压源输入端(ADC_V_{Ref+}、AGnd)。若测量精度要求不是很高,可以直接使用单片机的工作电源,则 ADC_V_{Ref+} 直接与单片机工作电源 V_{CC} 相接;若需要获得高测量精度,ADC 模块就需要精准的参考电压。

任务 13.3 STC8H8K64U 单片机 SPI 接口模块

1. SPI 接口简介

STC8H8K64U 单片机集成了串行外设接口(serial peripheral interface,SPI)。SPI 接口是一种全双工、高速、同步的通信总线,有两种操作模式,即主模式和从模式。SPI 接口工作在主模式时支持高达 3Mb/s 的速率(工作频率为 12MHz),可以与具有 SPI 兼容接口的器件(如存储器、A/D 转换器、D/A 转换器、LED 或 LCD 驱动器等)进行同步通信;SPI 接口还可以和其他微处理器通信,但工作于从模式时速度无法太快,频率在 $f_{SYS}/4$ 以内较好。此外,SPI 接口还具有传输完成标志和写冲突标志保护功能。

2. SPI 接口的结构

STC8H8K64U 单片机 SPI 接口功能框图如图 13.3.1 所示。

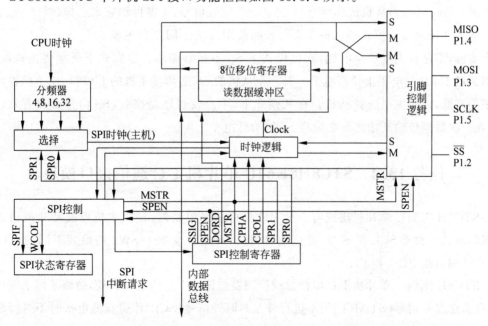

图 13.3.1 SPI 接口功能框图

SPI 接口的核心是一个 8 位移位寄存器和数据缓冲器,数据可以同时发送和接收。在 SPI 数据的传输过程中,发送和接收的数据都存储在数据缓冲器中。

任何 SPI 控制寄存器的改变都将复位 SPI 接口,清除相关寄存器。

3. SPI 接口的信号

SPI 接口由 MOSI(P1.3)、MISO(P1.4)、SCLK(P1.5)和 $\overline{SS}$(P5.4)4 根信号线构成,可通过设置 P_SW1 中 SPI_S1、SPI_S0 将 MOSI、MISO、SCLK 和 $\overline{SS}$ 功能引脚切换到 P2.3、P2.4、P2.5、P2.2 或 P4.0、P4.1、P4.3、P5.4 或 P3.4、P3.3、P3.2、P3.5。

MOSI(master out slave in,主出从入):主器件的输出和从器件的输入,用于主器件到从器件的串行数据传输。根据 SPI 规范,多个从机共享一根 MOSI 信号线。在时钟边界的前半周期,主机将数据放在 MOSI 信号线上,从机在该边界处获取该数据。

MISO(master in slave out,主入从出):从器件的输出和主器件的输入,用于实现从器件到主器件的数据传输。SPI 规范中,一个主机可连接多个从机,因此,主机的 MISO 信号线会连接到多个从机上,或者说,多个从机共享一根 MISO 信号线。当主机与一个从机通信时,其他从机应将其 MISO 引脚驱动置为高阻状态。

SCLK(SPI clock,串行时钟信号):串行时钟信号是主器件的输出和从器件的输入,用于同步主器件和从器件之间在 MOSI 和 MISO 线上的串行数据传输。当主器件启动一次数据传输时,自动产生 8 个 SCLK 时钟周期信号给从机。在 SCLK 的每个跳变处(上升沿或下降沿)移出一位数据。所以,一次数据传输可以传输一个字节的数据。

SCLK、MOSI 和 MISO 通常用于将两个或更多个 SPI 器件连接在一起。数据通过 MOSI 由主机传送到从机,通过 MISO 由从机传送到主机。SCLK 信号在主模式时为输出,在从模式时为输入。如果 SPI 接口被禁止,则这些引脚都可作为 I/O 使用。

$\overline{SS}$(slave select,从机选择信号):这是一个输入信号,主器件用它来选择(使能)处于从模式的 SPI 模块。主模式和从模式下,$\overline{SS}$ 的使用方法不同。在主模式下,SPI 接口只能有一个主机,不存在主机选择问题,在该模式下 $\overline{SS}$ 不是必需的。主模式下通常将主机的 $\overline{SS}$ 引脚通过 10kΩ 的电阻上拉高电平。每一个从机的 $\overline{SS}$ 必须接主机的 I/O 口,由主机控制其电平的高低,以便主机选择从机。在从模式下,不论发送还是接收,$\overline{SS}$ 信号必须有效。因此,在一次数据传输开始之前必须将 $\overline{SS}$ 拉为低电平。

任务 13.4　STC8H8K64U 单片机 I^2C 通信接口模块

STC8H8K64U 单片机集成有一个 I^2C 串行总线控制器,提供主机模式和从机模式两种操作模式。对于 SCL 和 SDA 通信端口引脚,可通过设置 P-SW2 切换到不同的 I/O 端口,默认端口是 P1.5 和 P1.4。

STC8H8K64U 单片机 I^2C 串行总线控制器与标准 I^2C 协议相比较,忽略了以下两种机制,即发送起始信号(START)后不进行仲裁和时钟信号(SCL)停留在低电平时不进行超时检测。

任务 13.5 STC8H8K64U 单片机高级 PWM 定时器

STC8H8K64U 单片机内部集成了两组高级 PWM 定时器,简称为 PWMA 和 PWMB。两组 PWM 的周期可不同,可分别单独设置。PWMA 可配置成 4 对互补/对称/死区控制的 PWM,PWMB 可配置成 4 路 PWM 输出或捕捉外部信号。两组 PWM 定时器内部的计数器时钟频率的分频系数为 1～65535 之间的任意数值。PWMA 有 4 个通道(PWM1P/PWM1N、PWM2P/PWM2N、PWM3P/PWM3N、PWM4P/PWM4N),每个通道都可独立实现单独 PWM 输出、可设置带死区的互补对称 PWM 输出、捕获和比较功能;PWMB 有 4 个通道(PWM5、PWM6、PWM7、PWM8),每个通道也可独立实现 PWM 输出、捕获和比较功能。两组 PWM 定时器唯一的区别是 PWMA 可输出带死区的互补对称 PWM,而 PWMB 只能输出单端的 PWM,其他功能完全相同。

1. STC8H8K64U 单片机 PWMA 定时器的功能

STC8H8K64U 单片机 PWMA 定时器由一个 16 位的自动装载计数器组成,它由一个可编程的预分频器驱动,主要功能有以下几个。

(1)基本的定时。

(2)测量输入信号的脉冲宽度(输入捕获)。

(3)产生输出波形(输出比较,PWM 和单脉冲模式)。

(4)PWM 互补输出与死区控制。

(5)刹车控制。

(6)与外部信号(外部时钟,复位信号,触发和使能信号)或 PWMA 同步控制。

2. STC8H8K64U 单片机 PWMA 定时器的主要特性

PWMA 的主要特性有以下几个。

(1)16 位自动装载计数器,计数方向可选择向上、向下,或双向(向上/向下)。

(2)重复计数器,允许在指定数目的计数器周期之后更新定时器寄存器相关参数。

(3)16 位可编程(可以实时修改)预分频器,计数器时钟频率的分频系数可设置为 1～65535 之间的任意数值。

(4)4 个独立通道,工作模式包括输入捕获、输出比较、PWM 输出(边缘或中间对齐模式)、六步 PWM 输出、单脉冲模式输出、支持 4 个死区时间可编程的通道上互补输出。

(5)同步控制,用于使用外部信号控制定时器以及定时器之间互联。

(6)刹车输入信号(PWMFLT)控制,可以将定时器输出信号置于复位状态或者一个确定状态。

(7)外部触发输入引脚(PWMETI:P3.2),用于输入外部触发信号。

(8)PWMA 中断的中断源:更新,计数器向上溢出/向下溢出,计数器初始化(通过软件或者内部/外部触发);触发事件(计数器启动、停止、初始化或者由内部/外部触发计数);输入捕获,测量脉宽;外部中断;输出比较;刹车信号输入。

任务 13.6 STC8H8K64U 单片机高级 USB 模块

系列单片机内部集成 USB 2.0/USB 1.1 兼容的全速 USB,6 个双向端点,支持 4 种端点传输模式(控制传输、中断传输、批量传输和同步传输),每个端点拥有 64B 的缓冲区。USB 模块共有 1280B 的 FIFO(先进先出寄存器),其结构如图 13.6.1 所示。

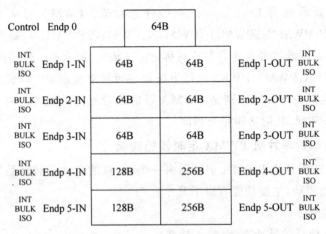

图 13.6.1 USB 的 FIFO 结构

任务 13.7 STC8H8K64U 单片机硬件 16 位乘除法器

STC8H8K64U 单片机往高端 MCU 方向发展,增加了 16 位硬件乘除法器,简称 MDU16,可实现 32 位数据规格化、32 位逻辑左移、32 位逻辑右移、16 位乘以 16 位、32 位除以 16 位以及 16 位除以 16 位等无符号数据运算的操作。

另外,还增加了一些功能,具体如下。

(1) STC8H8K64U-B 系列单片机具有支持批量数据存储功能,即传统的 DMA。

(2) STC8H8K64U-B 系列、STC8H2K64T 系列、STC8H4K64TLR 系列、STC8H4K64LCD 系列、STC8H4K64TLCD 系列支持所有的 I/O 中断,且支持 4 种中断模式,包括下降沿中断、上升沿中断、低电平中断、高电平中断。每组 I/O 口都有独立的中断入口地址,且每个 I/O 可独立设置中断模式。

(3) STC8H2K64T 系列、STC8H4K64TLR 系列、STC8H4K64TLCD 系列集成了一个触摸按键控制器(TSU),最大能连接 16 个按键,能够侦测手指触摸按键电极后导致的微小电容变化,并将其量化为 16bit 的数字。

(4) STC8H2K64T 系列、STC8H4K64TLR 系列集成了一个 LED 驱动器,支持共阴、共阳、共阴/共阳 3 种模式,同时能选择 1/8~8/8 占空比来调节灰度,因此仅需透过软件即可调节 LED 及数码管的亮度。

(5) STC8H8K64U-B 系列、STC8H2K64T 系列、STC8H4K64TLR 系列、STC8H4K64LCD 系列、STC8H4K64TLCD 系列集成一个实时时钟控制电路,支持 2000—2099 年,并自动判

断闰年。

（6）STC8H4K64LCD 系列、STC8H4K64TLCD 系列集成了一个 LCD 驱动器，可用于驱动液晶屏，最多可驱动 4COM＊40SEG 点阵的液晶屏。

（7）STC8H8K64U-B 系列、STC8H4K64TLR 系列、STC8H4K64LCD 系列、STC8H4K64TLCD 系列集成了一个 LCM 接口控制器，可用于驱动目前流行的液晶显示屏模块，可驱动 I8080 接口和 M6800 接口彩屏，支持 8 位和 16 位数据宽度。

项目 *14*

STC32G12K128单片机高级功能模块介绍

STC32G12K128 单片机除包含 STC8H8K64U 单片机的相关资源外,还增加了高速 SPI(HSSPI)、高速高级 PWM(HSPWM)、DMA 通道、CAN 总线、LIN 总线、32 位硬件乘法器等重要资源,下面对这些资源做简要介绍。

任务 14.1　STC32G12K128 单片机高速 SPI(HSSPI)

STC32G12K128 单片机为 SPI 提供了高速模式(HSPSI)。高速 SPI 是以普通 SPI 为基础,增加了高速模式。

当系统运行在较低工作频率时,高速 SPI 可工作在高达 144MHz 的频率下,从而可以达到降低内核功耗、提升外设性能的目的。

任务 14.2　STC32G12K128 单片机高速 PWM(HSPWM)

STC32G12K128 单片机为高级 PWMA 和高级 PWMB 提供了高速模式(HSPWMA、HSPWMB)。高速高级 PWM 是以高级 PWMA 和高级 PWMB 为基础,增加了高速模式。

当系统运行在较低工作频率时,高速高级 PWM 可工作在高达 144MHz 的频率下。从而可以达到降低内核功耗、提升外设性能的目的。

任务 14.3　STC32G12K128 单片机 DMA 通道

STC32G12K128 单片机支持批量数据存储功能,即传统的 DMA。支持以下操作。

(1) M2M_DMA: XRAM 存储器到 XRAM 存储器的数据读写。

(2) ADC_DMA: 自动扫描使能的 ADC 通道,并将转换的 ADC 数据自动存储到 XRAM 中。

(3) SPI_DMA: 自动将 XRAM 中的数据和 SPI 外设之间进行数据交换。

（4）UR1T_DMA：自动将 XRAM 中的数据通过串口 1 发送出去。

（5）UR1R_DMA：自动将串口 1 接收到的数据存储到 XRAM 中。

（6）UR2T_DMA：自动将 XRAM 中的数据通过串口 2 发送出去。

（7）UR2R_DMA：自动将串口 2 接收到的数据存储到 XRAM 中。

（8）UR3T_DMA：自动将 XRAM 中的数据通过串口 3 发送出去。

（9）UR3R_DMA：自动将串口 3 接收到的数据存储到 XRAM 中。

（10）UR4T_DMA：自动将 XRAM 中的数据通过串口 4 发送出去。

（11）UR4R_DMA：自动将串口 4 接收到的数据存储到 XRAM 中。

（12）LCM_DMA：自动将 XRAM 中的数据和 LCM 设备之间进行数据交换。

（13）I2CT_DMA：自动将 XRAM 中的数据通过 I^2C 接口发送出去。

（14）I2CR_DMA：自动将 I^2C 接收到的数据存储到 XRAM 中。

（15）I2ST_DMA：自动将 XRAM 中的数据通过 I^2S 发送出去。

（16）I2SR_DMA：自动将 I^2S 接收到的数据存储到 XRAM 中。

任务 14.4　STC32G12K128 单片机 CAN 总线

STC32G12K128 单片机内部集成两组独立的 CAN 总线功能单元，支持 CAN 2.0 协议。主要功能如下。

（1）标准帧和扩展帧信息的接收和传送。

（2）64B 的接收 FIFO。

（3）在标准和扩展格式中都有单/双验收滤波器。

（4）发送、接收的错误计数器。

（5）总线错误分析。

任务 14.5　STC32G12K128 单片机 LIN 总线

STC32G12K128 单片机内部集成 LIN 总线功能单元，支持 LIN 2.1 和 LIN 1.3 协议。主要功能如下。

（1）帧头自动处理。

（2）可以在主、从两种模式之间切换。

（3）超时检测。

（4）错误分析。

任务 14.6　STC32G12K128 单片机 32 位硬件乘除单元（MDU32）

STC32G12K128 单片机集成乘法和除法单元（称为 MDU32），能提供快速的 32 位算术运算。MDU32 支持无符号和补码有符号整数操作数。MDU32 由专用的直接内存访问控制模块（称为 DMA）。所有 MDU32 算术操作都是通过向 DMA 控件写入 DMA 指令来启动的寄存器 DMAIR。MDU32 模块执行的所有算术运算的操作数和结果位于寄存器 R0～R7。

任务 14.7　STC32G12K128 单片机 RTC 时钟

STC32G12K128 单片机内部集成一个实时时钟控制电路,主要有以下特性。

(1) 低功耗:RTC 模块工作电流低至 $10\mu A$。

(2) 长时间跨度:支持 2000—2099 年,并自动判断闰年。

(3) 闹钟:支持一组闹钟设置。

(4) 支持多个中断:闹钟中断、日中断、小时中断、分钟中断、秒中断、1/2 秒中断、1/8 秒中断、1/32 秒中断。

(5) 支持掉电唤醒。

此外,STC32F12K60 系列单片机集成了单精度浮点运算器(FPMU),支持单精度浮点数的加、减、乘、除、开方、比较和三角函数(正弦、余弦、正切和反正切)。同时支持整数类型和单精度浮点数之间的转换。

参 考 文 献

［1］ 深圳国芯人工智能有限公司.STC8H 系列单片机技术参考手册[Z].2021.

［2］ 深圳国芯人工智能有限公司.STC32G 系列单片机技术参考手册[Z].2022.

［3］ 丁向荣.单片机原理与应用项目教程——基于 STC15W4K3254 系列单片机[M].北京：清华大学出版社,2015.

附　录

附录 1　ASCII 码表
附录 2　STC8H8K64U 系列单片机指令系统表
附录 3　STC8H8K64U 单片机特殊功能寄存器一览表
附录 4　STC 大学计划实验箱(9.3)电路图
附录 5　STC8H8K64U 单片机内部接口功能引脚切换

（扫描二维码可下载附录）